黑龙江省精品图书出版工程项目

深水起重铺管作业动力学分析与视景仿真

SHENSHUI QIZHONG PUGUAN ZUOYE DONGLIXUE FENXI YU SHIJING FANGZHEN

王立权　李志刚　许元革　李震　许秀军　著

HEUP 哈尔滨工程大学出版社

内容简介

本书阐述了基于海上起重、管道铺设作业工程的实际应用，建立了作业动力学模型，并在此基础上，利用虚拟仿真技术构建仿真模拟系统，实现工程预演和人员培训的全过程。本书还较详尽地介绍了针对海上起重、铺管作业实际工程开发仿真案例的过程。通过仿真案例，有效地实现并验证了本仿真系统的可用性。全书的内容主要包括环境载荷模型构建、海上起重作业动力学模型构建、铺管作业动力学模型构建、仿真系统总体架构、起重作业仿真系统开发与案例展示、铺管作业仿真系统开发与案例展示等。本书针对动力学模型分析构建有比较详细的介绍，针对构建过程的主要思路和内容以及对应的关键技术进行了介绍和说明。对于初学者而言，有一定难度（例如整体软件架构的搭建和系统通信接口建立），读者可以通过对本书的学习，找到类似问题的解决思路和方案。

本书不仅可以作为海上起重作业、海底管道铺设仿真系统领域科研人员的参考书，对于虚拟游戏、战场模拟、虚拟制造、矿井开采模拟、房地产开发模拟、旅游景点虚拟漫游系统等其他相关领域而言，也具有很高的参考价值。

图书在版编目（CIP）数据

深水起重铺管作业动力学分析与视景仿真/王立权等著. —哈尔滨:哈尔滨工程大学出版社,2016.10
ISBN 978-7-5661-1385-6

Ⅰ.①深… Ⅱ.①王… Ⅲ.①水下管道-海底铺管-研究 Ⅳ.①P756.2

中国版本图书馆 CIP 数据核字(2016)第 257036 号

选题策划 卢尚坤
责任编辑 张忠远 马中月
封面设计 恒润设计

出版发行 哈尔滨工程大学出版社
社　　址 哈尔滨市南岗区东大直街 124 号
邮政编码 150001
发行电话 0451-82519328
传　　真 0451-82519699
经　　销 新华书店
印　　刷 哈尔滨市石桥印务有限公司
开　　本 787mm×1 092mm 1/16
印　　张 16.5
字　　数 430 千字
版　　次 2016 年 10 月第 1 版
印　　次 2016 年 10 月第 1 次印刷
定　　价 49.80 元
http://www.hrbeupress.com
E-mail:heupress@hrbeu.edu.cn

前　言

进入21世纪，海洋逐渐成为全球石油勘探的重要领域，据国外权威机构预测，未来世界油气总储量的44%将来自海洋。目前，世界深水探明油气储量达440亿桶油当量，待发现深水油气资源量超过1 000亿桶油当量。中国近海海域累计探明石油地质储量24.1亿吨，可采储量5.13亿吨，剩余可采储量2.83亿吨。超过80%的石油储量分布在渤海盆地。

世界范围内的深海石油勘探开发热潮兴起于20世纪80年代末，虽然至今仅有30多年历史，但技术创新层出不穷，海洋油气勘探开发突飞猛进，作业水深纪录不断刷新。20世纪70年代，世界海洋油气勘探开发作业水深低于200 m。目前，最大勘探作业水深已超过3 000 m，开采作业水深已超过2 000 m。深水和超深水海域的油气资源，正成为美国、英国、挪威、巴西等国竞相开发的热点，深海油气勘探开发被认为是石油工业发展的一个重要前沿阵地。在墨西哥湾、巴西海域以及西非等地，深海石油开发已经有了极大的发展。

大型起重铺管船在国内外市场上都有着良好的需求前景，海上油气，特别是深水、超深水油气的快速发展导致相应的海洋工程设备短缺。20世纪末以来，石油工业投资不足导致新设备研发和制造滞后，再加上大批设备退役，使这一现象日益突出。作为海上油气等资源开发的主力设备，深水起重铺管船不仅制造成本高，每次作业的施工成本也非常大。如何缩短施工周期，提高施工效率，降低工程成本，提升作业安全性和可靠性，对于海洋工程作业来讲意义重大。所以，开发一套完善的起重、铺管仿真系统，实现在陆地环境中对海上工程施工进行工程预演和人员培训，就显得尤为重要。

本书由深水铺管起重船起重铺管作业仿真系统的开发而展开，并详细介绍了起重铺管作业视景仿真系统的构建与开发过程，包括数学模型的建立，以及视景系统构建、动力学系统构建、虚拟环境构建和核心软硬件系统的开发等。基于对海上真实起重铺管作业动力学过程的研究，开发出一套起重铺管作业视景仿真模拟训练系统，通过在陆地环境中对深水起重铺管作业进行仿真模拟，达到人员培训、工程过程预演等目的。

该仿真平台的搭建，有助于缩短工程开发的周期，实现工程问题的量化及结果的直观显示，帮助研发人员在工程设计阶段及时发现问题，提高方案迭代优化效率，减小实际操作的风险，避免不必要的经济损失。从人员培训角度来看，该仿真系统将先进的虚拟培训理念方式引入到复杂的海洋工程作业中，改变了传统的作业人员培训方式，缩短了培训周期，提高了培训的效率，还在一定程度上解决了训练场地单一、消耗大、设备磨损严重等问题。通过训练能达到有效提高作业效率，提升作业的安全性，提高作业人员决策的科学性等目的。

本书第1章介绍了铺管起重仿真系统研究背景的目的和意义，并对相关技术的发展状况进行了说明。第2章介绍了仿真系统总体搭建方案。第3章阐述了环境系统的构建。后续章节对起重铺管作业过程中数学模型系统的构建和仿真系统开发的关键技术进行了详细介绍,最后结合已有的工程项目开发出仿真案例,对仿真系统的功能进行了较详尽的描述,同时也对仿真结果进行了分析和验证。

本书由王立权、李震组织编写并共同定稿,参加本书编著的还有倪宝成、张同喜、方圆、李想、孟凡森、李琳杰、姚广旭、李雪冰、庄严、王孟岩、班帅、曹亚楠、刘冲、田庆元、张景玲、王明月、王玉凤等。撰写过程中得到了海洋石油工程股份有限公司有关专家、领导的大力支持,在此一并感谢。

限于作者的知识水平和经验,书中错误和不足之处在所难免,恳请广大读者批评指正。

著　者

2016 年 1 月

目　录

第1章　绪　论

1.1　概　述

21世纪,能源问题已经成为制约世界经济发展的重大瓶颈,其中被称为“工业血液”的石油同样面临着枯竭的危险。经过多年的开采,陆上石油可开采量已经迅速减少,于是各国都将目光放到了海底石油。据地理学家预测[1-3],海洋蕴藏了全球70%以上的油气资源,全球深水区潜在石油储量高达1 000亿桶,深水是世界油气的重要接替区。我国南海的深水海域蕴藏着丰富的油气资源。勘探结果表明,海南岛周围形成了北部湾盆地、莺歌海盆地、琼东南盆地和珠江口盆地4个储油气构造,发现新生代油气沉积盆地或盆地群39个,预测石油储量约400亿吨,天然气储量约150 000亿立方米[4],被誉为第二个“中东”。

作为发展中的经济大国,中国的石油消费量逐渐攀升。自1993年中国成为原油净进口国以来,原油进口依存度不断提高。2007年原油净进口超过1.63亿吨,原油进口依存度高达46.05%,成为世界上继美国之后第二大石油消费国。据专家预测,到2020年,我国石油消费将达5.5亿~6.1亿吨,缺口达2.5亿~4.3亿吨。由于国内石油产量不可能大幅增长,今后新增的石油需求几乎全部依赖进口。有专家预测,到2020年左右,中国石油进口量有可能超过3亿吨,成为世界第一大油品进口国,石油供应对外依存度将达到55.8%~62.1%[5-7]。由此可见,中国的石油危机比其他国家都要严重,开发海底石油成为事关中国未来经济能否持续发展的关键。

随着我国对海洋石油开发的不断深入,深海石油开发大型装备的需求也在不断增加,这也对大型装备制作工程提出了新的挑战,需要对深海乃至极深海的工程作业装备进行更深入的研究。虽然我国在深水开发方面已经迈出了可喜的一步,但目前还不具备自主的深水技术和能力,与国外先进技术存在巨大的差距。为了加快推进南海深水油气田的勘探开发进程,中国海洋石油总公司投资委员会已批准在“十一五”期间建造深水铺管起重船和深水半潜式钻井平台等大型深海工程用装备,成立了项目组和专职研究机构,并加大科技投入以开展有关技术研发工作[8-11]。“十一五”规划成功完成,目前各种深海大型工程装备相继问世。

2011年5月23日,我国海洋工程装备制造业标志性工程、国家科技重大专项标志性装备之一的3 000 m深水半潜式钻井平台“海洋石油981”,在上海举行成果汇报会暨命名仪式,这标志着由中国海洋石油总公司和中船集团共同携手打造的当今世界上最先进的第六代深水半潜式钻井平台即将投入使用。2012年5月9日,“海洋石油981”[12-17](图1-1)在南海海域正式开钻,是中国石油公司首次独立进行深水油气的勘探,标志着中国海洋石油工业的深水战略迈出了实质性的步伐。“海洋石油981”是我国首座自主设计、建造的第六代深水半潜式钻井平台,最大作业水深3 000 m,钻井深度可达12 000 m,平台自重超过3万吨;从船底到钻井架顶高度为136 m,相当于45层楼高。“海洋石油981”的建成,填补了我国在深水钻井大型装备上的空白,使我国深水油气资源的勘探开发能力和大型海洋装备建造水平跨入世界先进行列。长期以来，受技术水平和装备能力所限，我国海洋石油开发只能在500 m水深以内的近海进行。“十一五”期间，中国海洋石油总公司大力推动深水发展战略，斥巨资打造包括深水半潜式钻井平台、深水铺管起重船在内的一批大型深水工程装备，对于加速进军深海海洋工程装备开发、提升深水作业能力、实现国家能源战略、维护国家权益等都具有重要的战略意义。深水半潜式钻井平台“海洋石油981”的命名和建成，标志着我国在海洋工程装备领域已经具备了自主研发能力和国际竞争能力。

图1-1 “海洋石油981”深水半潜式钻井平台

2011年7月23日，由广州广船国际股份有限公司与广州中船黄埔造船有限公司合作建造的，亚洲最大、世界领先的5万吨半潜船2号船——“祥瑞口号”(图1-2)也顺利交付船东，即日投入运营。该型船是中远航运股份有限公司为满足全球深海油田开发和建设运输需求而量身定造的特种船舶，采用了目前世界上最先进的电力推进、数字化操控等技术，具有自动化程度极高、设计难度大、结构复杂、建造要求高及建造计划性强等特点，标志着我国海洋工程运输技术方面已处于世界领先水平。

图1-2 “祥瑞口号”半潜船

2012年5月15日，我国首艘深水铺管起重船“海洋石油201”[18-19]（图1-3）建造竣工，起航仪式在青岛举行。与“海洋石油981”主要用于南海深水油气田的钻井、完井和修井作业不同，“海洋石油201”承担着深水油气田海上生产设施建设的重任，能够从事固定式、浮式和水下油气生产设施安装以及海底管道铺设[20]等全方位海上施工作业，该船设计、建造和施工关键技术被列入“十一五”国家科技重大专项和国家“863”重点计划。

图1-3　“海洋石油201”深水铺管起重船

“海洋石油201”是世界上第一艘同时具备3 000 m级深水铺管能力、4 000 t级重型起重能力和DP-3级动力定位能力的船型深水铺管起重船，能在除北极外的全球无限航区作业。“海洋石油201”的详细设计和建造在国内自主完成，总体技术水平和综合作业能力在国际同类工程船舶中处于领先地位，建造成本和工期与国际上类似规模的船舶相比，处于工程费用最少、工期最短的前列，代表了国际海洋工程装备制造的最高水平，并将填补中国在海洋工程深水装备领域的空白。

1.2　研究背景、目的及意义

1.2.1　研究背景

深水铺管起重船“海洋石油201”是中国海洋石油总公司实施深水发展战略的重要装备，既是海洋石油工程股份有限公司（海油工程）承担的国家863计划“南海深水油气勘探开发关键技术及装备”重大课题“深水海底管道铺设技术”的依托课题，也是中国海洋石油总公司承担的16个国家科技重大专项之一的“大型油气田及煤层气开发”中“海洋深水工程重大装备及配套工程技术”的重要组成部分。该船由荷兰GUSTO公司进行船型设计，国内船舶设计公司自主进行详细设计。采用了包括全电力推进、DP-3动力定位、4 000 t重型海洋工程起重机、S型深水铺管系统等一系列国际上最先进的技术和装备，为我国首条DP-3动力定位双层甲板自航深水铺管起重船。建成后将结束我国没有DP-3动力定位工程船舶的历史，结合“863”计划课题和科技重大专项的实施，将形成具有自主知识产权的深水海底管道铺设技术，并填补了国内空白。

深水起重、铺管作业是技术形态较复杂的海洋工程项目，除了涵盖常规起重作业的技术特点外,还具有特殊的性能和要求。其作业难度和特殊性具体体现为以下几个方面。

(1)在极短时间内起吊数千吨重物,即在短时间内船舶排水量急剧增加数千吨之多。

(2)按规范,起吊重物的重心要算在吊钩以上的滑轮心轴上,该点距水面数十米,甚至上百米,使全船的重心一下提高很多,对船舶稳性极其不利。

(3)起重重物的重量与吊幅的乘积产生巨大的倾覆力矩,对浮态产生很大影响(而且是在数分钟内发生),静横倾角可能达到7°~8°甚至更大。为了使船舶处于安全浮态,必须在反向加载大量压载水以部分抵消起吊重物产生的横倾力矩,这样一来,船舶的排水量及吃水再度增加。

(4)回转起重机在船的两舷带载回转时,巨大的倾覆力矩在短时间内反向,原来的压载水也必须迅速地反向调载,否则会造成船舶倾斜加剧,并使回转机构处于下坡运转状态,这是非常危险的。为了迅速地调载,大起重船的压载泵容量都比较大。

(5)海上动态复杂多变的风、浪、流环境会时刻干扰铺管作业的进行,造成管道发生屈曲,稍有不慎会导致铺管作业的失败,不仅会延长施工周期,还大大增加了施工成本。

(6)复杂多变的海底地貌环境,同样对管道的正常铺设有巨大的影响,所以如何将预制的海底管道安全准确地放到设定的路由轨迹范围内,是一个非常困难复杂的工程。

全回转起重作业过程是一个庞大复杂的系统工程,成本极高,而作业环境又非常复杂,这使得起重船因受外力的运动变得不可预见。为了保证作业顺利进行,需要实时监测全回转起重船的运动情况,并进行一定分析后将其可视化,供操作人员判断、抉择。起重机起吊重物全回转过程的船舶实时浮态与稳性的计算及显示,已达到作业前预配载,并快速找到最佳配载方案;作业中实时监测船舶作业浮态与稳性变化,保证作业的安全可靠的两个目标,具有较强的工程应用价值。

海上起重和铺管作业都是极其复杂的多系统协同过程,利用先进的虚拟仿真技术构建海上起重作业视景仿真培训模拟系统,不仅能够满足海上起重作业人员培训、方案预演等功能,一定程度上解决实船训练高风险、耗资巨大等问题,而且能起到显著提高作业效率和提升作业安全性等目的。

目前,“十一五”相关深海工程大型装备相继问世。为了更加完善“十一五”国家重大科技专项“深水铺管起重船作业视景仿真技术研究”的研究成果,本课题以“十二五”国家重大科技专项“深水铺管起重船及配套工程技术”为依据,在改善起重作业仿真模拟系统的同时重点构建了实时铺管作业仿真模拟系统。

1.2.2 课题研究的目的及意义

1. 目的

深水铺管作业是深水铺管起重船的主要功能之一。深水铺管作业是一个十分复杂的过程。因为在恶劣的海洋环境下,不但要确保深水铺管起重船动力定位系统和铺管作业线等多个系统间能协调而高效地工作,同时还必须确保所铺设管道的安全性和完整性。

海上起重作业是深水铺管起重船另一项主要功能。海上起重作业,尤其是恶劣海况、大载荷下的起重作业是一项非常复杂的过程,不但涉及船舶稳性变化、压载调整、碰撞干涉等问题,还涉及多个系统间的联调作业。

通过对深水铺管起重船的铺管、起重作业过程进行软件环境下的视景仿真,可以实现对铺管、起重作业所涉及的各系统关键设备工作状态和管道状态的实时监测及预测,为各系统操作人员提供及时的参考信息,从而提高铺管、起重作业的效率和安全性。

“深水铺管起重船作业实时仿真技术研究”课题，将在深水铺管起重船数学模型研究及工程实测数据的基础上，建立基于深水铺管、起重作业工程实践的视景仿真系统，以起到显著提升铺管、起重作业效率，提高作业安全性等目的。

2. 意义

仿真系统进行研究和开发对实际工程作业有重大现实意义，表现在以下几个方面。

(1)提高作业安全性

通过仿真系统的模拟培训，使操作者不用实船操作就能熟练掌握铺管、起重作业操作流程，通过仿真系统不同训练科目的设定，训练指挥对作业流程掌控及应急预案的处理能力。避免了实船培训过程中由于新手对作业工艺不熟悉而导致的操作失误，增强操作人员对突发事件的处理能力，能够有效地减少作业过程中的事故发生。

(2)经济性好

如果直接通过实船操作对培训人员进行训练，每次训练时人力、物力的消耗都比较大，而且培训的周期比较长。通过仿真系统对培训人员进行培训，可以避免这些问题，大大减少了经费的支出。此外，由于仿真系统能够提高实际工程作业的安全性，也减少了工程作业隐性的经济损失。

(3)仿真系统功能性强

铺管起重仿真系统能够实现对海洋环境、天气环境以及环境中各种实体对象的三维仿真；通过数学模型系统实现对作业的运动学仿真；主控系统能够实现强大的人机交互功能；仿真系统通过教练员、操作者、指挥员等工位能够完成对不同种类作业人员的培训，快速提高培训人员的实船操作能力；仿真系统针对培训内容可以设定不同的训练科目；该仿真系统在硬件和软件方面都具有很强的扩展性，能够满足企业不断变化的需求。

(4)培训效率高

铺管起重作业仿真系统可以模拟海上起重作业和四种不同的铺管作业过程，包括起始铺管、正常铺管、弃管、收管过程，在短时间内能够对学员开展有针对性的海上施工作业过程培训；仿真系统针对不同作业案例进行开发，可以完成对真实作业案例的提前预演，使操作者熟悉此次项目作业过程；仿真系统设置有应急预案，用来培训操作者对紧急情况的处理能力；强大的人机交互可以实时地修改海况、作业控制参数等，例如，提高仿真倍数，使仿真系统更灵活、高效；仿真系统设有回放功能，操作人员通过对回放记录的观看，了解自己操作过程中的错误，提高每次的培训质量，缩短培训周期。

1.3 深水铺管起重船概述

该深水铺管起重船的全称为“海洋石油 201”（图 1－4 为“海洋石油 201”的视景效果图），中国海洋石油总公司所有，是由海洋石油工程股份有限公司承担的国家“南海深水油气勘探开发关键技术及装备”重大课题“深水海底管道铺设技术”的依托项目。“海洋石油 201”采用了包括全电力推进、4 000 t 重型海洋工程起重机，S 型深水铺管，DP－3 动力定位系统等一系列国际上最先进的技术和装备。该船设计为能在除北极外全球无限航区作业，包括中国东海、南海，东南亚海域，巴西海域，墨西哥湾等石油主产区海域。总体性能符合 ABS(美国船级社)和 CCS(中国船级社)的标准。

图 1－4 “海洋石油 201”的视景效果图

1.3.1 铺管作业系统

“海洋石油 201”的铺管作业系统由 A&R 绞车、张紧器、托管架、管道传送系统及 DP 系统构成。张紧器的主要作用是在不同的工况（如放管、弃管、保持）、不同的作业环境下（如风速、海浪、洋流、海潮），提供管道恒定的夹持力。张紧器一般由压紧机构、履带机构、驱动系统、支架、张力传感系统五部分构成。按张紧方式划分为螺旋夹紧和液压马达驱动、螺旋夹紧和电机驱动、液压缸夹紧和电机驱动 3 种。

A&R 绞车又称收放绞车，由牵引绞车、储缆绞车、水平补偿滚轮、测量滑轮、导向滚轮五部分组成。最大能够承载 400 t 工作负荷。

托管架安装在船尾，用于支撑管线离开船后的上弯段。托管架为固定式，通过铰链安装在船尾，铰接点与船体结构形成一体，与艉封板完全平齐。

1.3.2 起重作业系统

“海洋石油 201”设有一台超大型全回转起重机（图 1－5），它是大型起重铺管船极其关键的设备。它设置在船的尾部，可进行固定式起吊作业和回转式起吊作业，可对海上的大型海洋工程建筑、设施和设备进行起吊，使船舶具有起重、铺管和修管等多种作业功能。

图 1－5 铺管船重型起重机

1.3.3 动力定位系统

DP 系统(Dynamic Positioning System)[20],称为动力定位系统,是由位置检测装置(传感器)、推力器(执行机构)、动力装置(能源)和控制器等组成的一个反馈控制系统。其采用推力器来提供抵抗风、浪、流等作用在船上的力,从而使船尽可能地保持在海平面上要求的位置。在抛锚系泊有困难的深水作业区,以及不可能获得必要抓力的海底图纸条件下,动力定位是一种比较好的选择。

铺管起重船在铺管时使用 DP-2 系统,起重时使用 DP-3 系统。DP-3 系统的主要技术装置包括有冗余的发电机和原动机、功率管理系统、有冗余的推力布置、自动控制和手动控制、位置参照系统、陀螺罗经、UPS 电源。

DP 系统有 7 台推进器,其中 5 台是可回收式推进器,2 台是全回转主推进器。推进器在船体上的布置如图 1-6 所示,最左端的是主推进器,其余为可回收式推进器。

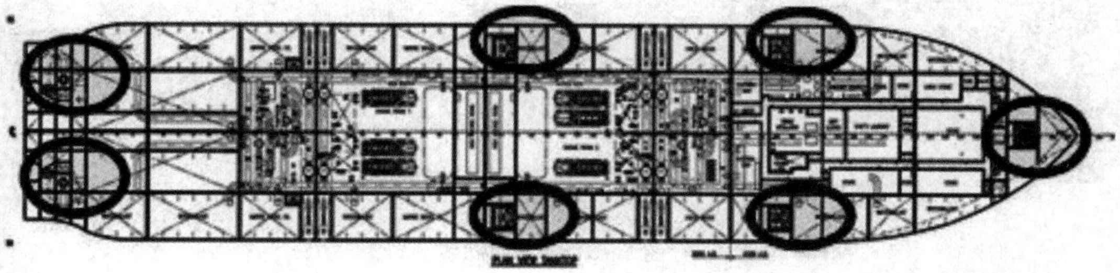

图 1-6 推进器在船体上的布置

与常规船 DP 系统相比,铺管船 DP 系统需要解决很多新的问题。

(1)铺管船在给定路径上进行循迹作业时,需根据实际工程实时调节船舶的期望速度和加速度,并要求 DP 系统在控制船舶跟踪期望路径的同时,对船体速度和加速度进行控制,而常规 DP 只能控制船舶跟踪期望路径和速度,缺少加速度控制功能;

(2)在管道铺设过程中水下管道悬跨段对铺管船会有很大的水平作用力(矩),DP 系统必须很好地补偿这部分干扰,保证铺管施工的顺利完成;

(3)常规 DP 船循迹作业时只需直接对船体设置期望路径,但在铺管过程中却要根据不同的作业状态进行实时调整干预。

1.3.4 船体结构布置

船舶采用双层甲板,"A 甲板"可储存近万吨的钢管,"主甲板"为铺管作业甲板,配置主铺管作业线。"A 甲板"布置如图 1-7 所示,主甲板布置如图 1-8 所示。

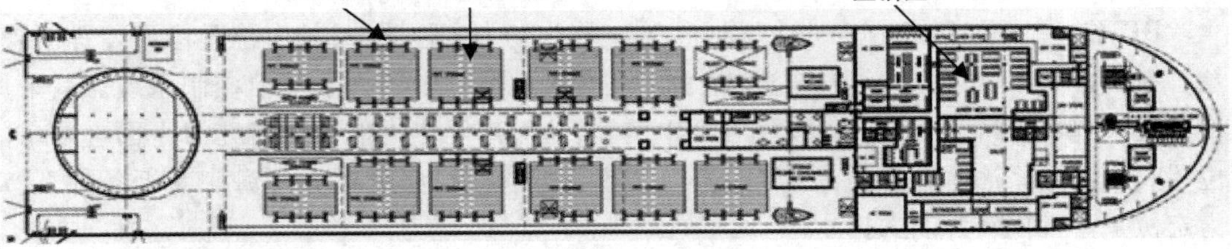

图 1-7 A 甲板布置

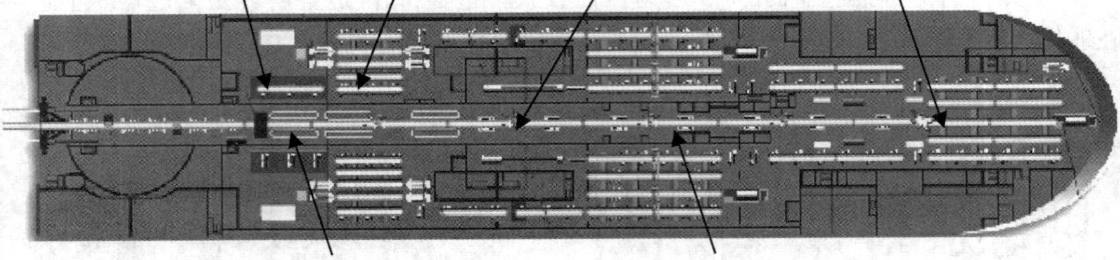

图 1-8 主甲板布置

1.4 海上铺管起重技术简介

1.4.1 海上起重作业技术

起重船是海洋工程中常用的工程船舶，是海上装卸、建港水工作业以及各种海上建筑物建造和安装的必备工具。起重船在风浪的作用下会产生危险的大幅摆动，这不仅会降低吊装的就位精度，严重时还会引起吊重与结构物的碰撞，导致设备的损坏和人员的伤亡。随着起重设备的大型化、重型化，起重难度越来越大，起重方式也越来越复杂。

在欧洲，早期专门用于码头作业的起重船在 14 世纪就已经出现了，到了 20 世纪，起重船开始向大型化发展。1997 年，大型起重船的起重能力已达到 2×7 100 t。

21 世纪以来，我国和东南亚地区海上工程建设不断增多，如南海、东海油气开发，海上风电场建设，跨海大桥、人工岛建设，以及一些大型打捞工程，都需要起重能力强的大型起重船，因而建造大型起重船兴起了一个小高潮。

大型回转起重船简称为起重船（Crane Vessel 或 Crane Ship）。常用的有两类船型，即单船体单起重机式的 MHCV（Mono Hull Crane Vessel）和半潜平台船体双起重机式 SSCV（Semi – Submersible Crane Vessel）。另外，大型回转起重船有别于在内河、港湾作业的另一种用途较广的扒杆式起重驳船 SLB（Sheer Legs Barge）及自升式起重平台[21-24]等。2001 年中海油工程公司投资建造了“蓝疆号”起重铺管船，起重能力为 3 800 t。最近又投资建造了 3 000 m深水起重铺管船“海洋石油 201”，起重能力为 4 000 t，已于 2012 年交船。2006 年，广州打捞局投资建造的 4 000 t 起重船"华天龙号"投入使用。另外，Seaway Heavy Lifting 公司投资建造的起重能力为 5 000 t 的新一代起重船，已于 2010 年交船。Nordic Heavy Lift 公司投资建造"Borealis"，采用桅式起重机，最大起重能力为 5 000 t。表 1-1 列出了部分现役大型起重船的起重性能，表 1-2 为其主要参数。

表 1-1　大型起重船的起重性能

船 名	船东	船型	船体平台类型	建造年	固定吊	回转吊
Hermod	Heerema	SSCV	半潜平台	1978	3 628 t×39 m 4 536 t×40 m	2 700 t×30.5 m 4 536 t×32 m
Balder	Heerema	SSCV	半潜平台	1978	2 720 t×33.5 m 3 600 t×37.5 m	1 980 t×27.5 m 2 970 t×33.5 m
DB101	J. Ray Mc Dermott	SSCV	半潜平台	1978	3 500 t×24 m	2 700 t×24 m
Thiaf	Heerema	SSCV	半潜平台	1985	7 100 t×31.2 m 7 100 t×31.2 m	7 100 t×31.2 m 7 100 t×31.2 m
Saipem7000	Saipem	SSCV	半潜平台	1986	7 000 t×42 m 7 000 t×42 m	6 000 t×45 m 6 000 t×45 m
DB 27	J. Ray Mc Dermott	MHCV	单船体	1974	2 400 t×30.5 m	1 400 t×35 m
DB 30	J. Ray Mc Dermott	MHCV	单船体	1975	3 080 t×33.5 m	2 300 t×24.4 m
Saipem3000	Saipem	MHCV	单船体	1976	2 177 t×39.6 m	2 177 t×39.6 m
大力	上海打捞局	MHCV	单船体	1980	2 500 t×45 m	500 t×35 m
Stanislav Yudin	Seaway Heavy Lifting	MHCV	单船体	1985	2 500 t×40 m	2 500 t×40 m
DB 50	J. Ray Mc Dermott	MHCV	单船体	1988	4 400 t×36.9 m	3 527 t×25 m
Castoro 8	Saipem	MHCV	单船体		2 177 t×39.6 m	1 814 t×33.5 m
蓝疆号	海油工程	MHCV	单船体	2001	3 800 t×30 m	2 500 t×44 m
华天龙	广州打捞局	MHCV	单船体	2006	4 000 t×40 m	2 000 t×45 m
Sapura 3000	Sapura Acergy	MHCV	单船体	2008	2 952 t×27 m	2 156 t×31 m
威力	上海打捞局	MHCV	单船体	2010	3 000 t×40 m	2 060 t×27.4 m
OlegStrashnov	Seaway Heavy Lifting	MHCV	单船体	2010	5 000 t×32 m	5 000 t×32 m
Borealis	Nordic Heavy Lift	MHCV	单船体	单船体	5 000 t×34 m	4 000 t×41 m
海洋石油 201	海油工程	MHCV	单船体	单船体	4 000 t×43 m	3 500 t×33 m

表 1-2 大型起重船主要参数

船名	总长/m	型宽/m	型深/m	最小吃水/m	最大吃水/m	人员/人	航速/kn	动力定位	锚泊定位
Hermod	154	86	42	11.5	28.2	336	6	—	12 点
Balder	154	86	42	11.5	28.2	392	6.5	DP3	12 点
DB101	146.3	51.9	36.6	7.5	23.5	268	—	—	10 点
Thiaf	201.6	88.4	49.5	11.8	31.6	736	6	DP3	12 点
Saipem7000	197.95	87	43.5	10.5	27.5	725	9.5	DP3	16 点
DB 27	128	39	8.53	5.33	5.79	270	—	—	12 点
DB 30	128	48.2	8.53	3.66	5.79	294	—	—	12 点
Saipem3000	162	38	9	—	6.3	206	10	DP3	8 点
大力	100.0	38.0	9.0	3.7	5.2	236	5	—	8 点
StanislavYudin	183.2	36	13	5.5	8.9	143	12	—	8 点
DB 50	151.48	46	12.5	9.45	11.9	234	—	DP2	8 点
Castoro 8	191.4	35	15	6.7	9.5	359	8	—	12 点
蓝疆号	157.5	48	12.5	5.95	8	278	—	—	12 点
华天龙	174.8	48	16.5	8	11.5	300	5	—	8 点
Sapura 3000	151.2	37.8	9.1	4	6.5	330	8	DP2	—
威力	141	40	12.8	6	8.5	240	12	DP2	8 点
Oleg Strashnov	183	37.8/47	18.2	8.5	13.5	395	14	DP3	8 点
Borealis	180.9	46.2	16.1	6	9	400	14	DP3	8 点
海洋石油 201	204.65	39.2	14	7	11	380	12	DP3	—

图 1-9 为全回转式起重船“华天龙号”[25-26]的起重作业情景，图 1-10 为中铁局大桥集团公司为建设宁波杭州湾跨海大桥而量身定做的“天一号”[27]的起重作业情景，图 1-11 为“四航奋进号”[28-29] 2 600 t 起重船将一个重达 1 575 t、长 60 m 的混凝土预制箱梁稳稳地架在了距镇海约 5 km 处的金塘大桥 G18 ~ G19 墩右幅。起重船主要技术特征如下所述。

1. 船型

大型起重船主要有单体式和半潜平台式两种船型。

(1)单体式起重船最初采用驳船船型，后来发展为简单型线船型。其主要特点是：方形系数大($C_b \approx 0.9$)，平行中体长，中剖面系数大。起重作业时，要求有足够的稳性，因此一般水线面面积都较大。

(2)半潜平台式起重船主要由两个下浮体、多个立柱和上平台组成。下浮体提供拖航和作业时所需的浮力；立柱主要用于连接浮箱和上平台，其截面一般为圆形或矩形。作业时，下浮箱和部分立柱沉入水中，水线位于立柱截面，这样可大大减小水线面面积及波浪和水流作用在平台上的载荷，而其较大的水线面惯性矩又提供了平台作业时所需的稳性。上平台是存放设备和人员居住工作的主要场所。半潜平台式与单体式船型相比，有起重能力强、适应水深广、抗风浪能力强、甲板面积和甲板装载量大的优点。

图 1－9　全回转式起重船“华天龙号”的起重作业情景

图 1－10　“天一号”的起重作业情景

图 1-11 “四航奋进号”起重船起重作业情景

2. 主尺寸

(1)船长。大型起重船一般都需考虑铺管作业线的布置,其船长往往由铺管形式(单节管或双节管)等确定,通常船长为 150 ~ 200 m。

(2)船宽。由于起重作业时的高稳定性要求,因此一般大型起重船的船宽都比较大。单体式起重船的船宽与相近船长的半潜平台式起重船相比要小得多,因为单体式起重船的起重能力除个别实例外均在 5 000 t 以下。初步统计,起重能力 2 000 ~ 3 000 t,船宽主要集中在 35 ~ 40 m;起重能力 3 000 ~ 5 000 t,船宽主要集中在 45 ~ 50 m。

(3)总吨位。由于大型起重船配备锚泊定位或/和动力定位、各种特种作业设备(包括大型起重机、整套铺管作业设备等)、复杂的压载系统等,因此总吨位都较大。目前大型起重船的(起重量 3 000 ~ 14 000 t)总吨位为 20 000 ~ 40 000 t。

3. 总布置

大型起重船(包括单体式、半潜平台式)主甲板首部一般设有甲板室,主要布置船员以及施工人员的生活居住舱室和部分工作舱室。甲板室一般有 6 ~ 8 层,最上层是驾驶(操纵)室。甲板室顶部一般设直升机起降甲板,为接送人员往来提供便利。

单体式起重船一般在主甲板尾部中心线处设一台全回转起重机,半潜平台式起重船一般在主甲板尾部两侧设 2 台全回转起重机。与单体式起重船相比,半潜平台式起重船的 2 台起重机联合作业,可大大增强起重能力,目前最大起重量达 14 200 t。甲板有 2 000 ~ 6 000 m^2,且承载力强,一般为 10 ~ 20 t/m^2,主要用于放置各种作业设备、海底管线、大型钻井生产模块等,为海上施工提供良好的作业平台。

4. 机动能力

20 世纪 60 年代,由于海上石油开发的技术刚刚兴起,勘探开发成本比较高,海上油田主要集中在北海、墨西哥湾等地区。为海洋工程建设服务的大型起重船作业范围也主要集中在这些地区,采用非自航形式,或航速较低(6 kn 左右),主要满足短距离航行的要求。近年来,随着海洋工程的发展,施工作业范围越来越广,因此设计航速有不断提高的趋势。

5. 定位方式

在20世纪七八十年代，大型起重船的作业范围主要集中在大陆架及浅水水域，一般水深较小（水深<150 m），主要采用8~12点的锚泊定位方式。随着深海的开发，大型起重船的作业水深不断增加，以前的锚泊定位方式已不能满足要求。动力定位系统利用DGPS等测位设施，对风浪流造成的船舶位移进行判定，自动产生抗力，定位精度误差可达到0.5 m，而这一切都由电脑控制自动完成。一些大型起重船纷纷进行改装，增加动力定位系统，以适应深水作业的需要。

6. 动力配置

由于起重船具有航行时不作业，作业时不航行的特点，因此推进方式一般都采用全电力驱动的方式，以提高动力装置的利用率。为兼顾动力定位的需要，推进器一般采用全回转推进器（包括伸缩式和不可伸缩式）。

虽然大型起重船航速不高，但用电设备众多，如大型全回转起重机、主要作业设备（铺管系统等）、动力定位系统（或锚泊定位系统）、日常生活设施等都需要电力驱动，作业时其能量消耗十分巨大，为此大型起重船的电站配置都很大。一般非动力定位起重船电站功率为3 000~15 000 kW，而具有动力定位的起重船电站功率达10 000~30 000 kW。

7. 压载系统

起重船在起吊作业时，起吊重物重量大、重心高、跨距远，整个系统的重量分布是变化的，重心的位置会发生偏移，因此起吊前后船舶会产生明显的纵倾或横倾，如果不进行调载就不能满足起重机作业的要求。大型起重船一般采用压载水进行预压载和动态调载的方法来平衡重吊过程中的船舶浮态。现代起重船都采用电气遥测、遥控的压载水系统，能在较短的时间内精准地调整船的浮态，船上一般设有多个压载水舱，总压载水舱容积15 000~80 000 m^3。压载泵的排量也很大。

1.4.2　海底管道铺设技术

1. 铺管理论研究概况

管道铺设的研究始于20世纪60年代末期，最早由R. Plunkett[30]提出，主要针对海底悬链线及钻井立管的静力分析，他采用了奇异摄动法对管道微分方程进行求解；Ibrahim Konuk[31]于1980年对S型管道铺设的静力问题采用了匹配渐进展开方法求解，通过给出全域解，以及通过两段边界的内场解和外场解相叠加，得到关于管道水平倾角的表达式，再通过迭代求解；黄玉盈等[32]于1986年指出Konuk的文章中推导有误，对结果进行了修正，并考虑了海床不是水平的情况，F. Guarracino，V. Mallardo[33]和D. M. STUMP[34]以及曾晓辉则对此类问题进行了进一步讨论，F Guarraeino和Mallardo在此问题中加入了管道截面椭圆化因子，并对此问题进行了求解。J. G. A. Croll[35]提出对管道整体按照悬链线理论进行计算，然后在边界处采用边界层修正；D. A. Dixon和D. R. Rutledge[36]则采用了刚性悬链线对管道铺设问题进行了求解；D. W. Dareing和R. E. Neathery[37]给出了基于Newton法的有限差分法求解铺设微分方程；甄国强和胡宗武[38]也在管线为线弹性杆的基础上推导了二维静力模型，并采用有限差分法对其进行了求解；王海期等[39]及郭艳林等[40]也分别对管道的经历铺设进行了数值模拟；W. E. Schmidt[41]的研究给出了考虑海底为弹性地基时的有限元分析；A. C. Kalliontzis[42]则考虑了管线产生塑性应变时有限元模拟，并考虑了海底不平导致管线悬跨；以上数值模拟基于托管架为一条连续光滑曲线，作为管道上部边界条件进行处理，并且由于管线与海底的接触点以及与托管架的脱离点预先未知，需要进行多步迭代，并根据工程经验来调整参数。随着通用有限元软件的兴起，M. Martinsen[43]及 Yong Bai 等[44]提出采用 ABAQUS 求解管线静力铺设问题。随着管线铺设分析的不断研究，对于托管架的研究也在不断深入。1969 年 G. Langner[45]首先提出了结构化分段托管架，并给出了水池试验模型；A. C. Palmer[46]于 1974 年对 S 型托管架的几种形式给出了分类，并给出在有限差分形式下三种托管架边界条件的方程，并于 2007 年会同 R. J. Brown[47]进行了管线铺设的干式试验。宋甲宗[48]和戴英杰[49]采用了切比雪夫多项式插值的方法给出了考虑多点支撑托管架的管线铺设静力分析。D. S. Zhu 和 Y. K. Cho[50]给出了针对托管架所需浮力分布的优化，G. Maier 等[51]给出了针对托管架几何形式以及张紧力的优化；Massimo Callegari[52]等提出可以通过对托管架上的托辊施加液压控制以提升铺设深度；T. K. Datta[53]则给出了托管架铺设因素的参数化研究；Heedo. D. Yun 等采用 ABAQUS 分析了管线在经过托管架时的应力；Malach 开发了铺管分析软件 OFFPIPE，对于静态铺管形态分析，其精度得到了很多国内外海底管道铺设公司的认可。

2. 海底管道铺设工程概况

目前海底管道的铺设方法比较通用的有 J 型铺管法、S 型铺管法、底拖法以及混合铺管法等。施工公司依据管道的大小、铺设水深以及项目的具体要求，对铺管方法进行选择。在几种铺管法中，S 型铺管法占有绝对的支配地位。按长度计算，墨西哥湾 3/4 的管道都是用 S 型铺管法铺设的。在 GB388 工程之前，如果管道铺设工程的水深同时涉及浅水（ <150 m）和深水（ >500 m），几种铺设方法需要联合使用。GB388 工程的应用，表明只运用单一铺管法在同时存在深海和浅海的海域作业的可行性，大大节省了时间和成本，然而，在工程的计划和执行上，必然会遇到很大的挑战。

Enserch 公司的 GB388 工程需要建设一个海底管道系统，把 640 m 深的油田原油，输送到一个相对浅水海域的平台上进行加工和计量，再把成品油（气）输送到已经建成的管道网点做销售。管道系统设计采用 2 ~ 12 in① 管径的收集管，把油（气）从深海的油井输送到浅海的设备，再采用 1 ~ 12 in 管径的天然气销售管道和 1 ~ 8 in 的石油销售管道，把浅海设备和该地区本来已建成的干线节点连接起来。整个工程的管道总长为 177 km，其中的大多数是由两条 87 km 的收集管组成。

在此之前，墨西哥湾的管道工程也到达过相似的水深，不过从没试过像 GB388 工程这样，全程只使用单一的铺管法去完成各种水深的铺设作业。然而，对 GB388 来说，由于 J 型铺管法的最小深度限制，此方法不能应用在浅水部分；S 型铺管法在此之前也没有尝试过这种深度的铺设，而此工程的最大深度几乎已是当时 S 型铺管法的极限。

Enserch 公司的项目管理小组的目标是控制铺设成本以及尽量减少施工时间，最后决定的施工方案是利用单一的铺管法进行施工，这样只需要对一套设备进行操作。为了使 S 型铺管法达到铺设深度要求，要对传统铺管船进行改进，使之能够胜任 700 m 以上水深的铺设任务。

当 S 型铺管法的铺设深度达到 600 m 以上，技术上就会遇到很多的挑战。为了解决这些难题，把铺设风险降到最低，很多新技术新方法都要用实物比例尺寸的模型进行测试，比如新的托管架、深海刚性接头的测量工具、管道刚性短管接头的制作和 ROV（水下机器人）

---

① in：英寸，1 in≈2.54 cm。

的安装等。一部分实验要分别安排在干和湿的环境下进行，这样做是为了更真实地对实际情况进行模拟。实验得到的经验使设计得到优化，更有利于安装过程。

此前深海石油作业的核心技术一直由欧美少数国家垄断，我国的海洋石油开发长期受技术水平和装备能力所限，只能在300 m左右水深的近海进行。

为了加快推进南海深水油气田的勘探开发进程，中国海洋石油总公司投资委员会已批准在“十一五”期间建造一条深水铺管起重船，成立了项目组和专职研究机构，并加大科技投入，开展有关技术研发工作。这些决定和措施都为开展深水海底管道铺设技术研究，形成我国深水海底管道铺设能力提供了难得的依托工程和必要条件。

走向深水是世界海洋石油的发展趋势，截至2005年，世界上钻井水深已达3 095 m，海底管道铺设水深已达2 745 m。从世界海底管道敷设记录中可以看到，实际2 000 m以上的超深水铺管实际作业经验记录非常有限，各种理论计算方法的可靠性没有实际数据的支持。S型铺管法各国工程实例详见表1-3。

表1-3　S型铺管法各国工程实例[54]

日期	公司	工程地点	项目名称	最大深度/m	备注
1979	Shell	Gulf of Mexico	MC194	314	37 km
1986	Norsk Hydro	Oseberg field, Norway	OTS	360	115 km
1989	Conoco	Gulf of Mexico	GC52	366	铺设管道直径为10 in,12 in,14 in
1992	Alcorn	Philippines	West Linapacan	350	
1994	Enserch	Gulf of Mexico	GB388	713	
1996	BP	China	Liuhua	332	中国第一个海底/FPSO
1997	Statoil	China	Lufeng	333	
1999	Esso	Australia	Blackback	685	双层管结构
2001	BP	Gulf of Mexico	Horn Mountain	1 646	重铺设的管道直径范围为10 in
2002	BP	Gulf of Mexico	Mardi Gras	1 950	重铺设的管道直径范围为16 in;18 in;24 in;28 in
2002	BP	Gulf of Mexico	Na Kika	2 360	重铺设的管道直径范围为18 in
2003	Unocal	Indonesia	West Seno	1 030	重铺设的管道直径范围为12 in
2005	Anadarko	Gulf of Mexico	Independence Trail	2 745	重铺设的管道直径范围为8 in,10 in

1.5 虚拟现实技术及其在海洋工程中的应用

1.5.1 虚拟现实概论

虚拟现实技术(VR)的思想起源,可追溯到1965年Ivan Sutherland[55]在IFIP会议上所作的*The Ultimate Display*报告。Ivan Sutherland在该报告中提出了一项富有挑战性的计算机图形学研究课题。虚拟现实[56-59](Virtual Reality,VR)又译为临境、灵境等。存在于计算机系统中的逻辑环境,通过输出设备模拟显示现实世界中的三维物体和它们的运动规律和方式。虚拟现实中的“虚拟”是指通过计算机或其他显示设备生成的意思;而“现实”是指世界上存在的任何事物和环境,它可以是客观存在的现实也可以是难以实现或客观不存在的现实。因此,虚拟现实是指通过计算机生成一种虚拟环境,人们可以通过软硬件等设备将自己投放在此环境中,并对其进行操作、控制以达到一定的目的。

1.5.2 国外的虚拟现实技术研究

美国是虚拟现实技术的发源地,在感知、用户界面、后台软硬件等方面有深入研究,其技术水平一直处于世界前列。20世纪80年代,美国宇航局(NASA)及美国国防在虚拟现实领域取得了丰硕的研究成果,先后研制出“虚拟行星探索”实验计划、基于数据手套及HMD的虚拟交互工作站VIEW等项目[60-63]。现如今美国宇航局已经建立了空间站、航空维护、卫星维护虚拟训练系统,建立的虚拟现实教育系统可供全国使用。北卡罗来纳大学的计算机系在航空驾驶、建筑仿真、外科手术仿真等领域有着深入研究,是最早进行虚拟现实研究的大学。波音公司为简化波音777运输机的加工过程,利用虚拟现实技术将虚拟环境叠加在真实环境之上,这样虚拟环境中的模板能够显示在待加工的工件上,工人以此控制加工精度,全程采用无纸化设计,大大简化了加工过程[64-65]。

欧洲的英国、挪威、荷兰、德国、瑞典等发达国家,也对虚拟现实技术进行了深入的研究和应用。英国Bristol公司在某些领域对虚拟现实软硬件的开发技术处于行业领先水平,其在虚拟现实综合技术上进行了重点研究。瑞典基于Unix开发的分布式DIVE系统,可以将不同节点上的多个进程在同一个系统中工作[66]。荷兰海牙TNO研究所的物理电子实验室,开发了一套通过改变人机界面来改善现有的模拟系统,进而使用户完全沉浸在虚拟环境中[67]。德国ICIDO公司开发的虚拟现实软硬件产品,在对工业产品的展示、维修、拆装方面具有突出成绩,不仅可以模拟出真实的视觉效果,还具有很强的交互性和沉浸感。

日本对虚拟现实的研究与开发处于国际领先水平,尤其是在大规模VR知识库的建立和虚拟游戏开发方面具有深入研究,但其主要硬件设备需从美国进口。东京技术学院精密和智能实验室的SPINAR系统,在创建三维模型人机界面方面有着卓越的成效。NEC公司研发了一套“虚拟手”,用户能够通过它在虚拟环境中与三维的CAD模型发生交互,用户的手与虚拟手产生的运动联系是通过VPL公司开发的数据手套实现的[68]。东京大学的高级科学研究中心在远程控制方面的研究取得一定成果,其开发的主从系统能够实现用户对随动机械人手臂和摄像系统的远程操控[69]。

1.5.3 国内的虚拟现实技术研究现状

与一些发达国家相比,我国的VR技术还有一定的差距,但近年来已经引起政府有关部门和专家学者们的高度重视,并取得了长足的进步。“九五”攻关计划、国家“863”计划、国家自然科学基金会等都把 VR 技术的研究列入了资助范围。我国军方对 VR 技术的发展关注较早,而且支持研究开发的力度也在逐渐加大。

国内的一些院校和科研单位陆续开展了对 VR 技术的研究。北京航空航天大学计算机系是国内最早进行虚拟现实研究的权威单位之一,他们在进行了一些基础研究后,在视觉接口方面开发了部分硬件,并提出了有关算法及实现方法,实现了分布式虚拟环境网络设计,可以提供实时三维动态数据库,提供虚拟现实演示环境。浙江大学 CAD&CG 国家重点实验室开发了一套桌面型虚拟建筑环境实时漫游系统,该系统采用层面叠加的绘制技术和预消隐技术,实现了立体视觉,同时还提供了方便的交互工具,使整个系统的实时性和画面的真实感都达到了较高的水平。另外,他们还研制出了在虚拟环境中一种新的快速漫游算法和一种递进网格的快速生成算法。清华大学计算机系对虚拟现实和临场感方面进行了研究,在球面屏幕显示和图像随动、克服立体图闪烁的措施和深度感试验等方面都具有不少独特的方法。哈尔滨工业大学计算机系已经成功地虚拟出了人的高级行为中特定人脸图像的合成,包括表情的合成和唇部动作的合成等技术问题,并且正在研究人说话时头的姿势和手势动作、话音和语调的同步技术等。北方工业大学 CAD 研究中心是我国最早开展计算机动画研究的单位之一,已经完成了几个关于虚拟现实技术的“863”项目,完成了体视动画的自动生成部分算法与合成软件处理技术。另外,西北工业大学 CAD/CAM 研究中心、上海交通大学图像处理模式识别研究所、长沙国防科技大学计算机研究所、华东船舶工业学院计算机系、安徽大学电子工程与科学系等单位也进行了一些研究工作和尝试。

1.5.4 虚拟现实技术在海洋工程中的应用

海洋工程作业是一项高风险的工作,具有唯一性和不可重复性特点,一旦作业失败,将无法重复甚至带来更严重的事故。同时,海洋工程作业也是一项高投入的工作,以“海洋石油 201”为例,一天运营成本近 140 万元人民币,加上出海辅船配合,一天成本将达数百万元人民币。

通过虚拟仿真技术,构建一套海上管道铺设和起重作业视景仿真系统(模拟器),将先进的虚拟培训方式引入到复杂的海洋工程作业中,改变了传统培训方式,缩短了培训周期。通过训练能有效提高作业效率,提升作业安全性,提升作业人员决策的科学性。通过本仿真系统能有效提高作业人员的熟练度及对工程全局的把握,提高工作效率,大大降低工程成本。采用虚拟推演方式对作业过程不断重复演练,对关键点和风险点进行充分预估,可将工程风险规避到最低。

起重机的模拟训练器研制在国外也有许多成功的应用,美国 Digitran 公司于 1989 年开发出国际上第一个真正意义的港机仿真模拟器。该模拟器以计算机虚拟技术为基础,应用于三维动画模拟装卸船过程中,并带有一定的振动感觉。样机用于美国的 PMA(Pacific Maritime Association),其船舶、码头等背景图像主要采用美国长滩港的现场录像。其后相继使用于美国长滩港、加拿大温哥华港、新加坡港、印度尼西亚 Tanjung Priok 港、马来西亚 Johor 港和法国 Le Haver 港等。20 世纪 90 年代后期,美国 Glohalsim 公司和 MPRI Ship Analytics 公司、挪威 Hitec. O 公司、英国 TSI 公司、加拿大 Simlog 公司等相继开始生产港机仿真模拟器,用于港口起重机驾驶员的培训工作。韩国的 TSB 公司研制的 RMQC SIMULATOR 具有训练台(激振系统、驾驶室系统)、教员台(教练员系统、监视系统)和仿真模型(视觉系统、音响系统)三部分,是典型的半实物仿真训练器。荷兰鹿特丹航运交通大学也曾开发了一个岸边起重机仿真训练器,其软硬件方面和 RMQC SIMULATOR 非常相似,只是其驾驶室更像现实中的真实驾驶室。新加坡开发的某中型岸边起重机仿真系统,没有驾驶室和投影屏,而是采用大屏幕显示器和座椅操作台,结构简洁,体积小巧,开发简单。与此类似的还有美国东北大学虚拟环境实验室开发的桥式起重机训练器。

距挪威外海 120 km 的北海蕴藏着世界最大海底天然油气田之一的“奥门蓝格”,该油气田长 40 km、宽 10 km,位于海底 3 000 m,蕴藏 3 000 亿立方米天然气(足够供应英国天然气需求量的 20% 长达 40 年)。海德鲁公司为了便于对天然气的开采,针对实际海洋环境,开发了一套深海管道铺设视景仿真系统,该系统包括海底地形的构建、海底作业过程模拟、深海铺管模拟等。

作业前,通过该仿真系统对相关操作人员进行培训,使操作人员熟悉作业流程及海底设备操作的相关细节等。仿真系统生产工艺包括:模拟挖掘机挖掘海底沟槽、水下 ROV 作业模拟、海底钻井模拟、模拟安装海底“样板”、深海平台构建模拟、海底填平作业模拟、实测数据建模等。图 1 – 12 为水下作业仿真系统作业视频截图。

图 1 – 12　水下作业仿真系统视频截图

此外,Jiing – Yih 等人在 1997 年为车载起重机使用者开发了一套起重机虚拟仿真系统,首先用 PRO – E 进行建模,然后通过 3D 转化器实现模型的仿真。该仿真系统的起重机具有 3 个自由度,能够模拟完整的起重作业过程。1998 年,Wilson 等人运用四阶 Runge-kutta 算法解决实现了 2 个自由度的起重机模拟。受训人员通过操作起重机模拟设备,可以在虚拟的三维空间进行实际环境的起重作业。

Mmohammed. F. Daqaq 在 2003 年开发了起重船运动仿真系统,该仿真系统 3DMAX 建模,通过 CAVE 对船舶运动姿态进行模拟。不仅建立了船舶运动模型,还考虑了吊重对船舶运动响应的影响,重点对起重船在海浪中运动的稳性进行了研究,并为操作人员提供了训练平台。

第 2 章　环境载荷和虚拟环境构建

2.1　环境外部载荷系统

2.1.1　概述

作用于深水铺管起重作业工程中的环境载荷，主要有风、波浪、海流、潮汐、深海环境所特有的畸形波以及深海环流等因素引起的载荷[70-72]。通常海洋环境载荷机理非常复杂，而且很难建立准确的载荷数学模型。对海上油田区而言，人们通常认为 3 h 内的海况是不变的[73]，即波浪的平均统计特性不发生变化。根据上述常理、铺管作业实际海况以及铺管作业实时仿真特性，本书主要考虑风、波浪、海流，并利用 Morison 公式，推导了铺管、起重作业过程中环境载荷模型。

2.1.2　风载荷

风是空气在水平方向的运动，由于海面广阔，没有山林的遮盖作用，所以同样的天气形势，海面上的风速要比陆地上大。再则由于地球表面的摩阻效应，高空的风速又比地球表面的风速大。工程中都以风速表示风的强度，并按风速大小分级，又称风力。国际上统一的风力风级表（又称蒲氏风级表）如表 2－1 所示。

表 2－1　蒲氏风级表

风级	名称	风速/(m/s)	陆地物象	海面波浪	浪高/m
0	无风	0.0～0.2	船静，烟直上	平静	0
1	软风	0.3～1.5	烟示风向，风向标不转动	微波峰无飞沫	0.1
2	轻风	1.6～3.3	感觉有风，树叶微响	小波峰未破碎	0.2
3	微风	3.4～5.4	树叶、树枝摇摆，旌旗展开	小波峰顶破裂	0.6
4	和风	5.5～7.9	吹起尘土、纸张、灰尘	小浪白沫波峰	1
5	轻劲风	8.0～10.7	小树摇摆，负面泛小波	中浪折沫峰群	2
6	强风	10.8～13.8	树枝摇动，电线有声，举伞困难	大浪到个飞沫	3
7	疾风	13.9～17.1	步行困难，大树摇动	破峰白沫成条	4
8	大风	17.2～20.7	折毁树枝，前行感觉阻力很大	浪长高有浪花	5.5

注：本表所列风速是指平地上离地 10 m 处的风速值。

作为一种重要的环境因素，风载荷可以直接作用在海洋建筑物上，例如，起重船起重作业时影响吊物摆动运动。海面风场对海水的运动有巨大的影响，特别与表层海流的变化、海浪的发展和传播，以及风暴水位涨落的程度有着密切关系。

在海风建模中的第一步就是要对风速进行建模，风速分为平均风速和脉动风速两部分，实际风速是两部分的叠加。脉动风速的求取是通过风速谱来进行的。建立风速谱后，可通过各向湍流同性性质得到脉动风向角。

为了计算深水管道的水下部分所承受的海流力的大小，需要知道海流流速随水深的变化规律。在无实测资料的情况下，对海面下某深度的海流速度，可以采用美国船级社采用的公式计算，即

$$V = V_{\mathrm{m}}\left(\frac{y_1}{H_{\mathrm{w}}}\right) + V_{\mathrm{T}}\left(\frac{y_1}{H_{\mathrm{w}}}\right)^{1/7} \tag{2-1}$$

式中 V_{m}——海面的风流速度；

V_{T}——海面的潮流速度；

H_{w}——目标水深；

y_1——计算深度与海底之间距离。

在仿真实验中，设计铺管或起重作业案例时，作为环境载荷输入到 DP 仿真系统时，可参考表 2－2。

表 2－2　风速与波高的关系[74－75]

海况等级	有义波高($h_{1/3}$)/m	相应等级	平均风速/(m/s)
0	$h_{1/3}=0$	0	0.0～0.2
1	$h_{1/3}<0.10$	1～2	0.3～3.3
2	$0.10\leqslant h_{1/3}<0.50$	2～4	1.6～7.9
3	$0.50\leqslant h_{1/3}<1.25$	4～5	5.5～10.7
4	$1.25\leqslant h_{1/3}<2.50$	5～7	8.0～17.1
5	$2.50\leqslant h_{1/3}<4.00$	7～8	13.9～20.7
6	$4.00\leqslant h_{1/3}<6.00$	8～9	17.2～24.4
7	$6.00\leqslant h_{1/3}<9.00$	9～10	20.8～28.4
8	$9.00\leqslant h_{1/3}<14.00$	10～11	24.5～32.6
9	$14.00\leqslant h_{1/3}$	12	≥32.7

表 2－2 中，不同海况之间存在风速重合的情况，出于对动力定位系统设计余量的考虑，各个海况下均取极大值。

2.1.3　波浪载荷

海面上发生波浪的原因很多，如风产生的风浪，日月吸引力的改变产生潮汐波，海底火山或地震活动产生地震波，船舶运动产生船波等。通常所说的海浪是指风浪，风浪是海面上分布最广的，对于船舶航行和海洋工程实际活动影响最大的波浪。由于海平面上风运动形式的多样性和复杂性，所以风兴起的海上波浪在形式上也是极复杂的，风浪的大小及其运动，就某种意义上说是紊乱而不规则的。不可能用一个简单的数学公式来描述，所以经常又称为不规则波浪，一般用数理统计方法研究。用经典流体力学方法进行简化的波浪称为规则波。

1. 波浪基本理论的有效范围

波浪场是同时依赖于时间和空间的运动场，根据仿真系统的特点，本系统采用表面重力波。在分析波浪特性时，存在长、短两种不同的时标尺度。长时标以 h，d 甚至更长的单位来度量，适用于描述这个自然过程的统计特性；以波浪的周期为代表的短时标用 min 或 s 为单位来度量，适用于描述表面波的详细特性。短时标与固定式海洋结构相应的特征时间接近，相应的波浪理论可以由数学解析式标出，故称为确定性描述。

根据短时标概念推出的常用波浪理论有线性波理论、有限振幅波（Stokes 波）理论[76]、椭圆余弦波理论，其中线性波理论计算最简练、最方便。根据线性波理论，计算作用在结构物上的波浪载荷限定与条件 $H_w/\lambda \ll 0.1$。在实际海洋中流体是有黏性的，并且在水表面还存在着表面张力，这些因素对波浪运动都会有一定的影响。但是黏性及表面张力的影响大小，与波浪的频率有关，在一般对离岸工程重要的波浪频带内，这些影响很小，可以忽略。

为了确定波浪理论的有限范围，首先需要划分深水和浅水的界限。一般取 $H_w/\lambda > 0.5$ 为深水，取 $H_w/\lambda < 0.05$ 为极浅水，而前述两数值之间的区域为有限水深。图 2－1 为常用的各种波浪理论的适用范围图。在图 2－1 中，H 表示波高；d 表示水深；T_a 表示波浪周期；H_b 表示波高的允许值，有限水深时，$H_b = 0.142\lambda \tanh kH_w$，深水时，$H_b = 0.142\lambda$。

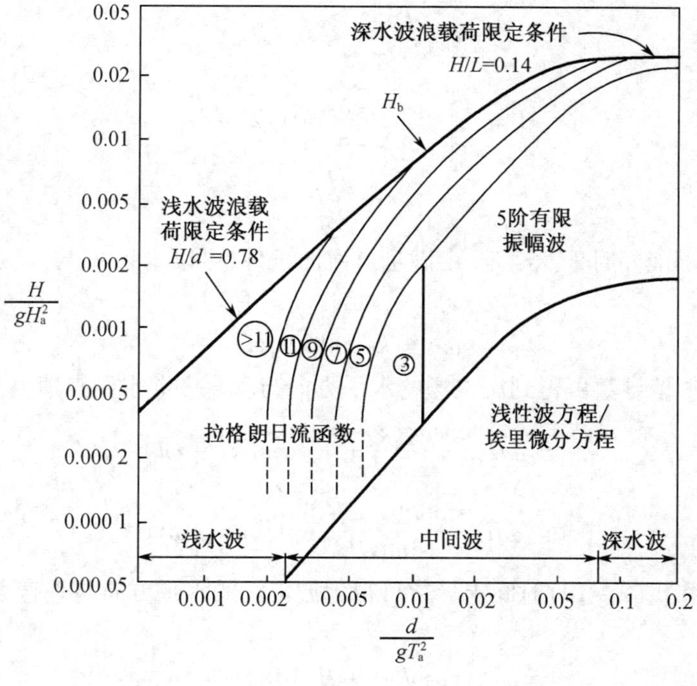

图 2－1　各种波浪理论的适用范围图

在深水区域，根据波陡的大小，可选用不同阶数的 Stokes 波理论，而且其适用区域的范围不随水深改变；进入有限水深范围，Stokes 波理论的适用范围受限。由图 2－1 可见，此时 Stokes 波理论的适用性随水深增加而逐渐降低。同时依赖于 λ/H_n 和 H_w/H_n。使用图 2－1 时，首先根据给定的波高、周期及水深，计算横坐标 H_w/gT_a^2 和纵坐标 H_n/gT_a^2，便可以确定选择何种波浪理论。如这两个参数将这种波定义在 Stokes 二阶波理论范围。可导出水深、波浪周期 T_a 和波长 λ 之间的关系式

$$\lambda = T_a \sqrt{\frac{g\lambda}{2\pi}\tanh\frac{2\pi H_w}{\lambda}} \tag{2-2}$$

式(2-2)为超越方程,采用迭代法求解波。

2. 线性波理论

考虑深水铺管起重船的作业海况特点,根据图2-1确定本仿真系统所用波浪理论为线性波理论。线性波理论是将非线性的波浪自由面条件,近似以线性的边界条件代替,它对应于波高与波长之比很小的情况。

对于规则波,根据线性化理论可得到速度势的表达式和波形式为

$$\Lambda = \frac{Ag}{\omega}\frac{\cosh k(z+H_w)}{\cosh kH_w}\sin(kx-\omega t) \tag{2-3}$$

$$\zeta = A\cos(kx-\omega t) \tag{2-4}$$

式中,A 表征波面的运动幅值;T_a 为波浪周期;波数 $k=\frac{2\pi}{\lambda}$;波浪频率 $\omega=\frac{2\pi}{T_a}$。

从流体力学中可知,对于水深超过$\frac{\lambda}{2}$的波$\left(\frac{2\zeta_a}{\lambda}\leqslant\frac{1}{20}\right)$,其波长、周期及波速具有下列关系,即

$$T_a = \sqrt{\frac{2\pi\lambda}{g}} \approx 0.8\sqrt{\lambda} \tag{2-5}$$

$$C = \frac{gT_a}{2\pi} = \sqrt{\frac{g\lambda}{2\pi}} \approx 1.25\sqrt{\lambda} \tag{2-6}$$

$$\lambda = \frac{gT_a^2}{2\pi} \tag{2-7}$$

由于 ω 与 λ 不能同时任意给定,由满足自由面条件,可以求得 ω 与 λ 之间的约束关系式(即色散关系)

$$\omega^2 = kg\tanh kH_w \tag{2-8}$$

对式(2-3)求偏导数可得到波浪场的水平方向与垂直方向水质点速度为

$$v_x = \omega H_n \frac{\cosh k(z+H_w)}{\sinh kH_w}\cos(kx-\omega t) \tag{2-9}$$

$$v_z = \omega H_n \frac{\sinh k(z+H_w)}{\sinh kH_w}\sin(kx-\omega t) \tag{2-10}$$

对式(2-9)和式(2-10)时间求导数可得到波浪场的水平方向与垂直方向水质点加速度为

$$a_x = kH_n g \frac{\cosh k(z+H_w)}{\cosh kH_w}\sin(kx-\omega t) \tag{2-11}$$

$$a_z = -kH_n g \frac{\sinh k(z+H_w)}{\cosh kH_w}\cos(kx-\omega t) \tag{2-12}$$

对于无限水深的情况,即 $H_w\to\infty$ 时,式(2-3)可转化为

$$\Lambda = \frac{Ag}{\omega}e^{kz}\sin(kx-\omega t) \tag{2-13}$$

此时色散关系可写成如下简单的形式,即

$$\omega^2 = kg \tag{2-14}$$

对式(2－13)求偏导数可得到波浪场的水平方向与垂直方向水质点速度为

$$v_x = \frac{gkA}{\omega}\exp(kz)\cos(kx - \omega t) \quad (2-15)$$

$$v_z = \frac{gkA}{\omega}\exp(kz)\sin(kx - \omega t) \quad (2-16)$$

对式(2－15)和式(2－16)进行时间求导数可得到波浪场的水平方向与垂直方向水质点加速度为

$$a_x = gkA\exp(kz)\sin(kx - \omega t) \quad (2-17)$$

$$a_z = -gkA\exp(kz)\cos(kx - \omega t) \quad (2-18)$$

为了更清楚地了解波浪对铺管的影响,利用式(2－15)振幅制作了海流速度与水深的函数关系图如图 2－2 所示。从图 2－2 中清楚地看到,海浪的效果在 75 m 水深以下甚微。

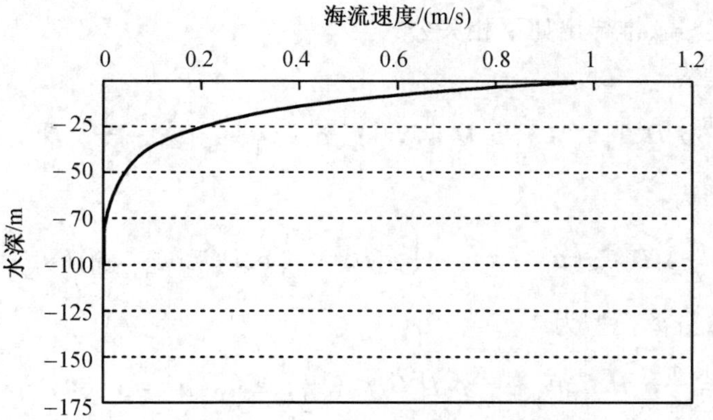

图 2－2　有义波高为 2.5 m,谱峰周期为 8 s 的海浪产生的随水深的波浪流速度分布

3. 波浪中的振荡柱体

挠性部件在定常流和波浪中遭受的流体作用力的分析和估算,无论在理论上或实验上都存在一些基本的困难之处。至今主要使用的仍是 1950 年由 Morison 等人提出的 Morison 方程的计算方法,该方法的基本假定是认为当管线尺度与波长相比较小时,管线的存在并不影响波动场,所以作用在管道上的波浪力,除与管道尺寸有关外,取决于为被 S 型铺管扰动的波动场内在管到轴线处的水质点的运动速度和加速度。S 型铺管时,所受波浪力的计算采用 Morison 方程[77－78]。Morison 方程是一个带有经验性的半理论公式,它的应用要求圆柱结构的直径 D 与波长 λ 之比较小,在一般情况下,当 $D/\lambda \leqslant 0.2$ 时才较适用。该理论假定,柱体的存在对波动无显著影响,认为波浪对柱体的作用主要是黏滞效应和附加质量效应,即附加质量力和拖曳力。

对于直立柱体的 Morison 方程为

$$\boldsymbol{f}_{\mathrm{w}} = \frac{1}{2}C_{\mathrm{D}}\rho_{\mathrm{s}}D\boldsymbol{U}\|\boldsymbol{U}\| + C_{\mathrm{M}}\rho_{\mathrm{s}}\frac{\pi D^2}{4}\dot{\boldsymbol{U}} \quad (2-19)$$

对于倾斜柱体(如 SCR、倾斜支撑构件等),就沿 x 方向传播的二维波浪的情况而言,在柱体上任一点处,与柱轴相交和相切的水质点的速度 $\boldsymbol{U}_{\mathrm{n}}$,$\boldsymbol{U}_{\mathrm{t}}$ 和加速度 $\dot{\boldsymbol{U}}_{\mathrm{n}}$,$\dot{\boldsymbol{U}}_{\mathrm{t}}$ 是由波浪水质点的速度 $\boldsymbol{u}$ 和加速度 $\dot{\boldsymbol{u}}$ 组成。由于波浪水质点的速度分量和加速度分量的大小是不同的,

使得速度 $\boldsymbol{u}$ 和加速度 $\dot{\boldsymbol{u}}$ 虽然在 zox 平面内,但不在一条线上,故在一般情况下,对于任意方向的倾斜柱体,与柱轴正交的速度 $\boldsymbol{U}_{\mathrm{n}}$和加速度 $\dot{\boldsymbol{U}}_{\mathrm{n}}$ 将不在同一空间平面内。因此由拖曳力和惯性力叠加的总力,就必须写为矢量形式。

对于倾斜柱体,一般形式下的 Morison 方程应为

$$\boldsymbol{f}_{\mathrm{w}} = \frac{1}{2}C_D\rho_{\mathrm{s}}D\boldsymbol{U}_{\mathrm{n}}\|\boldsymbol{U}_{\mathrm{n}}\| + C_{\mathrm{M}}\rho_{\mathrm{s}}\frac{\pi D^2}{4}\dot{\boldsymbol{U}}_{\mathrm{n}} \tag{2-20}$$

式中,$\boldsymbol{f}_{\mathrm{w}}$ 为作用与倾斜圆柱体任意高度 z 处单位柱长上的波浪力矢量;$\boldsymbol{U}_{\mathrm{n}}$和加速度 $\dot{\boldsymbol{U}}_{\mathrm{n}}$ 分别是与柱轴正交的水质点速度和加速度矢量;$\|\boldsymbol{U}_{\mathrm{n}}\|$为速度矢量 $\dot{\boldsymbol{U}}_{\mathrm{n}}$ 的模。

若计算整个倾斜柱体上的总波浪力,可由上述方程沿整个柱体进行积分得到。但由于在某一时刻位于柱轴不同高度处的水质点的速度和加速度不是处于同一位相,故沿柱长积分通常采用数值积分的方法。

对于倾斜柱体在波浪场中自由振荡的情形,根据直立柱体在波浪场中自由振荡形式的 Morison 方程修正公式,推导出如下相关公式[79]。

独立流畅模型为

$$\boldsymbol{f} = \frac{\pi}{4}\rho_{\mathrm{w}}D^2C_{\mathrm{M}}\dot{\boldsymbol{u}}_{\mathrm{n}} - \frac{\pi}{4}\rho_{\mathrm{w}}D^2C_{\mathrm{A}}\ddot{\boldsymbol{x}} + \frac{1}{2}\rho_{\mathrm{w}}DC_{\mathrm{D}}|\boldsymbol{u}_{\mathrm{n}}|\boldsymbol{u}_{\mathrm{n}} - \frac{1}{2}\rho_{\mathrm{w}}DC'_{\mathrm{D}}|\dot{\boldsymbol{x}}|\dot{\boldsymbol{x}} \tag{2-21}$$

相对速度模型为

$$\boldsymbol{f} = \frac{\pi}{4}\rho_{\mathrm{w}}D^2C_{\mathrm{M}}(\dot{\boldsymbol{u}}_{\mathrm{n}} - \ddot{\boldsymbol{x}}) + \frac{1}{2}\rho_{\mathrm{w}}D\ddot{\boldsymbol{x}} - \frac{1}{2}\rho_{\mathrm{w}}DC_{\mathrm{D}}|\boldsymbol{u}_{\mathrm{n}} - \dot{\boldsymbol{x}}|(\boldsymbol{u}_{\mathrm{n}} - \dot{\boldsymbol{x}}) \tag{2-22}$$

附加质量系数分离模型为

$$\boldsymbol{f} = \frac{\pi}{4}\rho_{\mathrm{w}}D^2C_{\mathrm{M}}\dot{\boldsymbol{u}}_{\mathrm{n}} - \frac{\pi}{4}\rho_{\mathrm{w}}D^2C_{\mathrm{A}}\ddot{\boldsymbol{x}} + \frac{1}{2}\rho_{\mathrm{w}}DC_{\mathrm{D}}|\boldsymbol{u}_{\mathrm{n}} - \dot{\boldsymbol{x}}|(\boldsymbol{u}_{\mathrm{n}} - \dot{\boldsymbol{x}}) \tag{2-23}$$

式中,$\boldsymbol{f}$ 为包括 3 个分量的矢量力;$\boldsymbol{u}_{\mathrm{n}}$,$\dot{\boldsymbol{u}}_{\mathrm{n}}$,$\dot{\boldsymbol{x}}$, $\ddot{\boldsymbol{x}}$ 分别为倾斜柱体法向速度、法向加速度和水质点法向速度、法向加速度。

对倾斜柱体,其法相速度 $\boldsymbol{u}_{\mathrm{n}}$ 和法相加速度 $\dot{\boldsymbol{u}}_{\mathrm{n}}$ 的计算方法如下。

设 e 为沿管线轴线的单位矢量,表示为 $\boldsymbol{e} = e_x\boldsymbol{i} + e_y\boldsymbol{j} + e_z\boldsymbol{k}$。这里 $\boldsymbol{i}$,$\boldsymbol{j}$,$\boldsymbol{k}$ 为沿 x,y,z 轴的单位矢量,e_x,e_y,e_z 可表示为

$$\begin{cases} e_x = \sin\varphi_{\mathrm{e}}\cos\psi_{\mathrm{e}} \\ e_y = \cos\varphi_{\mathrm{e}} \\ e_z = \sin\varphi_{\mathrm{e}}\sin\psi_{\mathrm{e}} \end{cases} \tag{2-24}$$

式中,φ_{e} 为轴线与 z 轴间的夹角;ψ_{e} 为通过轴线的垂直面与 xoz 面的夹角。

如果对一般流场 $\boldsymbol{u} = (u,v,w)$,$\dot{\boldsymbol{u}} = (\dot{u},\dot{v},\dot{w})$,则有 $\boldsymbol{u}_{\mathrm{n}} = \boldsymbol{e}\times(\boldsymbol{u}\times\boldsymbol{e})$和 $\dot{\boldsymbol{u}}_{\mathrm{n}} = \boldsymbol{e}\times(\dot{\boldsymbol{u}}\times\boldsymbol{e})$。

由于原来的 Morison 方程是经验公式,不可能验证其在其他情况下的推广式的正确与否,也不可能讨论哪一个更为正确的问题。显然,根据这些公式导出的系数只有在应用该形式公式中使用才是合理的。图 2-3 则给出了独立流场和相对流场模型的适用区域。技术人员通过计算 KC 数、约化速度 v_{r} 初步选择波浪载荷模型后,在根据具体工程作业环境可适当选择,并必要时可再修正模型。

KC 参数

$$KC = \frac{u_0T_{\mathrm{a}}}{D} \tag{2-25}$$

雷诺数

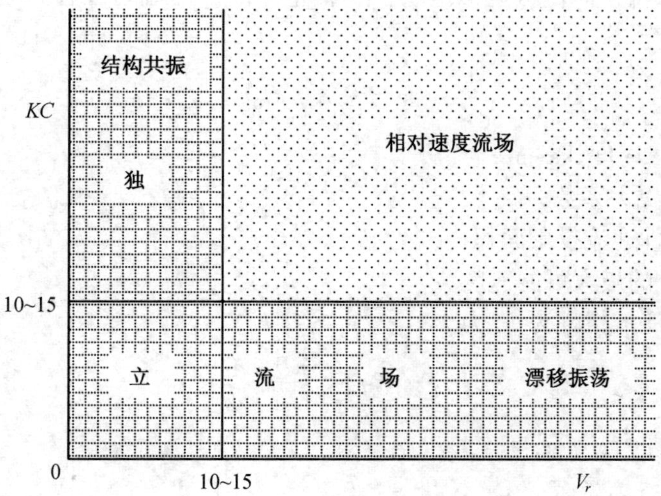

图 2－3　独立流场和相对流场模型的适用区域

$$Re = \frac{u_0 T_a}{\nu} \tag{2-26}$$

约化速度

$$v_r = \frac{u_0}{\omega_n D} \tag{2-27}$$

式中　ν——流体运动黏性系数；

u_0——波峰处水质点最大运动速度；

D——结构件直径。

图 2－4 为倾斜的海底管线及其几何关系。如果有 $\boldsymbol{u} = u\cos\beta\boldsymbol{i} + u\sin\beta\boldsymbol{j} + w\boldsymbol{k}$，$\boldsymbol{e}_t = \cos\theta\boldsymbol{i} + \sin\theta\boldsymbol{k}$ 以及 $\boldsymbol{e}_n = -\sin\theta\boldsymbol{i} + \cos\theta\boldsymbol{k}$，则可得

$$\begin{cases} u_n = \boldsymbol{u}^T \cdot \boldsymbol{e}_n \\ u_t = \boldsymbol{u}^T \cdot \boldsymbol{e}_t \end{cases} \tag{2-28}$$

2.1.4　海流载荷

设定的海流速度应包括潮汐流、风诱发的海流、风暴潮流、密度流和其他可能的海流现象产生的影响。对近岸海区还应考虑由于波浪破碎作用产生的沿岸流。可以通过对记录到的数据资料进行谐波分析来确定潮汐流，而风诱发的海流、风暴潮和密度流可以通过对记录数据进行统计分析或者数字模拟加以确定。通常风诱发的表面海流速度可相应取作每小时平均风速的 2%。

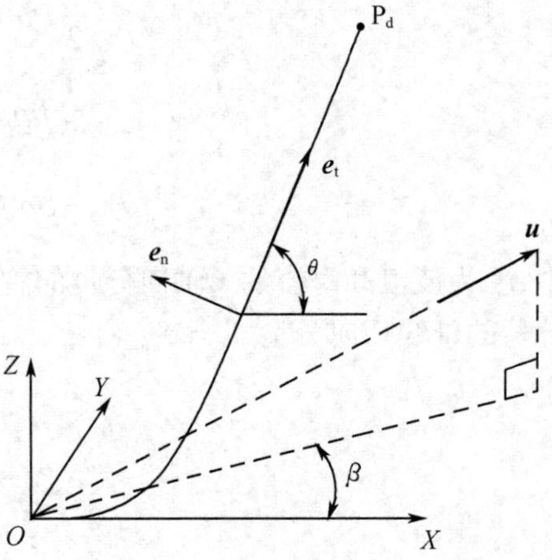

图 2－4　倾斜的海底管线及其几何关系

一般来说，海流可以分为风流、梯度流、波

浪流和潮流几种,由于海流可近似地看作一种稳定的平面流动,因此单位长度上的管线所受的海流拖曳力为

$$F = \frac{1}{2}A_{P}\rho_{s}C_{D}v^{2} \tag{2-29}$$

式中 ρ_s——海水密度,kg/m³;

C_D——拖曳力系数;

A_P——构件迎流投影面积;

v——海流的最大可能速度。

管单元所受海流惯性力 F_i 为

$$F_i = \rho_s C_M \frac{\pi D^2}{4}\left(\frac{dv}{dt}\right) \tag{2-30}$$

式中 F_i——惯性力,N/m;

C_M——惯性力系数。

海流有效的稳定流速 v_c:

$$v_c = \left[0.778u_1^2\left(\frac{D}{y_1}\right)^{0.286}\right]^{0.5}, \quad u_1 = u_0\left(\frac{y_1}{H_w}\right)^{1/7} \tag{2-31}$$

式中 u_1——离海底 y_1 高度处的流速;

H_w——水深;

u_0——水深 d 处的流速;

y_1——离海底的高度;

D——管道总外径(包括涂层)。

海流有效的稳定流速 v_c 的法向分量和切向分量分别为

$$v_{cy} = v_c\sin\beta \tag{2-32}$$

$$v_{cxn} = v_c\cos\beta\sin\theta \tag{2-33}$$

$$v_{cxt} = v_c\cos\beta\cos\theta \tag{2-34}$$

根据图 2-5 所示的受力分析可推导出单位长度上的管线所受的海流拖曳力 F 的各项分力为

$$F_{xn} = \frac{1}{2}D\rho_s C_D v_n\|v_n\| + \frac{\pi D^2}{4}\rho_s C_M \dot{v}_n \tag{2-35}$$

$$F_{xt} = \frac{1}{2}D\rho_s C_D v_t\|v_t\| + \frac{\pi D^2}{4}\rho_s C_M \dot{v}_t \tag{2-36}$$

$$F_{y} = \frac{1}{2}D\rho_s C_D v_y\|v_y\| + \frac{\pi D^2}{4}\rho_s C_M \dot{v}_y \tag{2-37}$$

式中,v_n 为波浪和海流的 x 轴向分量的管线法向分量,$v_n = v_{cxn} + v_{wxn}$;v_t 为波浪和海流的 x 轴向分量的管线切向分量,$v_t = v_{cxn} + v_{wxn}$。

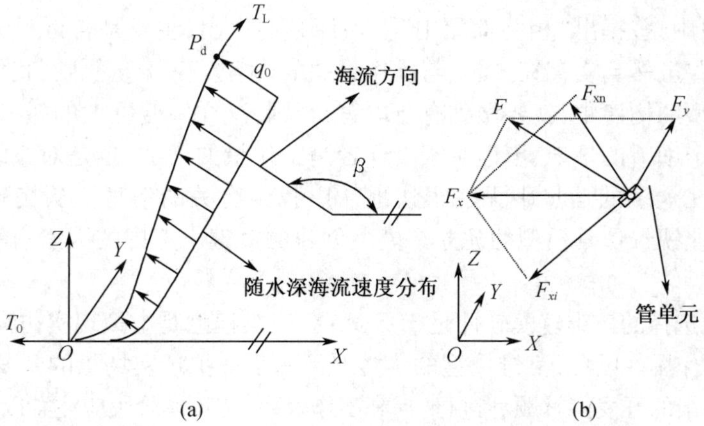

图 2-5　海流作用下的管线数学模型示意图

(a)管线受海流载荷影响;(b)管单元所受海流力分析

在应用 Morison 公式时,除了选取适当的波浪理论之外,还要选择合适的流体动力系数 C_D,C_M。已知 C_D,C_M 是雷诺数、柱体表面粗糙度与时间的函数。在实验室和现场两个方面都花费了大量的研究力量以得到水动力系数 C_D,C_M 值。目前实验已经成功地证实,这些系数依赖于适当的无量纲量。但是迄今为止,有关 C_D,C_M 的已有资料,没有一组数据能令人信服地应用于实体。把实验结果用于实际设计时,必须极其小心。因为,现有的资料都是在特定状态下得到的,所介绍的比较和证实方法都有自身的规定,尚未普遍适用的具体准则。所以在计算波浪载荷时,必须选用适当的线性或非线性波浪理论。在进行海洋结构设计时,有关水动力系数的各种方法所罗列的规定和指导原则集中简要地整理于表2-3[80-81]。

表 2-3　水动力系数应用规则

开发项目	作业海域	Re	KC	K/D	C_M	C_D
Ⅰ和Ⅱ级海况项目	墨西哥湾	$1\times10^5\sim3\times10^5$	3~30	0	1.3	1.2
海洋结构物安装	墨西哥湾	$3\times10^5\sim1\times10^6$	5~42	0	1.51	1.7~1.68
飓风伊迪丝项目	墨西哥湾	$3\times10^5\sim3\times10^6$	3~42	0	1.5	0.7
克赖斯特彻奇湾项目	墨西哥湾	$1\times10^5\sim1\times10^6$	2~30	0.02	1.22~1.85	0.3~1.0

2.2　虚拟环境模型系统

2.2.1　三维模型的设计

模型是深水起重作业视景仿真可视化的主要视觉载体。起重作业视景仿真模型是对真实作业模型的模拟制作,但是又要避免过分地模拟真实的海上场景,不加分析地全部将海上场景还原,会造成呈现的信息视觉错乱,而影响用户的操作和体验,违背了系统设计的原则。在整个三维模型的设计中要既能突出实现的主题,还要体现艺术美感。梅耶在针对多媒体模拟学习中,曾提出"相关性原则"。该原则的提出,主要是告诉设计者们要消除多媒体应用中,那些虽然真实存在,但是与操作无关的内容。基于该原则,我们在进行视景仿真过程中,在模型的构建中,就要做到有所取舍,否则,这样一艘巨大的船只,如果我们面面俱到,做到每一个细节的呈现,不但对于设计者是工作量的增加,也是对系统体验人员视觉的考验,操作者在众多的信息中无法很快地从中找到有关的信息。从交互设计的角度出发,进行深水作业视景仿真模型的建立是模型创建的关键。考虑的因素有模型、灯光、材质渲染、画面剪辑等。

本仿真系统选择的三维建模软件是3DS MAX,三维模型是虚拟现实仿真的最基本单元,起着中流砥柱的作用。因此,三维模型的优劣对下一步虚拟现实场景的开发具有重要影响。为了保证虚拟场景的开发能够顺利进行,提高工作效率,在建模阶段应注意以下几点。

1. 建模原则

虚拟现实场景建模与游戏建模类似,要求做简模。否则可能会因为模型过大导致场景的运行速度过慢、过卡甚至无法运行。运用3DS MAX 建模的准则包括以下几个方面:

(1)做简模;

(2)通过贴图代替部分建模;

(3)模型的数量不要太多;

(4)合理分布模型的密度;

(5)保持模型面与面之间的距离;

(6)删除看不见的面;

(7)用面表现复杂造型。

2. 建模方法

3DS MAX 的建模方法灵活多样,针对不同的模型可以选择一种或几种方法来完成。在本系统中,采用"模块化"建模方式,即把"海洋石油 201"船分割成船体、基座、吊臂、吊钩、铺管舱室、托管架、上层建筑等多个部分,然后对每个部分逐个建模。

在建模时,首先导入模型的CAD 平面图,包括前视图、顶视图、侧视图,然后在3DS MAX 中进行精准对位,对位完成后便可进行建模。建模时,首先要根据 CAD 平面图构想出三维模型的形状,然后针对每个模型的特点选择最合适、最快捷的建模方法,如线框建模、几何体建模、放样、多边形建模、NURBS 建模等。如果有现场模型的照片作为辅助,无疑会很大程度地提高工作效率。在建模过程中,一定要遵照建模原则进行,否则在开发虚拟场景时又得重新回到3DS MAX 中进行模型修改,影响工作效率。

此外,在建模的过程中,要调整必要物体或组的坐标轴,以方便在开发虚拟场景时使用。例如,在建起重臂模型时,起重臂默认的轴在模型中间处,但由于起重臂变幅运动时,是以根部为旋转轴的,因此,需要将坐标轴调整到根部,起重臂坐标轴调整如图 2-6 所示。如果在建模阶段不调整坐标轴,那么在用视景平台进行开发时,就需要调整各个框架的世界坐标,或通过 DOF 节点来调整,这样就会增加很多的工作量,而且易出错,浪费了不必要的时间。

3. 模型优化

虚拟场景模型优化对演示速度有很大影响,如果前期对模型优化得不好,到了后期再进行优化就得重新在3DS MAX 进行模型修改,然后再进行场景烘焙,场景合并,严重降低工作效率。因此,在场景建模时,就应该注意对模型的优化,以免为后期的工作带来麻烦。

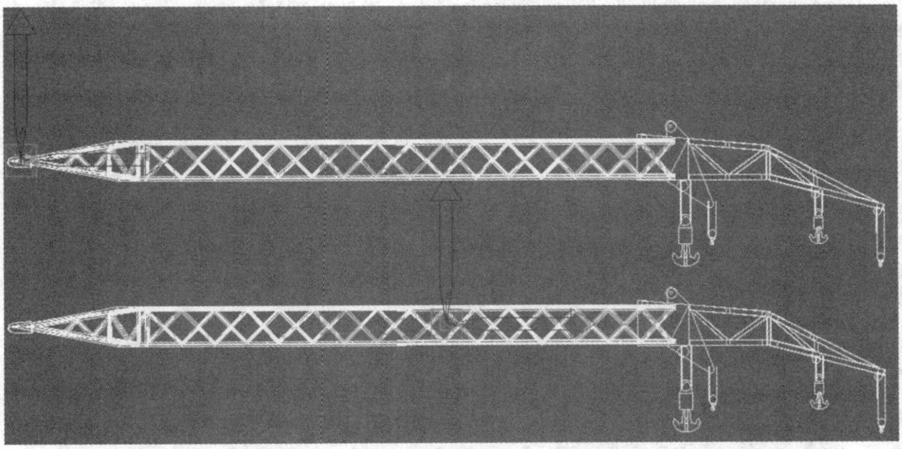

图 2－6　起重臂坐标轴调整

场景模型的总面数、总个数及贴图量是影响虚拟场景运行速度的最主要因素，因此在建模时，应采取适当的方法对场景进行优化，如用 Attach（合并）命令精简模型或 Collapse（塌陷）命令精简模型删除模型之间的重叠面、删除模型底部看不见的面、除物体之间相交的面等。

4. 实物建模中的艺术设计表现

首先从关键设备的模型制作和设计来看，简单而又逼真的造型，能够给操作者直观的真实感，并且能够给整个系统模型的创建缩短时间。为了提高效率及在视景平台中导入方便，利用 3DS MAX 中提供的基本模型较多，如：对于船体的搭建，多用软件自带的正方体、长方体、球体、圆柱体和圆锥体等。尽量减少面的数目，避免面数过多。面数过多容易使模型导入在视景平台中的形成的视景出现卡顿现象。实物的搭建尺寸都是以实船的具体数据为依据，将二维平面图，直接导入 3DS MAX 软件中，按照比例进行创建。实船和模型的驾驶对比，如图 2－7 所示。

图 2－7　实船和模型的驾驶室对比

由图 2－7 可以看出，在实物模型的创建过程中，该系统色彩和材质以及操作台的比例尺寸，均达到了对实船的真实模拟，使操作者能够产生身临其境的感觉。

图 2－8 是对场景中部分作业平台模型的展示。我们可以看出，场景模型的简单处理，在不影响场景真实性的前提下，将实船的模型尽量简化，以不影响系统运行。这样的建模方法不但达到了优化系统运行的效果，同时也能满足人的视觉需求。

5. 材质和灯光的设计要点

材质的设置及烘焙是建模阶段的重要一环，影响场景物体的纹理和光影关系，与场景真实与否有着直接的关系。本仿真系统是基于视景平台开发的,对材质和烘焙采用 Vary 全局光引擎烘培。

图 2-8 部分作业平台模型的展示

在该系统中材质和灯光的运用,采用的是“相关性原则”和“简化性原则”。在突出不同的操作物体和场景的质感差别的同时,力求达到简洁明快的艺术效果,在比较麻烦的场景模型中,直接选取真实场景中的照片,以贴图的方式,赋予模型真实的效果。比如,起重模型中对于海底模型的创建和被吊物体的创建。如图 2-9 所示为灯光渲染效果展示。

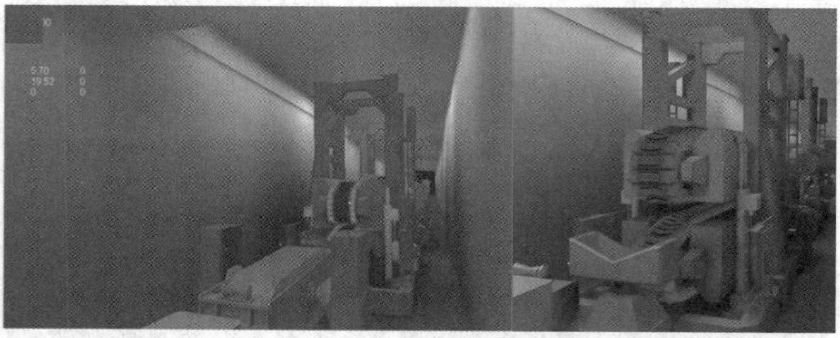

图 2-9 灯光渲染效果展示

对于履带贴图模型,选取同真实模型相同的角度,调节好灯光的角度,几乎达到了实际作业线中一模一样的效果。

在本系统的开发过程中,还需要提到一个对于场景模型以及在视景平台中创建虚拟场景,最关键的一种视觉因素手段,就是关于海面的折射和反射,由于海水的实时动态性,因此,海面的模拟变得尤其关键。以图 2-10、图 2-11 和图 2-12 为例进行说明:该场景的真实模拟,一方面取决于材质的选取,关键一点在于在实现反射和折射的过程中,摄像机角度的摆放,该效果的实现,是由于在相应的水下设置了关键的摄像机镜头,再将形成的贴图,在视景平台中,设置在距离屏幕摄像机相差几毫米的位置,利用视觉的微小差值,实现对于海面反射和折射的视觉体验。

图 2-10　海面有反射和无反射对比图

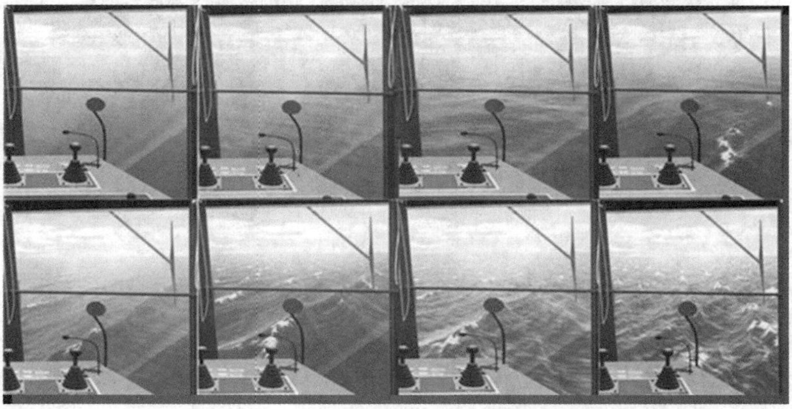

图 2-11　不同风浪同一个视角的视景展示

图 2-12　起重作业多镜头展示

三维场景的展示过程中,转换的镜头设计尤其关键。它包括前期的分镜头脚本设计和后期的整个作业流程展现。主要是指针对起重仿真中操作对象的动作画面进行设计,画面整体构图、起重作业过程中运动的镜头、景别组接(是指在仿真操作画面中场景的转化问题,包括201船的远景、全景、中景、近景和特写的组接变化)和操作过程中需要的文本解说进行设计和策划。从而为起重作业仿真的动画资源制定总体的场景转换和动画设计蓝图。该节的动画展示会影响本书的最终整个系统的操作动画展示。

上述场景的实现,就是巧妙地将3D摄像机原理应用于视景平台中,由于系统自带的摄像机不能满足用户对于起重作业过程中视景的需求。因此,本系统开发了适合于深水起重视景仿真的 OCEAN 摄像机。在本系统中实现了 360°的真实场景优化模拟。

当在 3DS MAX 中完成建模、模型优化、附材质、烘焙、创建灯光等工作之后，便可通过 3DS MAX 文件导出功能将模型存成“.x”格式的可编辑文件，从而进入虚拟场景开发阶段。“海洋石油 201”三维模型如图 2－13 所示。

图 2－13 “海洋石油 201”三维模型

2.2.2 虚拟环境人机交互

1. 虚拟环境人机交互的构成

海上起重作业视景仿真系统的人机交互主要包括三部分：3D 鼠标、键盘与虚拟场景，起重模拟作业台与虚拟场景，人机界面与虚拟场景，如图 2－14 所示。

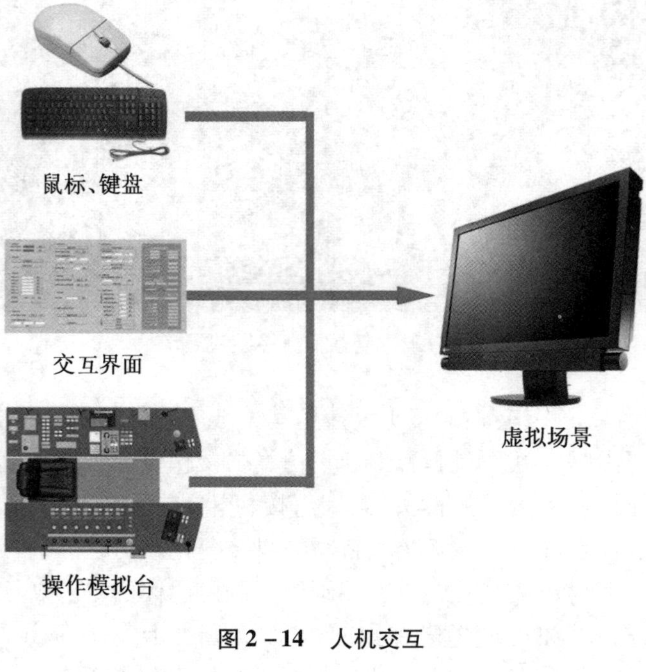

图 2－14 人机交互

(1)3D 鼠标、键盘与虚拟场景:实现对虚拟场景视景的控制及快捷操作。

(2)起重模拟作业台与虚拟场景:实现对起重机的虚拟控制。

(3)软件交互界面与虚拟场景:实现数据的通信和命令的发送。

起重模拟作业台上的按钮、旋钮、摇杆等元件的功能与实际起重作业台相同,操作时,按照作业台的操作说明书进行操作即可。软件交互界面与虚拟场景的交互发生频率最高,形式也最多样,将在起重作业流程开发时进行详细说明。本节主要内容是对 3D 鼠标、键盘与虚拟场景之间的交互形式进行开发。

2. 对场景的视角控制

3D 鼠标与虚拟场景之间的交互,主要是通过 3D 鼠标的摇杆来调整虚拟场景的视角变化,实现对虚拟场景全方位的观测,并为用户提供一个舒适的可视化平台。在本仿真系统中,对场景的视角控制主要包括以下两部分。

(1)实现虚拟场景的旋转、平移和缩放;

(2)以人的视觉为基点,实现在虚拟场景中的行走、漫游。

虚拟场景的旋转、平移和缩放是由视景平台的功能节点 3D Navigation Camera 连接子节点 UserInput 实现的(如图 2－15 所示),通过读取 3D 鼠标不同轴的位置和角度信息,实现视角的位置和角度变化。默认情况下,3D 鼠标可向左向右平移、向上向下平移、向前向后平移及角度旋转,其操作方式如图 2－16 所示。此外,UserInput 节点还具有调整旋转轴心、角度区间设置等功能,开发时根据实际需要进行选择。视景平台视口操作的逻辑关系,如图 2－17 所示。

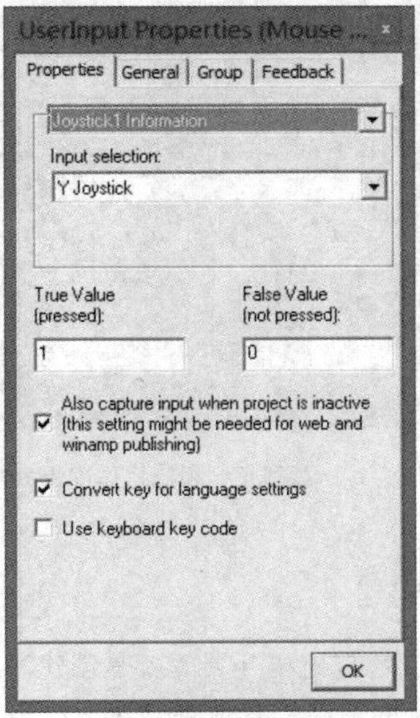

图 2－15　UserInput 节点属性

通过鼠标摇杆简单地推拉、旋转和倾斜实现虚拟场景的视角调整。

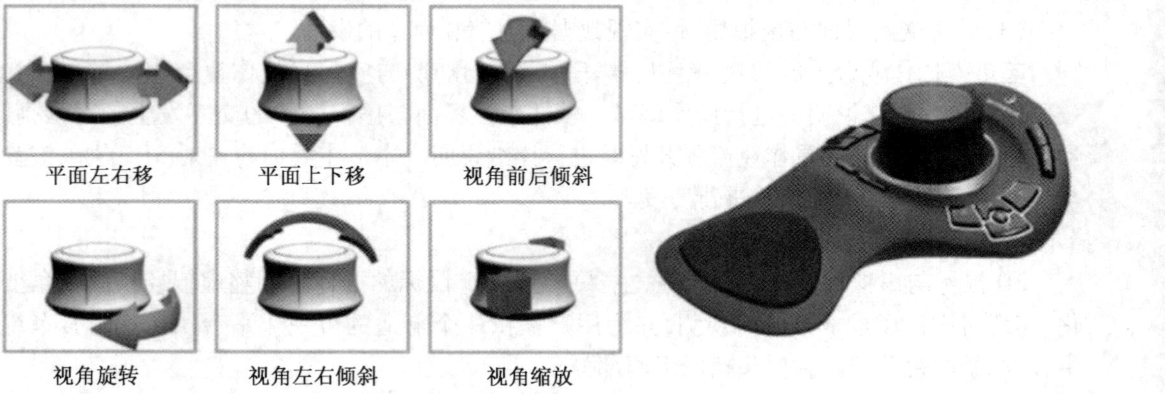

图 2-16　3D 鼠标操作方式示意图

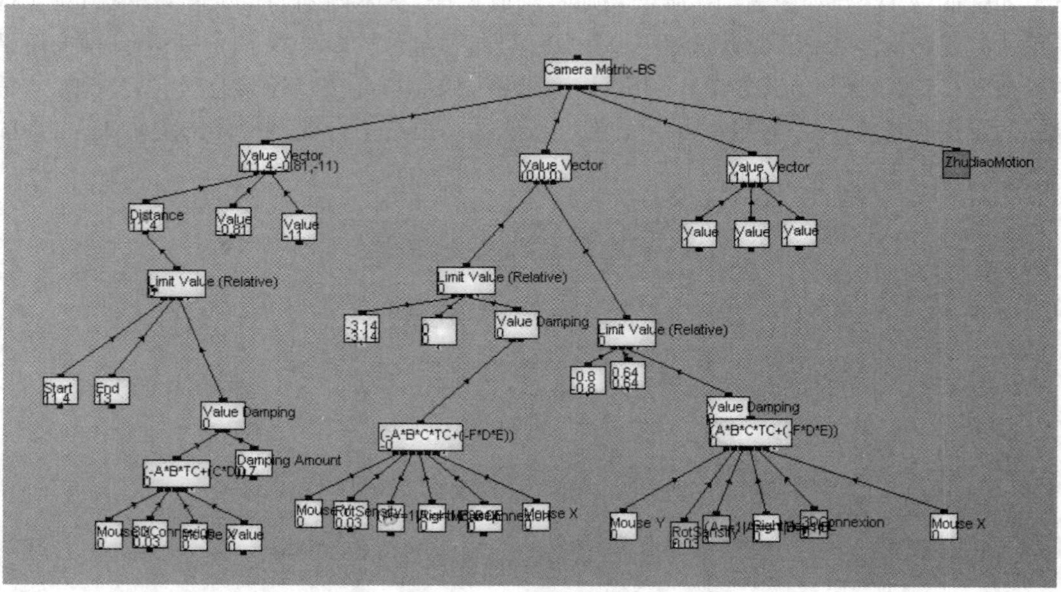

图 2-17　视景平台视口操作逻辑关系

2.2.3　虚拟海洋环境构建

三维模型导入视景平台之后,首先要开展的就是创建海洋环境,呈现出的海洋环境的真实与否,直接影响到仿真系统的最终视觉效果。在设计时,首先要对真实的海洋环境有所认识,包括海面的颜色、文理、声音、天空等。然后以虚拟现实艺术美学设计的相关理论为指导,结合虚拟现实技术,最终设计出既真实又适宜观赏的海洋环境,给用户带来身临其境的视觉体验。

海洋环境的设计主要包括三部分,即天空、海洋和音效。

1. 天空模拟

天空的模拟方法是在3DS MAX中建一个很大的椭球体,然后贴一张无缝贴图,调整贴图坐标,导入视景平台中即可。具体操作如下所述。

(1)建椭球体

在3DS MAX中建一个球体,单位设置成"m",半径设为10 000,用缩放工具将球体挤压成椭球。

(2)制作无缝贴图

DreamScape是3DS MAX的一款用来制作景观的插件,用以创建地形、海景、360°天空、云层、户外光线等。

在制作时,首先在场景中创建一盏摄像机和DreamScape太阳光,如图2-18所示。然后在"环境和效果"面板的"大气"一栏选择添加DreamScape(图2-19),这样便可对天空的参数进行设置,包括天空颜色、大气参数、云参数等。参数设置完成之后,选择贴图尺寸、出图,从而完成无缝天空贴图的制作,如图2-20所示。

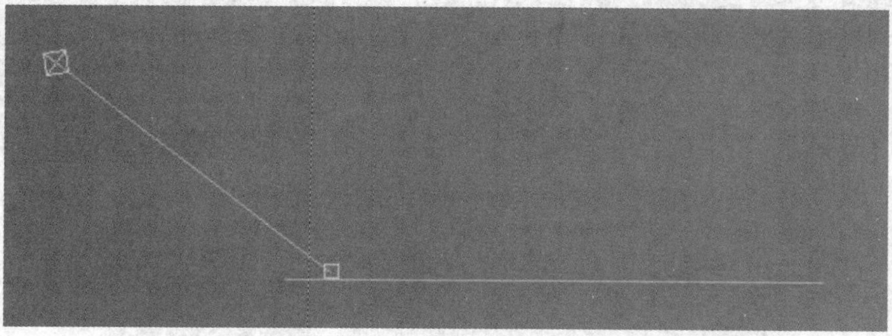

图2-18　创建摄像机和DreamScape太阳光

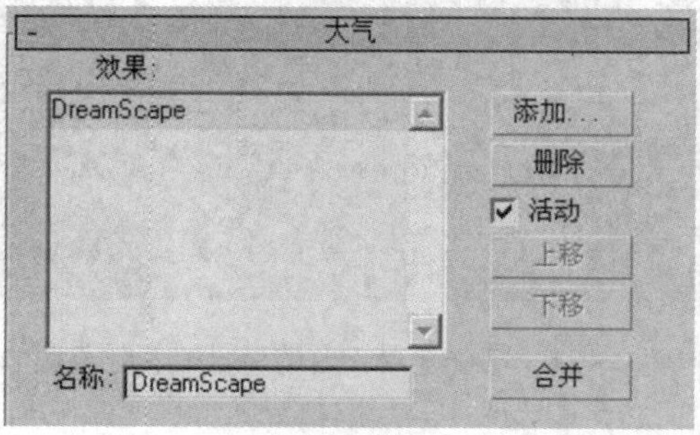

图2-19　选择DreamScape天空

(3)调整贴图坐标

将无缝天空贴图附给椭球后,为椭球添加UVW贴图,贴图类型选择球体,并将V向平铺值设置成2,这样便完成天空的制作。然后将模型通过".x"格式导入视景平台。

2. 海洋模拟

(1)海面模拟效果

通常状况下,不同海域的海洋颜色、纹理等都会有所不同,可以通过water3.6.4的节点进行调节。同一海域的海洋在不同时间段也会有不同的表现,如晴空万里、云雾弥漫、太阳落山等。在模拟云雾弥漫时,要为场景添加雾效,包括海洋表面的雾效及天空中的雾效。

基于视景平台的 water 节点，采用 water3. 6. 4 节点，配合凹凸贴图，实现海水浪花效果，使得海面效果真实可信。基于视景平台的海水浪花效果如图 2 - 21 所示。

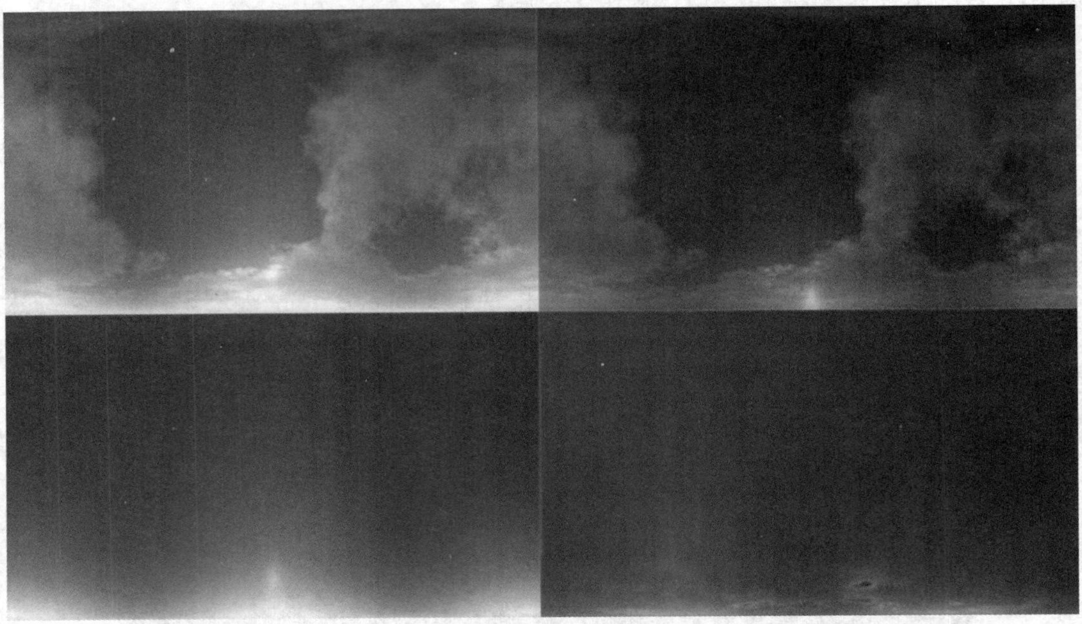

图 2 - 20　天空无缝贴图

图 2 - 21　基于视景平台的海水浪花效果图

（2）水下作业视景的开发研究

①海底采用多层贴图叠加

首先绘制海底鹅卵石贴图，如图 2 - 22 所示；然后添加多层光线贴图，如图 2 - 23 所示，光线贴图为一组无缝贴图循环播放，进而构建动态贴图（逻辑关系如图 2 - 24 所示）：最后叠加水面效果，使海底产生焦散光斑，同时水面效果使得海底平面扭曲，产生真实的效果，如图 2 - 25 所示。

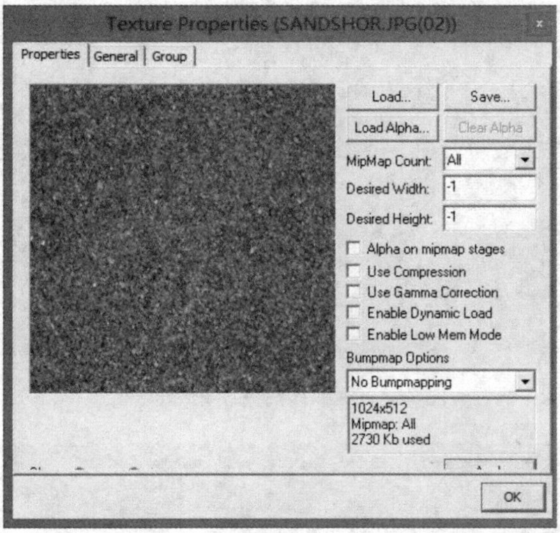

图 2－22　鹅卵石贴图

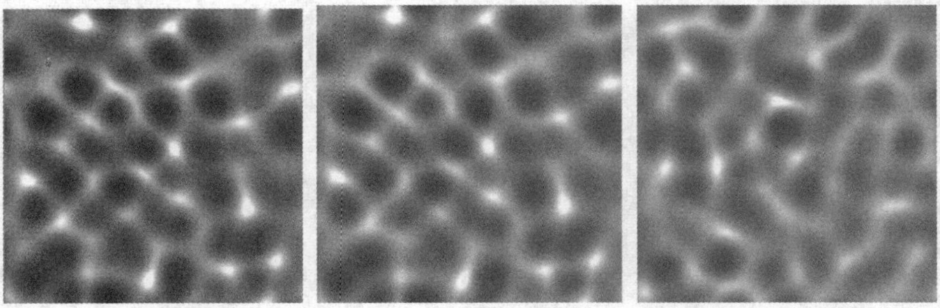

图 2－23　多层光线贴图

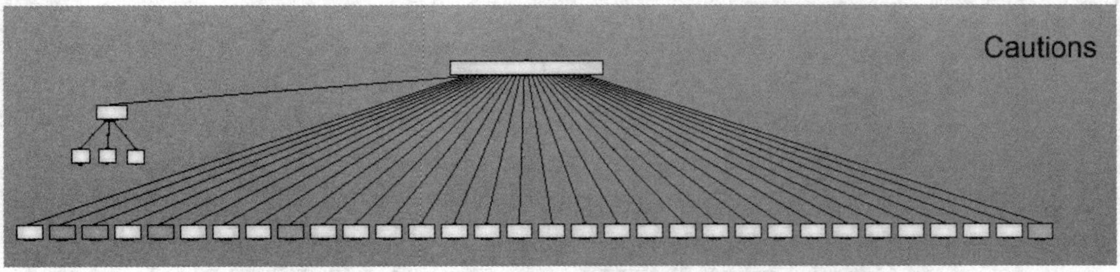

图 2－24　焦散光斑序列贴图

②水中实现体积光效果

采用双层贴图反向运动(如图 2－26 所示),呈现体积光不规则运动,体积光摄影机旋转角度与主摄影机关联,达到体积光随摄影机运动的效果。

③气泡与海洋生物

为了增加海洋的真实度,需要加入气泡与海洋生物。气泡效果采用粒子系统配合气泡贴图实现,海洋生物则是采用骨骼动画,绑定了鱼的游动动画,再配合路径动画实现鱼的游动效果。基于视景平台的海底视景效果,如图 2－27 所示。

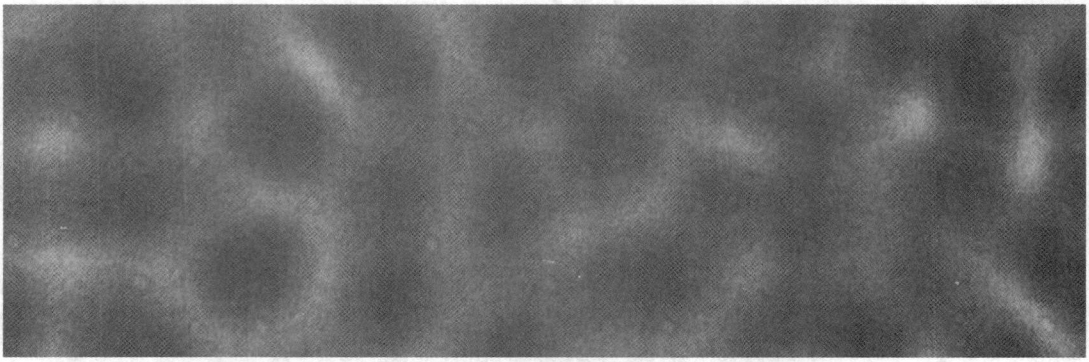

图 2-25　最终海底折射效果图

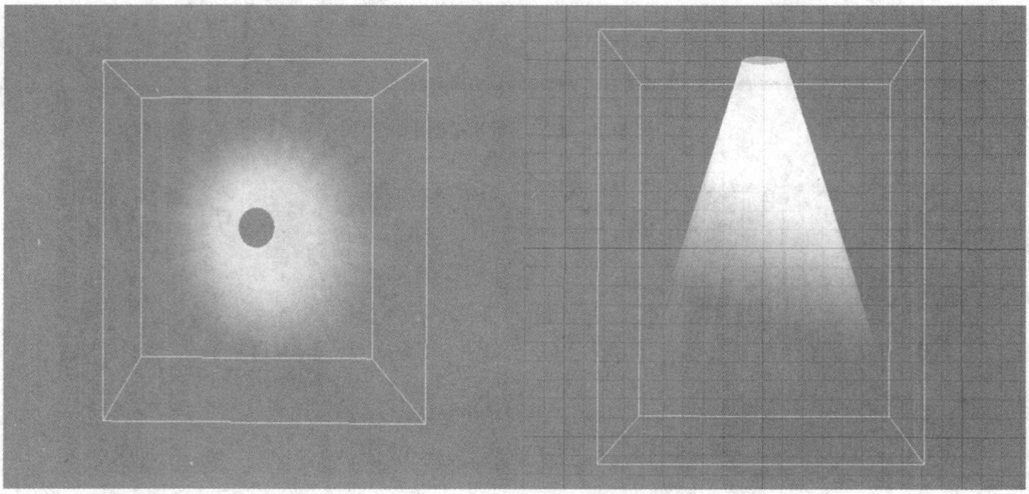

图 2-26　双层反向体积光贴图

图 2-27　基于视景平台的海底视景效果图

④视景效果

从海底向海上观察时，能够清晰地观察到船体的折射效果，以及海面的波光粼粼[图2-28(a)]。从海中向海的纵深方向观察时，添加了体积雾效果[图2-28(b)]，用以模拟海洋内部真实的光线衰减[图2-28(c)]。

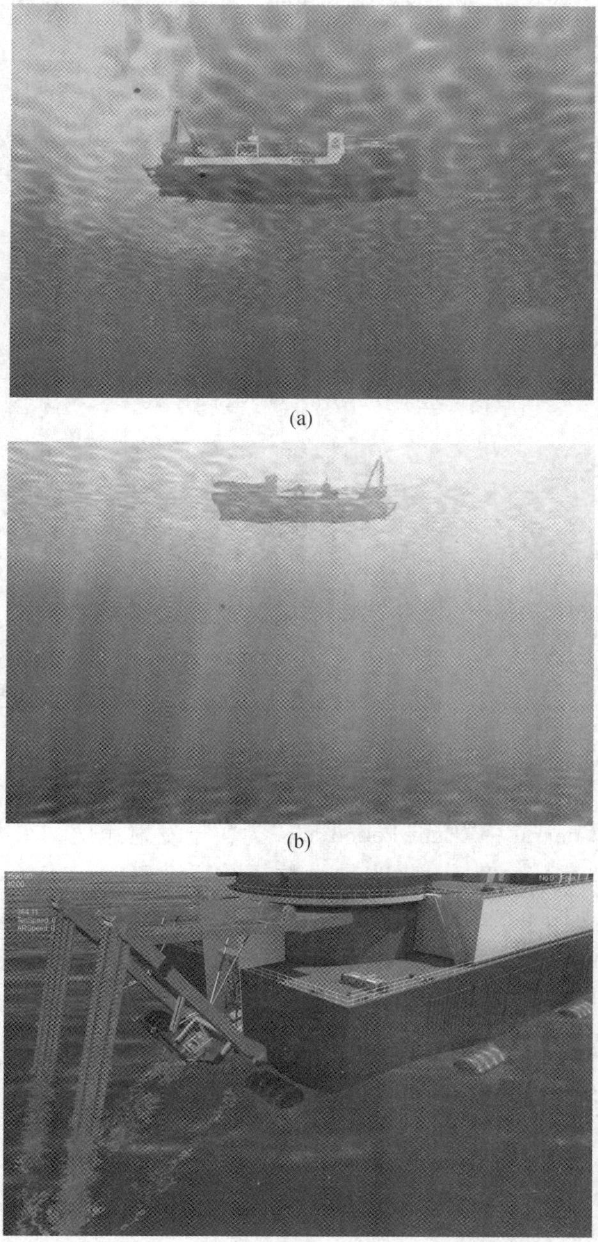

(a)

(b)

(c)

图2-28　基于视景平台的海中折射效果图

(a)从海底向上观察效果；(b)从海中向海的纵深方向观察效果；

(c)海洋内部光线衰减效果

⑤粒子系统

气泡的制作主要使用了 Particle Emitter 节点和 Particle Sprite Renderer 节点。

Particle Emitter 节点的属性如图 2－29 所示。

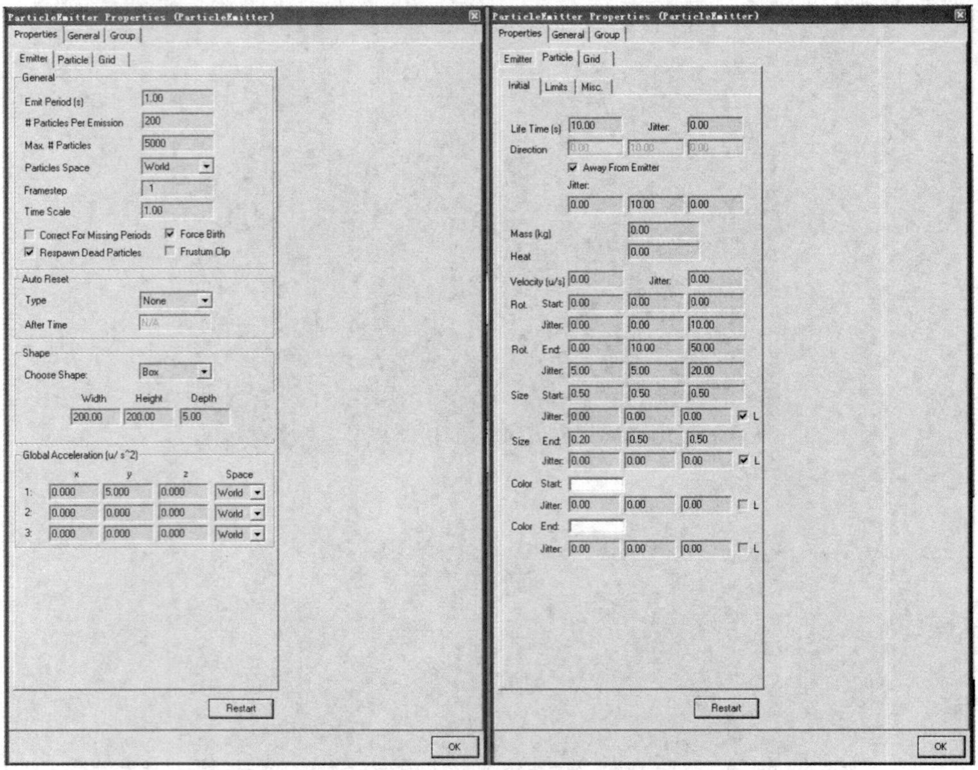

图 2－29　Particle Emitter 节点属性

Emitter 选项卡：General 中"Emit Period(s)"为粒子发射速度，"# Paticles Per Emission"为每秒粒子发射量，"Max. # Paticles"为最大粒子数目，"Paticles Space"为粒子发射空间，"Framestep"为帧率，"Time Scale"为时间比例；Auto Rest 中"Type"为粒子类型；Shape 中"Choose Shape"为粒子形状 ；"Global Acceleration"为全局加速度。

Paticle 选项卡："Inital"下"life time"为粒子生命时间，Direction 为粒子方向，Mass 为粒子质量，Velocity 为粒子速度，Size 为粒子大小 ，Color 为粒子颜色。

Particle Sprite Renderer 节点属性如图 2－30 所示。

⑥骨骼动画和路径动画

可以在 3DMAX 中做好，然后导入到视景平台中。

(3)海洋环境雾效果

①海洋表面的雾

在 Camer 的属性栏中，有 Fog Color 和 Fog Density 参数，分别用来设置雾的颜色和雾的密度。在设置时，雾的颜色和密度要参考天空的颜色，使之在视觉上匹配、融合，不然会显得过于突兀。

②天空中的雾

在场景中修改 Camera Fog 节点，属性参数如图 2－31 所示。通过设置相关属性参数，

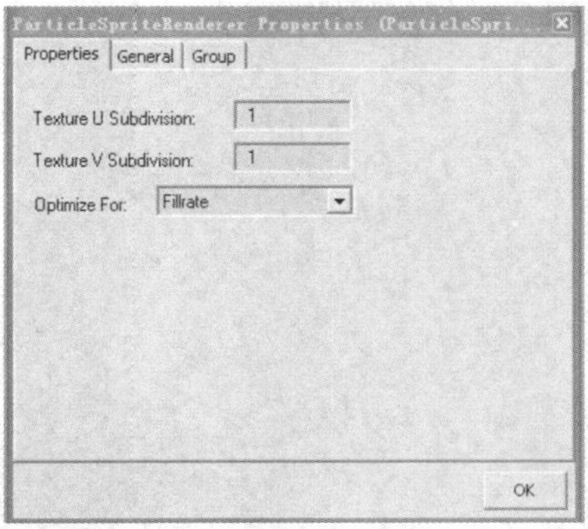

图 2－30　Particle Sprite Renderer 节点属性

即可为整个场景添加雾效。在设置时,要比海面雾的颜色和密度为参照,从而营造出水天相接的效果(图 2－32 至图 2－34)。

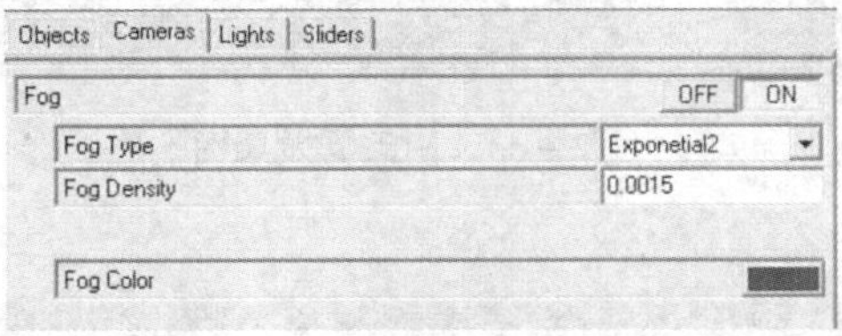

图 2－31　Camera Fog 属性参数

图 2－32　水天相接处雾效果图

图 2-33　阴天雾效果图

图 2-34　傍晚效果图

3. 添加音效

视景平台的功能节点 Sound 具有播放音效的功能，将编辑好的海洋音效存成 wav 格式，然后用 Sound 节点添加（图 2－35），选择循环播放，即可为场景中添加背景音效。

连接动力定位系统后，界面会接收海洋环境参数，并实时显示。海洋音效参数逻辑图如图 2－36 所示。点击对应的“确定”按钮，将数据传递到虚拟场景的海面。由于起重作业发生在海面之上，因此，风速、风向、流速、流向在视觉上并不能显示出来，仅影响船舶六自由度运动数据，因此，场景的变化只体现在浪高和浪向上。

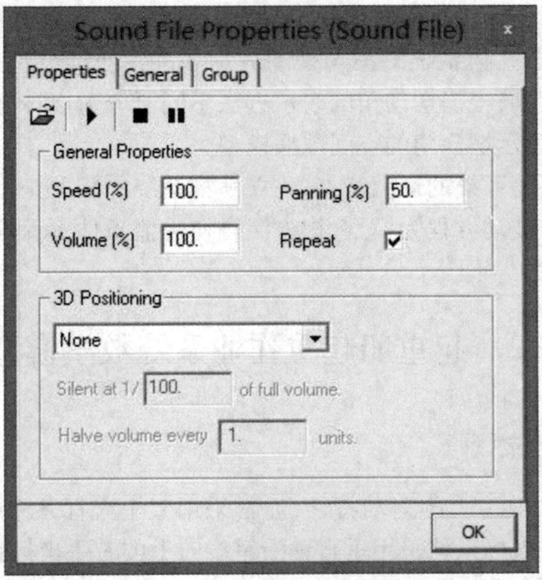

图 2－35　Sound 节点

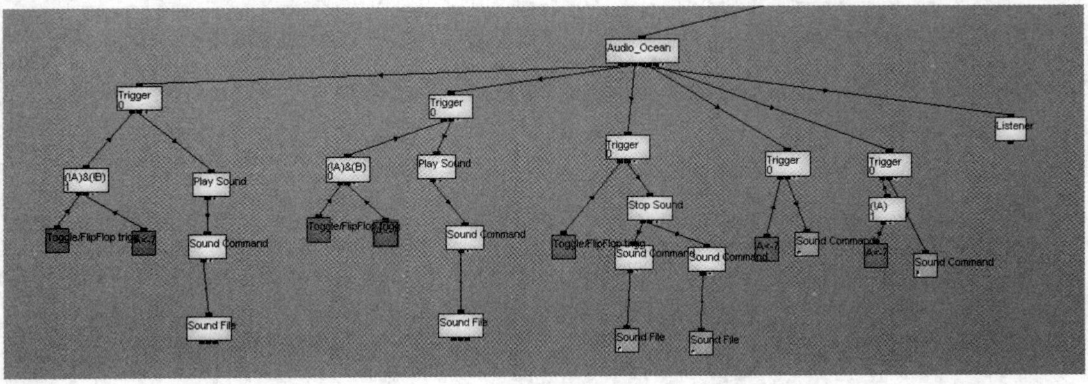

图 2－36　海洋音效参数逻辑图

第3章　起重作业动力学模型构建

3.1　概　　述

全回转起重船起重作业仿真系统作为多自由度、多体系统，很难建立准确的数学模型。为了使问题简单化，设定吊物系统的吊物摆动分量和吊索波动分量是相互独立的，并服从叠加原理。对于吊索摆动，根据摆动角的表示方法不同可分为以球坐标表示摆动角的单摆模型和以平面内、外角表示摆动角的空间球摆模型。

本章根据起重船吊物系统的运动特点，建立吊物系统的相关坐标系和吊物摆动数学模型；对于吊索波动，以弦波动方程为模型，构建混合初边值条件下保证存在唯一性的吊索波动数学模型。

3.2　起重船起重作业系统数学模型

3.2.1　起重船坐标系

为了讨论起重船在波浪上的运动特性，通常采用五个坐标系来描述海浪、船和空间某一固定点的关系。五个坐标系均采用垂直轴沿垂线向上的右手坐标系的形式，如图3－1所示。图3－1中Q'点为被吊物重心点Q在X_2PZ_2平面的投影，O_1CDE为起重机基座，D点表示吊臂DP的旋转轴，a为起重机基座旋转轴到吊臂旋转轴之间的距离。

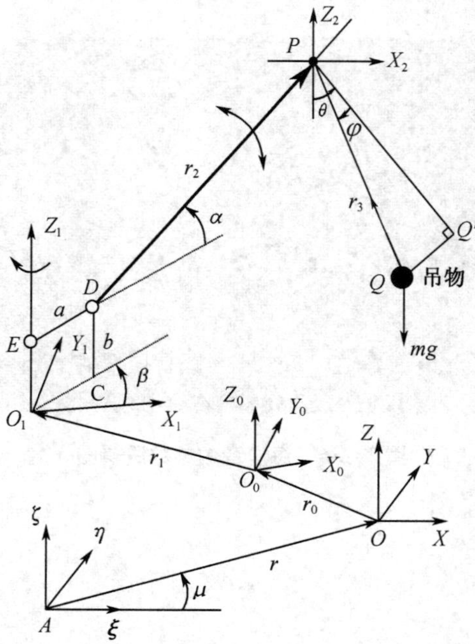

图3－1　起重船坐标系和起重机参数示意图

起重船五个坐标系具体如下[82-92]。

(1)空间固定不动的绝对坐标系 $A\xi\eta\zeta$,用来描述海浪的运动。平面 $A\xi\eta$ 与静水面重合,$A\zeta$ 垂直于静水面。仿真系统通过 DP 仿真系统重新定位起重船位置时,利用船体坐标系原点在绝对坐标系 $A\xi\eta\zeta$ 中的移动轨迹矢量 $\boldsymbol{r}$ 和航向角 μ 确定新的船体位置。

(2)随船移动的平动坐标系 $OXYZ$[93],又称随船坐标系。原点 O 在船体的重心处,OX 轴平行于静水面,艏向为正,OZ 向上为正,OY 轴垂直于 OXZ 平面,向左为正。当船在波浪上做摇荡运动时,该坐标系不随船摇荡,仍保持船的平均速度和原航向行驶。在随船平动坐标系中描述的船体六自由度运动 ξ_1 或 x,ξ_2 或 y,ξ_3 或 z,ξ_4,ξ_5,ξ_6 分别为纵荡、横荡、升沉、横摇、纵摇和艏摇。

(3)船体坐标系采用右手直角坐标系 $O_0X_0Y_0Z_0$,它与船体固结,随船体一起摇荡,即所谓的动坐标系。当船舶处于平衡位置时,船体坐标系与随船平动坐标系 $OXYZ$ 重合。

(4)船体相连的起重机坐标系采用右手直角坐标系 $O_1X_1Y_1Z_1$,坐标系原点 O_1 选在起重机基座上表面与起重机底座旋转轴线交点上,并规定 O_1X_1 轴指向船首为正,O_1Y_1 轴指向左舷为正,O_1Z_1 轴向上为正。

(5)为了便于分析载荷的摆动运动,建立右手直角坐标系 $PX_2Y_2Z_2$,其原点位于吊绳顶端滑轮处的悬挂点 P。本坐标系与随船平动坐标系 $OXYZ$ 的旋转变换矩阵是单位矩阵。

3.2.2　吊臂运动数学模型

图 3-1 中,点 P 和点 Q 分别代表吊杆顶端和吊物,L 代表绳长。船舶摇荡运动时,在随船平动坐标系 $OXYZ$ 中,起重机坐标系原点 O_1 的位置为

$$\begin{bmatrix} x_1 \\ y_1 \\ z_1 \end{bmatrix} = \begin{bmatrix} 1 & 0 & 0 & 0 & z_{01} & -y_{01} \\ 0 & 1 & 0 & -z_{01} & 0 & x_{01} \\ 0 & 0 & 1 & y_{01} & -x_{01} & 0 \end{bmatrix} \{\boldsymbol{x}\} \tag{3-1}$$

式中　$(x_{01}, y_{01}, z_{01})^{\mathrm{T}}$——起重机坐标系的原点 O_1 相对于船体坐标系的坐标;

$\{\boldsymbol{x}\}$——船体六自由度运动向量。

对于方程式(3-1)两边两次求导可得到 A 点的加速度向量为

$$\begin{bmatrix} \ddot{x}_1 \\ \ddot{y}_1 \\ \ddot{z}_1 \end{bmatrix} = \begin{bmatrix} 1 & 0 & 0 & 0 & z_{01} & -y_{01} \\ 0 & 1 & 0 & -z_{01} & 0 & x_{01} \\ 0 & 0 & 1 & y_{01} & -x_{01} & 0 \end{bmatrix} \{\ddot{\boldsymbol{x}}\} \tag{3-2}$$

式中,$\{\ddot{\boldsymbol{x}}\}$ 是船体运动加速度向量。

在船体坐标系中载荷悬挂点 P 的位置坐标为

$$\begin{bmatrix} x_p \\ y_p \\ z_p \end{bmatrix} = \begin{bmatrix} x_1 + (\rho\cos\alpha + a)\cos\beta \\ y_1 + (\rho\cos\alpha + a)\sin\beta \\ z_1 + \rho\sin\alpha + b \end{bmatrix} \tag{3-3}$$

式中　ρ——起重机吊臂长度;

α——起重臂的俯仰角;

β——吊臂旋转角。

对式(3-3)左右两边对时间 t 求导两次得出的公式为

$$\begin{cases}\ddot{x}_p = \ddot{x}_1 - \rho\cos\beta(\ddot{\alpha}\sin\alpha + \dot{\alpha}^2\cos\alpha + \dot{\beta}^2\cos\alpha + a\dot{\beta}^2/\rho) + \rho\sin\beta(2\dot{\alpha}\dot{\beta}\sin\alpha - \ddot{\beta}\cos\alpha - a\ddot{\beta}/\rho) \\ \ddot{y}_p = \ddot{y}_1 - \rho\sin\beta(\ddot{\alpha}\sin\alpha + \dot{\alpha}^2\cos\alpha + \dot{\beta}^2\cos\alpha + a\dot{\beta}^2/\rho) - \rho\cos\beta(2\dot{\alpha}\dot{\beta}\sin\alpha - \ddot{\beta}\cos\alpha - a\ddot{\beta}/\rho) \\ \ddot{z}_p = \ddot{z}_1 + \rho\ddot{\alpha}\cos\alpha - \rho\dot{\alpha}^2\sin\alpha \end{cases} \tag{3-4}$$

在随船平动坐标系中载荷重心点 Q 的位置为

$$\begin{bmatrix} x_Q \\ y_Q \\ z_Q \end{bmatrix} = \begin{bmatrix} x_p + L\sin\theta\cos\varphi \\ y_p + L\sin\varphi \\ z_p - L\cos\theta\cos\varphi \end{bmatrix} \tag{3-5}$$

根据牛顿第二定律建立吊物运动方程为

$$\begin{bmatrix} m\ddot{\boldsymbol{x}}_Q \\ m\ddot{y}_Q \\ m\ddot{z}_Q \end{bmatrix} = \begin{bmatrix} -T\sin\theta\cos\varphi \\ -T\sin\varphi \\ T\cos\theta\cos\varphi - mg \end{bmatrix} \tag{3-6}$$

为了考虑吊物摆动运动的阻尼现象,根据物理概念,式(3-4)里直接加入阻尼项 $2\zeta\omega_n\dot{\theta}$ 和 $2\zeta\omega_n\dot{\varphi}$,并参照吊物摆动角小的特点对摆动方程进行近似简化处理,得出非线性二阶微分吊物摆动方程组为[93-96]

$$\begin{cases}\ddot{\theta} - \left(2\varphi\dot{\varphi} - \dfrac{2\dot{L}}{L} - 2\zeta\omega_n\right)\dot{\theta} + \left(\dfrac{\ddot{z}_p}{L} + \dfrac{g}{L}\right)\theta - \dfrac{\ddot{\boldsymbol{x}}_p}{L} = 0 \\ \ddot{\varphi} + \left(\dfrac{2\dot{L}}{L} + 2\zeta\omega_n\right)\dot{\varphi} + \left(\dot{\theta}^2 + \dfrac{\ddot{\boldsymbol{x}}_p\theta}{L} + \dfrac{\ddot{z}_p}{L} + \dfrac{g}{L}\right)\varphi + \dfrac{\ddot{y}_p}{L} = 0\end{cases} \tag{3-7}$$

式中,ζ 为无因次阻尼比,$\zeta = C/(2\sqrt{JK})$,本书取 $\zeta = 0.03$;ω_n 为固有圆频率,$\omega_n = \sqrt{g/L}$;J 为吊物对吊头的转动惯量,$J = mL^2$;K 为吊物运动恢复力矩系数。

3.3 吊索运动数学模型

3.3.1 吊物系统坐标系

根据起重船吊物系统的运动特性,建立绝对坐标系 $OX_0Y_0Z_0$,X_0 轴在水平面内指向船首,Y_0 轴在水平面内指向右舷,Z_0 轴垂直向下。根据吊头在水平面内的运动方向,建立运动坐标系 $OXYZ$:X 轴和直线 OP 重合,并设定接近船首方向为正向;Z 轴垂直向下,如图 3-2 所示。图 3-2 中 OX 与 OX_0 的夹角为 φ 时,两个坐标系 $OXYZ$ 和 $OX_0Y_0Z_0$ 之间存在的变换为

$$\begin{bmatrix} x_0 \\ y_0 \\ z_0 \end{bmatrix} = \begin{bmatrix} \cos\varphi & -\sin\varphi & 0 \\ \sin\varphi & \cos\varphi & 0 \\ 0 & 0 & 1 \end{bmatrix} \begin{bmatrix} x \\ y \\ z \end{bmatrix} \tag{3-8}$$

柔索摆系统的结构运动参数设定:P 点表示吊头,以原点 O 为基准振荡;m 为吊物质量;为了精简吊索摆动数学模型,采用球坐标(L,θ,φ)描述了吊物的位置;$u(t)$为吊头运动的水平方向分量;$w(t)$为吊头运动的 Z 轴分量,为了研究方便本书不考虑垂直方向的吊头运动分量 $w(t)$。

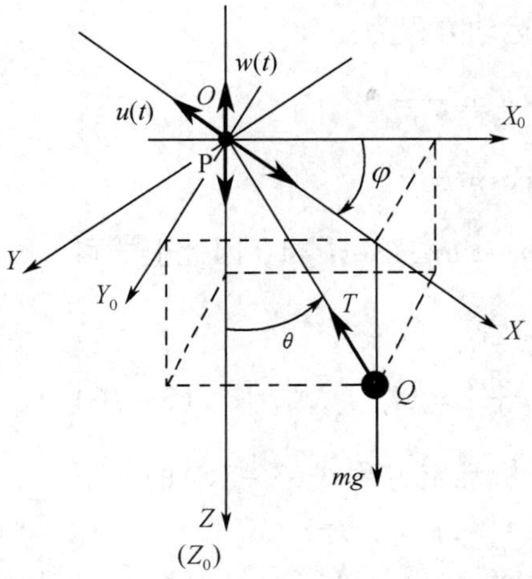

图3－2 柔索摆系统结构分析示意图

3.3.2 吊索摆动数学模型

设吊头的 X 方向位移的简谐振荡为

$$u(t) = \mathrm{Re}(U\mathrm{e}^{\mathrm{i}wt}) = U\cos(\omega t) \tag{3-9}$$

式中，U 为简谐振动的振幅；ω 为吊头运动角频率，$\omega=2\pi/T_p$，其中 T_P 为波浪的谱峰周期。

对于式(3－9)两边两次求导可得到 P 点的加速度

$$\ddot{u}(t) = -U\omega^2\cos(\omega t) \tag{3-10}$$

根据单摆原理，可得到吊物运动方程为

$$\ddot{\theta} + 2\zeta\omega_n\dot{\theta} + \omega_n^2\theta = 2\zeta\omega_n\dot{u}/L + \omega_n^2 u/L \tag{3-11}$$

式中，ζ 为阻尼系数；ω_n 为固有圆频率，$\omega_n=\sqrt{g/L}$，L 为吊索长度。

由式(3－11)解出

$$\theta = \Theta\cos(\omega t + \varphi) \tag{3-12}$$

其中，Θ 为摆动角幅值，$\Theta=\dfrac{U}{L}[1+\Pi^2]^{0.5}H(\omega)$；$\Pi=2\zeta\dfrac{\omega}{\omega_n}$；$H(\omega)=1\Big/\sqrt{[1-(\omega/\omega_n)^2]^2+\Pi^2}$。

对于式(3－12)两边求导可得到吊物运动角速度，即

$$\dot{\theta} = -\omega\Theta\sin(\omega t + \varphi) = -\dot{\Theta}\sin(\omega t + \varphi) \tag{3-13}$$

其中，角速度幅值为 $\dot{\Theta}=\omega\Theta=H_1(\omega)U$，此处，$H_1(\omega)=\dfrac{\omega}{L}(1+\Pi^2)^{0.5}H(\omega)$ 为吊头在 X 方向水平位移对吊物运动角速度的传递函数。

吊头在 X 方向激励而产生的吊索附加张力值为 $F_x = mL\dot{\theta}^2$。根据图3－1的吊物受力分析，计入吊物静重力则吊索承受的总拉力为

$$F = mg\cos\theta + mL\dot{\theta}^2 \tag{3-14}$$

3.3.3 吊索波动数学模型

假设吊索的斜率较小，这种情况下能够证明垂直位移可以忽略不计，并可大概地认为运动完全是水平的。这时绳索各质点的水平移动为 $x=u(z,t)$。

如图 3-3 所示,吊索末端的斜率可由 $\partial u/\partial z$ 或 $\tan\eta$ 表示。根据牛顿定律得吊物的运动方程为

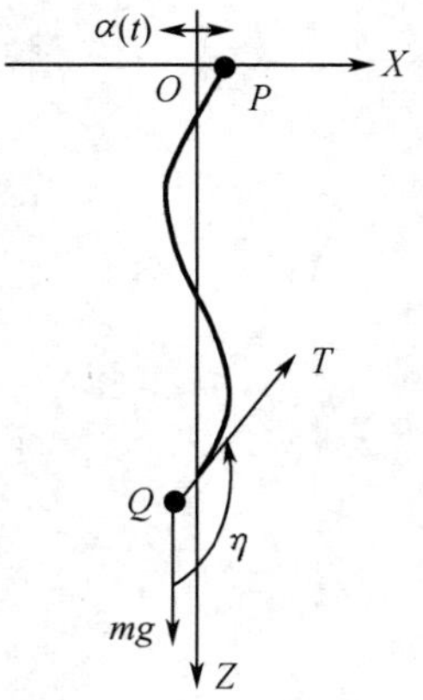

图 3-3 柔索摆的吊索波动分析

$$\begin{cases} m\dfrac{\partial^2 u}{\partial t^2} + T\sin\eta = 0 \\ mg - T\cos\eta = 0 \end{cases} \tag{3-15}$$

对较小的角 η, $\dfrac{\partial u}{\partial x} = \tan\eta \approx \sin\eta$; $\cos\eta \approx 1$, 因此上式可化为

$$\frac{\partial^2 u}{\partial t^2} + g\frac{\partial u}{\partial x} = 0 \tag{3-16}$$

根据吊物摆动现象的分析推定方程式(3-16)的特征解为

$$u(x,t) = A\sin\omega t\exp[\omega^2(x - NL)/g] \tag{3-17}$$

式中,A 为振幅,根据具体问题待定,A 取吊头的最大摆动振幅;N 为任意整数,利用该参数可以控制吊物的摆动幅度,本书取 $N=2$。

假设吊索是均匀而完全柔软的,且在平衡时沿着一条直线绷紧,取该直线为 Z 坐标轴,以 Z 坐标轴上的点表示吊索上的点,设吊索在一个平面上波动,以 $u(z,t)$ 表示吊索的 Z 点在 t 时刻沿垂直于 Z 轴方向的位移。对于小振动,吊物摆动角 θ 很小,当吊索每单位长度上还存在外力作用时,外力密度为 $f(z,t)$,当其方向垂直于 Z 轴时,可以求得以下非齐次弦振动方程[96]。

$$\frac{\partial^2 u}{\partial t^2} - c^2\frac{\partial^2 u}{\partial x^2} = f(x,t) \tag{3-18}$$

式中,c 为波速, $c = \sqrt{\dfrac{T}{\rho}}$。

为了保证式(3-17)存在唯一性,设定混合初边值条件如下。

初始条件:$u(x,0) = 0$; $\dfrac{\partial u}{\partial t}(x,0) = 0$。

边界条件:$u(0,t) = \alpha(x)$;$u(L,t) = \beta(x)$。

根据吊物摆动现象的分析,从式(3-17)推导出吊物端边界条件,即

$$\beta(t) = A\exp(-\omega^2 L/g)\sin\omega t \tag{3-19}$$

根据吊物摆动现象的观察和分析,定义振源激励函数为

$$\alpha(t) = B\cdot\frac{1}{2}at^2 \tag{3-20}$$

式中,a 为吊头加速度;B 为调整系统,跟单摆系统性质和运动环境有关。

3.3.4 吊索运动数学模型的算法

为了满足实时仿真计算的稳定性,对于吊索波动偏微分方程的数值解法,采用无条件稳定的隐式差分法[97-98]。具体计算公式为

$$u_i^0 = \varphi(x_i), \quad 1 \leqslant i \leqslant p-1 \tag{3-21}$$

$$u_i^1 = \varphi(x_i) + \tau\psi(x_i) + \frac{1}{2}\tau^2(c^2\varphi''(x_i) + f(x_i,0)), \quad 1 \leqslant i \leqslant p-1 \tag{3-22}$$

$$\begin{bmatrix} k_0 & k_1 & 0 & 0 & 0 \\ k_1 & k_0 & k_1 & 0 & 0 \\ 0 & \ddots & \ddots & \ddots & 0 \\ 0 & 0 & k_1 & k_0 & k_1 \\ 0 & 0 & 0 & k_1 & k_0 \end{bmatrix} \begin{bmatrix} u_1^{k+1} \\ u_2^{k+1} \\ \vdots \\ u_{p-2}^{k+1} \\ u_{p-1}^{k+1} \end{bmatrix} = \begin{bmatrix} s^2(u_0^{k+1}+u_0^{k-1})/2+2u_1^k+\tau^2 f(x_1,t_k) \\ 2u_2^k+\tau^2 f(x_2,t_k) \\ \vdots \\ 2u_{p-2}^k+\tau^2 f(x_{p-2},t_k) \\ s^2(u_p^{k+1}+u_p^{k-1})/2+2u_{p-1}^k+\tau^2 f(x_{p-1},t_k) \end{bmatrix} - \begin{bmatrix} k_0 & k_1 & 0 & 0 & 0 \\ k_1 & k_0 & k_1 & 0 & 0 \\ 0 & \ddots & \ddots & \ddots & 0 \\ 0 & 0 & k_1 & k_0 & k_1 \\ 0 & 0 & 0 & k_1 & k_0 \end{bmatrix} \begin{bmatrix} u_1^{k-1} \\ u_2^{k-1} \\ \vdots \\ u_{p-2}^{k-1} \\ u_{p-1}^{k-1} \end{bmatrix} \tag{3-23}$$

式中，$s=c\tau/h$，称为步长比；τ 为时间步长；h 为空间步长，是吊索长度与空间间隔数 p 之比；$k_0=1+s^2$，$k_1=-\dfrac{s^2}{2}$，$1\leqslant k\leqslant n-1$；$u_i^k$ 为 k 时间，吊索的第 i 点的位移值；$f(x_i,t_k)$ 为外力密度，本书假定弦波动不受阻力，即 $f(x_i,t_k)=0.0$。

柔索摆实时仿真系统的数学模型计算流程图，如图3-4所示。铺管作业时船体会受到管道对船体纵向向后的作用力，同时在其他自由度上还存在量级较小的力和力矩；起重作业时船体会受到重物对船体六个自由度上的作用力和力矩。铺管和起重作业所引入的这些附加外界干扰也会受到船体各个自由度上姿态和位置的影响，例如横摇和升沉运动会使起重时重物的晃动加大，让重物对船体有更大的影响。基于以上原因，有必要建立船舶的六自由度模型来反映真实施工中的这种关系。

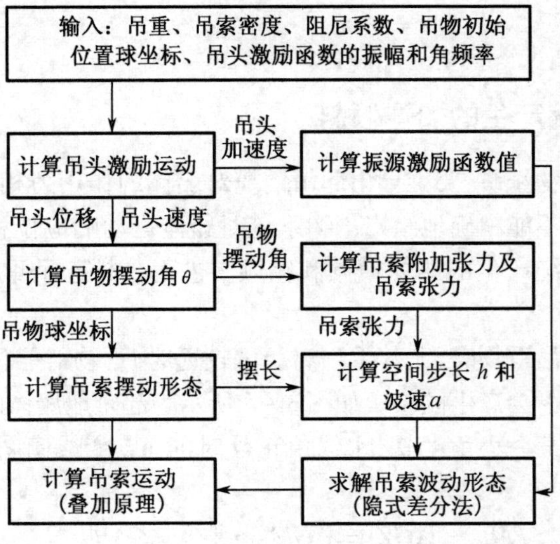

图3-4　柔索摆实时仿真系统的数学模型计算流程图

3.4 压载数学模型

3.4.1 起重船吊索动力和压载的响应

根据实时仿真的要求,采用时域方法推导出吊物的摆动和起吊钢缆的动张力方程。

对式(3-4)和式(3-5)进行处理得出钢缆的张力 T 的求解式,即

$$T = m\ddot{z}_p\cos\theta\cos\varphi - m\ddot{y}_p\sin\varphi + m\ddot{\boldsymbol{x}}_p\sin\theta\cos\varphi - m\ddot{L} + mL\dot{\theta}^2\cos^2\varphi + mL\dot{\varphi}^2 + mg\cos\theta\cos\varphi \tag{3-24}$$

根据吊物系统的吊杆顶端 P 点的受力分析可推导出吊物系统对船体的作用力和力矩,即

$$\begin{cases} F_x = -T\sin\theta\cos\varphi \\ F_y = T\sin\varphi \\ F_z = -T\cos\theta\cos\varphi \\ M_x = F_z y_p - F_y z_p \\ M_y = F_x z_p - F_z x_p \\ M_z = F_y x_p - F_x y_p \end{cases} \tag{3-25}$$

根据压载舱几何尺寸和式(3-24)可求得起重作业过程中压载水移动量为

$$V = \frac{M_x}{a_w g \rho_s} \tag{3-26}$$

式中 a_w——压载舱中心到船体纵垂面距离;

g——重力加速度;

ρ_s——海水密度。

3.4.2 吊物系统产生的船体倾斜

对于球摆运动的吊物来讲,要推导出起吊钢缆对船体的作用力相对于响应位移的线性关系是不可能的。虽然不能精确地给出吊物系统对船体运动响应位移的影响,但是可以从静力学角度计算吊物系统产生的船体横倾和纵倾。进而分析起吊重物对船体横摇和纵摇响应运动的影响。

当起重船在作业起吊重物时,尤其重物离船体较远时,重物对船体产生一个倾斜力矩。船体在倾斜力矩的作用下会产生倾斜。如图3-5所示为起重船船体的横倾剖面图,该船在倾斜力矩的作用下横倾某一小角度 θ_s,水线由正浮时的 WL 变成倾斜后的 W_1L_1,同时浮力产生复原力矩 M_R,即

$$M_R = \Delta GZ = \Delta GM\sin\theta_s \approx \Delta GM\theta_s \tag{3-27}$$

式中 GZ——复原力臂;

GM——横稳性高,即称初稳性高(起重船受到的浮力,$\sin\theta_s \approx \theta_s$,因为起重船在作业时横倾角度限制为0°~2.5°)。

设起吊重物的质量为 m, 起重船吊杆端部的起吊滑轮处的位置向量为$(x_P, y_P, z_P)^T$。将起吊重物的重力直接加到吊杆端部,简化可得到起吊重物产生的复原力矩为

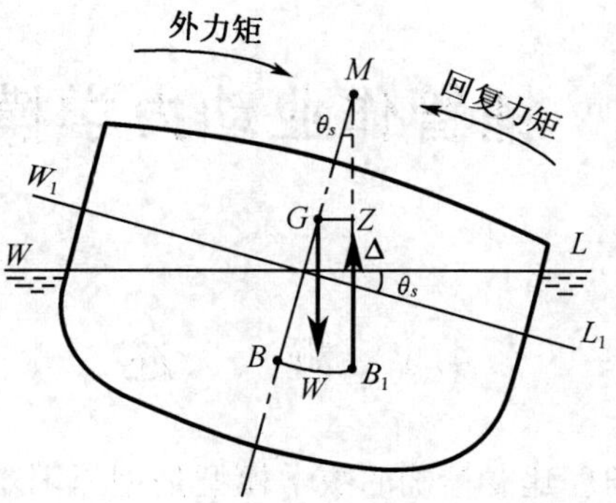

图 3－5　船体的横倾剖面图

$$M_{\mathrm{R}} = -mgY_p \tag{3-28}$$

将式(3－27)代入到式(3－10)可求得起重物产生的船体横倾角度,即

$$\theta_{\mathrm{s}} = -\frac{mgY_p}{\Delta GM} \tag{3-29}$$

因为船体纵倾对起重作业的影响较小,本书不考虑起重作业引起的纵倾变化。

第 4 章　铺管作业动力学模型构建

4.1 概　　述

铺管作业仿真从数学角度建立精确的数学模型是相当困难的。铺管作业过程中，管线受到波浪载荷、海流载荷以及船体摇荡引起的振动载荷的作用。本书为了使问题简单化，我们做如下假设：

(1)海底表面水平刚性；

(2)波浪为规则波；

(3)竖直力载荷沿变形后的管道平均分布；

(4)管道横截面在整个铺设过程中保持不变；

(5)管道封闭入水；

(6)各种外力作用相互独立，可线性叠加。

实际铺管作业分为初始铺管、正常铺管、弃管、收管等四种情况，为提高实时视景仿真系统的实用性、有效性以及逼真性，根据铺管船的管线铺设作业特点，采用欧拉梁理论建立了管线－缆索振动微分方程，并为了提高微分方程的收敛性及准确性，利用铺管作业静态数学模型计算初始值，并通过有限差分法实时计算了管线微分方程组。实际求解中采用静态数学模型和动态数学模型相结合的方式提高了实时仿真系统的稳定性。

根据上述假设和数学模型，首先，通过悬链线法计算管线初始形态；其次，通过欧拉梁理论[99]计算常值海流引起的管线变形；再次，利用欧拉伯努利管线振动微分方程[100]计算波浪载荷引起的管线摆动形态；最后，根据叠加原理计算各种外力引起的管线摆动形态。

4.2 铺管船铺管作业坐标系

4.2.1 深水铺管起重船坐标系

海底管道铺设中为了确定仿真系统数学模型的基准参考坐标系，首先，需要了解铺管船铺管作业过程中的铺管铺设形态以及海上定位理论[101]。管道的弯曲形态由水深、管道的参数、夹紧器的设置、滚轮和托管架的高度等参数计算确定，弯曲形态则可以确定管道触地点到铺管船的距离。利用这些信息，再加上海面上的精确定位，就可以计算出铺管船相对海底管线的偏移量，管道也就可以精确地进行铺设。管道在海床上的实际位置由 ROV(水下机器人)进行检测，ROV 行驶在铺管船之后。海面的精确定位由实时的 GPS(全球卫星定位系统)实现，海底的定位则利用有声应答器来实现，由 ROV 进行辅助，设备在另一艘船上独立配置。为了使管道的最后长度准确达到预定值，当将近下水时应把应答器放在管道的已知位置点，当管道的这些点到达海底的时候会发出声波的询问信号，这样就可以确定它们的确切位置。

本书根据上述铺管船铺管作业过程中的定位原理以及铺管作业仿真系统的特点,采用 5 个坐标系来描述海浪、船和管线铺设形态。5 个坐标系均采用垂直轴沿垂线向上的右手坐标系的形式。

1. 空间固定不动的绝对坐标系 $A\xi\eta\zeta$

它是用来描述海浪运动、船舶移动轨迹以及管线铺设形态的铺管作业海域基准参考坐标系。铺管船在作业海域铺设管线时,根据卫星导航系统确定坐标系的原点 A,以正北方向为 η 轴正向,以正东方向为 ξ 轴正向,平面 $A\xi\eta\zeta$ 与静水面重合,$A\zeta$ 垂直于静水面。如图 4-1 所示,μ 是航向角。

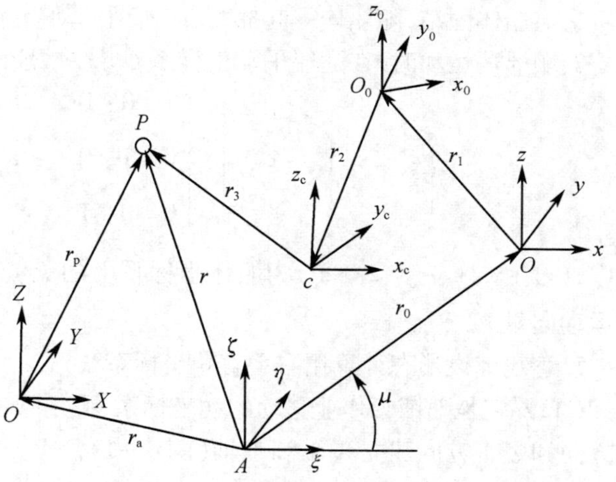

图 4-1　铺管船坐标系统示意图

2. 随船移动的平动坐标系 $Oxyz$

随船移动的坐标系 $Oxyz$ 又称随船坐标系。原点 O 在船体的重心处,Ox 轴平行于静水面,艏向为正,Oz 向上为正,Oy 轴垂直于 Oxz 平面,向左为正。当船在波浪上做摇荡运动时,该坐标系不随船摇荡,仍保持船的平均速度和原航向行驶。在随船平动坐标系中描述的船体六自由度运动 ξ_1 或 x,ξ_2 或 y,ξ_3 或 z,ξ_4,ξ_5,ξ_6 分别为纵荡、横荡、升沉、横摇、纵摇和艏摇,如图 4-2 所示。在仿真系统通过 DP 系统重新定位起重船位置时,所用数学模型为随船坐标系与绝对坐标系 $A\xi\eta\zeta$ 的关系式(4-1)。

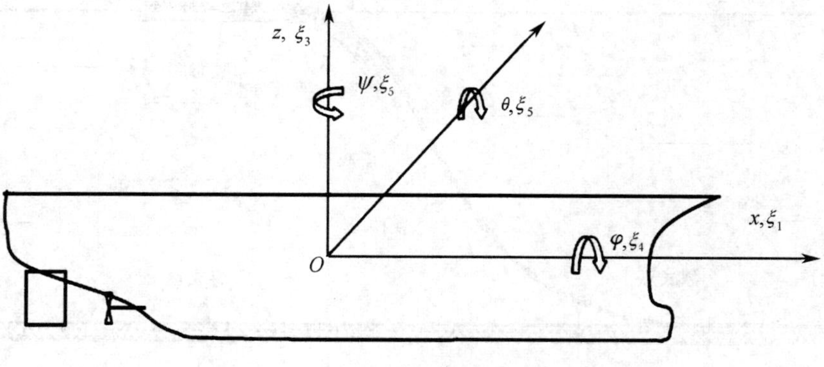

图 4-2　船体运动坐标系

$$\begin{bmatrix}\xi\\ \eta\\ \zeta\\ 1\end{bmatrix}=\begin{bmatrix}c\mu & -s\mu & 0 & c\mu\cdot ut\\ s\mu & c\mu & 0 & s\mu\cdot ut\\ 0 & 0 & 1 & 0\\ 0 & 0 & 0 & 1\end{bmatrix}\begin{bmatrix}x\\ y\\ z\\ 1\end{bmatrix}\tag{4-1}$$

3. 船体坐标系采用右手直角坐标系 $O_0x_0y_0z_0$

它与船体固结，随船体一起摇荡，即所谓的动坐标系。当船舶处于平衡位置时，船体坐标系与随船平动坐标系 $Oxyz$ 重合。

4. 船体的管线轨道曲率中心坐标系采用右手直角坐标系 $cx_cy_cz_c$

它与船体固结，随船体一起摇荡，即所谓的动坐标系。

船舶摇荡运动时，在随船平动坐标系 $Oxyz$ 中，船的管线滑道上定位点 P 的位置为

$$\begin{bmatrix} x_p \\ y_p \\ z_p \end{bmatrix} = \begin{bmatrix} x_3 + x_c \\ y_3 + y_c \\ z_3 + z_c \end{bmatrix} + \begin{bmatrix} 1 & 0 & 0 & 0 & z_{p_0} & -y_{p_0} \\ 0 & 1 & 0 & -z_{p_0} & 0 & x_{p_0} \\ 0 & 0 & 1 & y_{p_0} & -x_{p_0} & 0 \end{bmatrix} \{\boldsymbol{x}\} \tag{4-2}$$

式中，$(x_3 + x_c, y_3 + y_c, z_3 + z_c)$ 为船体坐标系上的 P 点坐标 $(x_{p_0}, y_{p_0}, z_{p_0})$，$\{\boldsymbol{x}\}$ 是船体六自由度运动向量。

5. 管线铺设形态计算用右手直角坐标系

$OXYZ$ 它是随铺管作业移动的动坐标系，设定管道与海床的接触点为原点 O，沿铺管铺设方向和竖直方向建立 X 轴和 Y 轴（图 4-1）。

4.2.2　S 型铺管铺设方法

S 型铺管法的铺设形态可分为托管架部分、升离点和反弯点之间的中间段和反弯点至海床部分，如图 4-3 所示[102]。上弯段一般是从铺管船甲板上的张紧装置开始，经过船的滑道沿托管架向下延伸到管子不再由滑道或托管架支承的地方为止。下弯段则是从反弯点到海床触底点的一段区域，也就是平常所说的悬挂段。

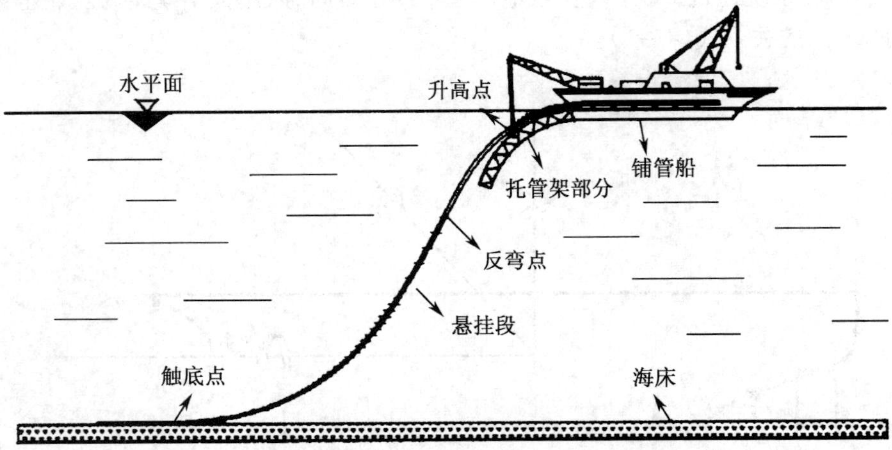

图 4-3　S 型铺管法铺设形态示意图

研究结果表明，对于跨度与横截面高度之比小于或等于 5 的梁（这样的梁通常称为细长梁），横截面上的正应力分布规律与纯弯曲时几乎相同，剪力和挤压作用的影响很小，可以忽略不计。根据这一特点，本书设定管线变形为纯弯曲变形。

4.2.3　托管架

一般靠恰当地设置滑道辊轮和控制托管架的曲率来控制上弯段中管子曲率。弯曲应变由下式给出，即

$$\varepsilon = \frac{D}{2R} \tag{4-3}$$

式中　D——钢管外径；

R——上弯曲率半径。

相应的轴向弯曲应力为

$$\sigma = \frac{ED}{2R} \tag{4-4}$$

式中，E 为弹性模量。

从式(4－4)中可推导出，管道在安全范围内允许的最小弯曲半径 $R_{\min}$ 为

$$R_{\min} = E\frac{D}{2\sigma_y} \tag{4-5}$$

式中，σ_y 为最低规定屈服应力。

上述分析假定管子通过船和托管架辊轮时有均匀的弯曲半径。事实上，管子在辊轮上的弯曲比在辊轮之间的弯曲要大，同时弯曲应力常在辊轮处增加而在辊轮之间则减少。因此，通常弯曲曲率半径(包括托管架)要选使管子中的最大弯曲应力不超过 85% 的最低规定屈服应力(SMYS)[103]。

由于铺管船的干舷有一定的高度，所以托管架上的管道有一部分在空气中，因此托管架上管道的重度上下不一致，空气中的重度为 w_a，水下部分为管道浮重度 w，和管道同体积水的线重度为 w'，管道在空气中的重度可表示为 $w_a = w + w'$。托管架结构示意图，如图 4－4 所示。

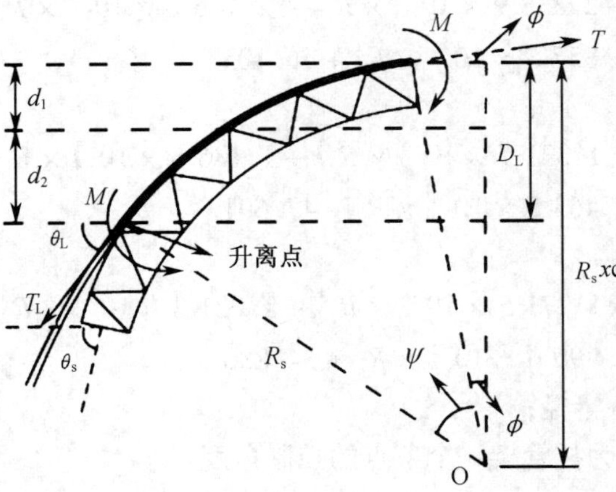

图 4－4　托管架结构示意图

张紧器到海床的总高度为

$$D_h = H_w + D_L \tag{4-6}$$

式中　H_w——水深；

D_h——张紧器至海床总高度；

D_L——张紧器至管道升离点的高度。

由托管架部分的几何关系容易求得：

托管架对应角度为

$$\Psi = \theta_L - \phi \tag{4-7}$$

升离点的角度为

$$\theta_L = \arccos\left(\frac{R_s\cos\phi - D_L}{R_s}\right) \tag{4-8}$$

式中 R_s——托管架半径(对应的角度为 $\psi = L_s / R_s$)；

L_s——铺管船托管架长度。

托管架上的管道对圆心 O 取矩，可得张紧器张力为

$$T = T_L + d_2 w + d_1 w_a \tag{4-9}$$

式中 d_1——铺管船干舷高度；

d_2——升离点至水面的高度。

在弧坐标系中考察管线的平衡与变形关系，可导出不同高度处管线轴力的计算公式。

对水面以下位置为

$$T(z) = T_0 + wz - \frac{EI}{2R^2} \tag{4-10}$$

对水面以上位置为

$$T(z) = T_0 + wh_w + w_A(z - h_w) - \frac{EI}{2R^2} \tag{4-11}$$

“海洋石油 201 号”铺管船的托管架是 3 节结构，根据托管架几何关系和铺管条件可推导出托管架控制表达式，用于铺管实时仿真操作。

第一角度：

$$\theta_1 = -2.338\,9 \times 10^{-6} \times R_s^3 + 2.176\,2 \times 10^{-3} \times R_s^2 - 6.857\,5 \times 10^{-1} \times R_s + 76.405 \tag{4-12}$$

第二角度：

$$\theta_2 = -1.331\,7 \times 10^{-6} \times R_s^3 + 1.186\,6 \times 10^{-3} \times R_s^2 - 3.463\,2 \times 10^{-1} \times R_s + 47.601 \tag{4-13}$$

第三角度：

$$\theta_3 = -1.271\,5 \times 10^{-6} \times R_s^3 + 1.021\,8 \times 10^{-3} \times R_s^2 - 2.990\,0 \times 10^{-1} \times R_s + 34.886 \tag{4-14}$$

式中 R_s——托管架曲率半径；

$\theta_1, \theta_2, \theta_3$——分别为托管架 3 个节点的控制角度。

托管架的倾斜角为

$$\theta_r = (-4.942\,085 \times 10^{-6} \times R_s^3 + 4.384\,612 \times 10^{-3} \times R_s^2 - 1.331\,077 \times R_s + 158.892\,8) \times 3.14/180 - \theta_s \tag{4-15}$$

托管架上的辊轮位置示意图，如 4-5 所示[104]。

在实时仿真过程中，为了得到圆滑的船舶上的管线滑道轨迹，船舶在静水面上航行时，船体上的管线滑道的斜率为零的为原点，船首方向为 x 轴，垂直向上为 z 轴建立了管线滑道轨迹计算用坐标系 $O_6x_6z_6$。本书的滑道轨迹的数学模型为

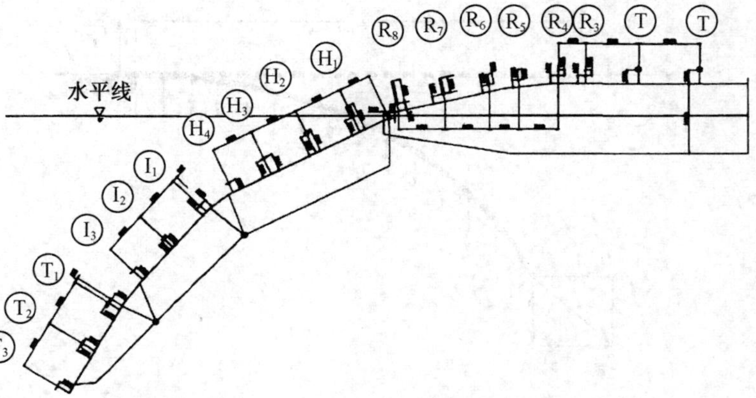

图4-5　深水S型铺管船托管架的辊轮示意图

$$z = ax^2 + bx + c$$

式中，a，b，c 为设计参数，设计人员根据托管架和船体上轨道的具体情况而确定。

4.3　S型管道初始铺设静态数学模型

4.3.1　管道大挠度分析

初始铺管管线形态属于长细比大于100的梁，其剪切变形和横截面的转动非常微小，可以忽略不计。因此，管线属于 Euler-Bernoulli 梁，本节对铺管作业管道非线性问题进行分析。

1. 管线几何表述

管线未变形前长度为 L，直径为 D，惯性矩为 I，弹性模量为 E，管线浮重 w，在管线端部受到水平方向载荷 H，竖直方向载荷 V。假设：

(1)管线具有纵向对称面；

(2)变形后管线的轴线为平面曲线，并且仍在该对称面内；

(3)忽略管线的横向剪切变形以及横截面的尺寸改变[60]。

采用 Lagrange 描述方法对海底管线具体受力及变形进行描述。

将管线的轴线置于直角坐标系 Oxy，如图4-6所示，变形前管线上任一点为 $B(x,y)$，$x\in(0,L)$，取管线轴线上一点 $C(x,0)$，$x\in(0,L)$，变形后 B 点的位置 $B'(X_1,Y_1)$，C 点的位置为 $C'(X_0,Y_0)$。由 Lagrange 描述方法可得

$$X_0 = x + u_0,\ Y_0 = w_0 \tag{4-16}$$

$$X_1 = x + u,\quad Y_1 = y + w \tag{4-17}$$

式中，$u_0(x) = u(x,0)$，$w_0(x) = w(x,0)$ 分别为轴线上的 C 点在 X，Y 方向的位移。$u(x) = u(x,y)$，$w(x) = w(x,y)$ 分别为 B 点在 X 和 Y 方向的位移。管线的轴线在变形后为平面曲线，由 Kirchhoff 假设可得下列关系

$$u(x,y) = u_0(x) - y\sin\theta \tag{4-18}$$

$$w(x,y) = w_0(x) - y(1 - \cos\theta) \tag{4-19}$$

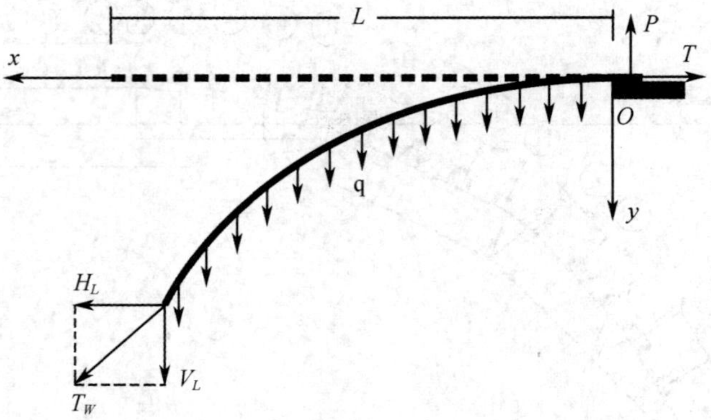

图 4-6 管线整体变形

图 4-7 中 $\theta=\theta(x)$ 为管道的轴线与 X 轴的夹角。设弧长为 $s_0=s_0(x)$，由图 4-7 可得如下几何关系，即

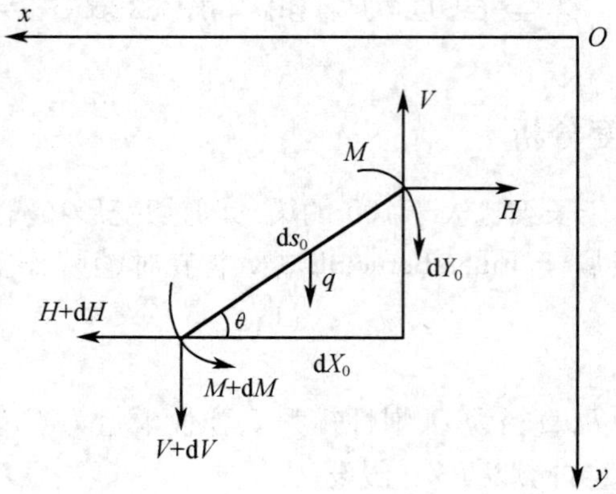

图 4-7 管道微段受力

$$ds_0 = [(dX_0)^2 + (dY_0)^2]^{\frac{1}{2}} = Rdx \tag{4-20}$$

$$\frac{dX_0}{ds_0} = \cos\theta, \quad \frac{dY_0}{ds_0} = \sin\theta \tag{4-21}$$

其中，R 为轴线伸长率，它也可以用轴线位移 $u_0(x)$ 和 $w_0(x)$ 表示为

$$R = \left[\left(1+\frac{du_0}{dx}\right)^2 + \left(\frac{dw_0}{dx}\right)^2\right]^{\frac{1}{2}} \tag{4-22}$$

由式(4-16)和式(4-17)可得求解位移分量的基本方程为

$$\frac{du_0}{dx} = R\cos\theta - 1, \quad \frac{dw_0}{dx} = R\sin\theta \tag{4-23}$$

轴线的应变为

$$\varepsilon_0 = \frac{ds_0 - dx}{dx} = R - 1 \tag{4-24}$$

在忽略剪切变形后，与轴线元素 dx 平行且位于(x,y)处的纵向纤维元素(与 dx 相等)在变形后为

$$ds = [(dX)^2 + (dY)^2]^{\frac{1}{2}} = Q dx \tag{4-25}$$

其中 Q 的定义与 R 类似，称为点(x,y)处的纵向线段的伸长率。相应的纵向线应变定义为

$$\varepsilon = \frac{ds - dx}{dx} = Q - 1 \tag{4-26}$$

由式(4-18)和式(4-26)可得 Q 的精确表达式

$$Q = R - y\frac{d\theta}{dx} = R(1 - yk) \tag{4-27}$$

进一步可得横截面内任一点纵向应变

$$\varepsilon = \varepsilon_0 - y\frac{d\theta}{dx} = \varepsilon_0 - yRk \tag{4-28}$$

其中 k 为变形后轴线的曲率，定义为

$$k = \frac{d\theta}{ds_0} = \frac{1}{R}\frac{d\theta}{dx} \tag{4-29}$$

式中，弯曲变形应变部分与 $d\theta/dx$ 成比例，而不是与变形后的曲率 $d\theta/ds_0$ 成比例。

2. 物理方程

对于线性弹性材料梁，利用胡克定律可推导出用等效内力表示的物理方程[105]，即

$$N = EA(R - 1) \tag{4-30}$$

$$M = -EI\frac{d\theta}{dx} \tag{4-31}$$

式中，N 和 M 分别为轴力和弯矩，EA 和 EI 分别为抗拉和抗弯刚度。

3. 平衡方程

管线变形后任意微分单元(图4-5)上有连续分布机械力 $q = w$，利用平衡条件可得平衡方程为

$$\frac{dV}{dx} = -Rq = -Rw \tag{4-32}$$

$$\frac{dM}{dx} = R(H\sin\theta - V\cos\theta) \tag{4-33}$$

$$M = \left(V\cos\theta - H\sin\theta - \frac{w}{2}\cos\theta\right)R dx \tag{4-34}$$

其中，H 和 V 分别为横截面上与坐标轴方向平行的内力分量，利用内力等效关系，轴向内力 N(拉力为正)可表示为

$$N = H\cos\theta + V\sin\theta \tag{4-35}$$

将式(4-30)代入式(4-35)，可以求得轴线的伸长率

$$R = 1 + (H\cos\theta + V\sin\theta)/EA \tag{4-36}$$

式(4-20)、式(4-23)、式(4-31)、式(4-32)和式(4-33)构成了管线在机械载荷作用下几何非线性大变形问题的精确几何模型，在具体边界条件下，就可求解问题的基本未知量。

4.3.2 缆索单元受力分析

在起始铺管过程中，海底管道和缆索的典型形态如图 4－8 所示，A 为起始锚位置，B 点为海底管道和缆索的连接点。水深为 d，管道下端 B 点的高度为 d_B，从张紧器到 B 点的管道弧线长度为 L，从 B 点到起始锚的缆索长度为 S。B 点为管道与缆索之间的连接点，由于缆索只能承受轴向拉力不能承受弯矩和剪力，所以 B 点处缆索和管道内的张力大小相等，方向相反，该点弯矩为 0。

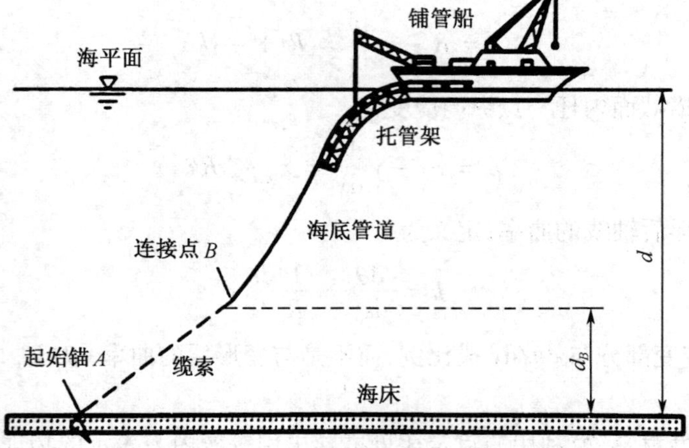

图 4－8 起始铺管示意图

在进行初始铺管作业之前，一般使用缆索将管道下端与海底的起始锚连接。依靠起始锚通过缆索为海底管道下端提供拉力，缆索不仅质量轻而且刚度很小，与海底管道相比缆索的刚度基本可以忽略不计，所以通常可以认为缆索是没有刚度的柔性结构，只承受轴力而不能抵抗弯矩和剪力的作用。海底管道的长度和拉力大小决定了初始铺管各步骤中管道和缆索的形态。

图 4－9 为缆索任意微段 i 受力情况，假设微段长度为 s_i，两端的受力分别为 T_i 和 T_i + dT，缆索自重简化为作用在微段重心上的集中力，缆索在拉力和自重的情况下产生转角。

对缆索轴向与垂向列平衡方程，可得

$$(T_i + \mathrm{d}T)\cos\mathrm{d}\varphi_{ci} = w_c s_i \sin\varphi_{ci} + T_i \tag{4-37}$$

$$(T_i + \mathrm{d}T)\sin\mathrm{d}\varphi_{ci} = w_c s_i \cos\varphi_{ci} \tag{4-38}$$

式中 w_c——缆索浮重度；

φ_c——缆索轴线与水平方向的夹角。

如果没有给定 w_c 的值，则可以根据与缆索直径相同的铁棒重量的 70% 减去其排开水的重量来计算，即

$$w_c = \frac{\pi D_c^2}{4} g(0.7\rho_s - \rho_w) \tag{4-39}$$

式中 D_c——缆索直径，m；

ρ_s——缆索钢材密度，kg/m³；

ρ_w——海水密度，kg/m³。

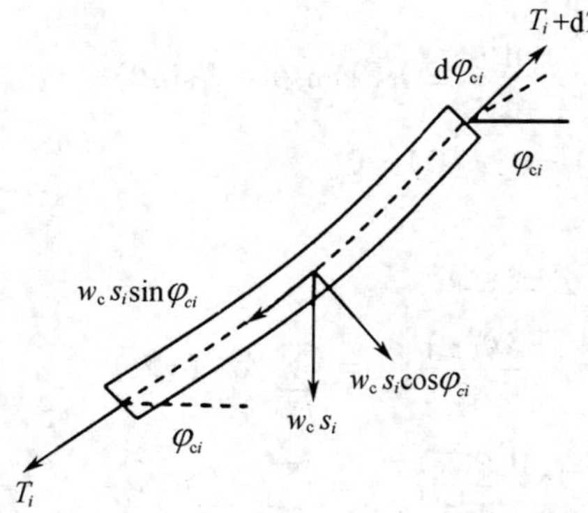

图 4-9　缆索单元受力

对式(4-39)进行简化,可得

$$\mathrm{d}T = w_c \sin\varphi_c \mathrm{d}s \tag{4-40}$$

忽略 $\mathrm{d}T$ 的影响,缆索微段角度变化可以简化为

$$\mathrm{d}\varphi_c = \frac{w_c \cos\varphi_c \mathrm{d}s}{T} \tag{4-41}$$

忽略缆索的轴向伸长量,则

$$\mathrm{d}x = \mathrm{d}s\cos\varphi_c \tag{4-42}$$

$$\mathrm{d}y = \mathrm{d}s\sin\varphi_c \tag{4-43}$$

缆索计算中,将其分为 n 段,设由第 i 点至第 $i+1$ 点的长度为 s_i,两端的轴力分别为 T_i 和 T_{i+1},式(4-40)~式(4-43)写为线性积分形式为

$$T_{i+1} = \sqrt{(T_i + w_c s_i \sin\varphi_{ci})^2 + (w_c s_i \cos\varphi_{ci})^2} \tag{4-44}$$

$$\varphi_{ci+1} = \varphi_{ci} + \mathrm{d}\varphi_{ci} = \varphi_{ci} + \frac{w_c s_i \cos\varphi_{ci}}{T} \tag{4-45}$$

$$(\mathrm{d}x)_i = s_i \cos\varphi_{ci} \tag{4-46}$$

$$(\mathrm{d}y)_i = s_i \sin\varphi_{ci} \tag{4-47}$$

4.3.3　管道大挠度微分方程的 DQ 解

1. 控制方程无量纲化

无量纲系数定义

$$(\bar{x},\bar{s},\bar{u},\bar{w}) = \frac{(x,s_0,u_0,w_0)}{L},\quad (\overline{V},\overline{H}) = \frac{(V,H)L^2}{EI} \tag{4-48}$$

式中　L——管道长度,m;

I——惯性矩,kg/m^2;

E——弹性模量,Pa。

则管道大挠度控制微分方程转化为无量纲形式为

$$\frac{\mathrm{d}\bar{s}}{\mathrm{d}\bar{x}} = R,\frac{\mathrm{d}\bar{u}}{\mathrm{d}\bar{x}} = R\cos\theta - 1,\frac{\mathrm{d}\bar{w}}{\mathrm{d}\bar{x}} = R\sin\theta,\ \frac{\mathrm{d}\overline{V}}{\mathrm{d}\bar{x}} = -\frac{wL^3}{EI} \tag{4-49}$$

$$R = 1 + \frac{1}{\lambda^2}(\overline{H}\cos\theta + \overline{V}\sin\theta),\ \lambda^2 = \frac{AL^2}{I} \tag{4-50}$$

$$\frac{\mathrm{d}^2\theta}{\mathrm{d}\bar{x}^2} = R(\bar{V}\cos\theta - \bar{H}\sin\theta) \tag{4-51}$$

边界条件：$\theta(0)=0, u(0)=0, w(0)=0$。

2. 微分求积格式

由微分求积法，可得如下公式，即

$$\left.\frac{\mathrm{d}\theta(\bar{x})}{\mathrm{d}\bar{x}}\right|_{\bar{x}_i} = \sum_{j=1}^{N} A_{ij}^{(1)}\theta(\bar{x}_j) \tag{4-52}$$

$$\left.\frac{\mathrm{d}^2\theta(\bar{x})}{\mathrm{d}\bar{x}^2}\right|_{\bar{x}_i} = \sum_{j=1}^{N} A_{ij}^{(2)}\theta(\bar{x}_j) \tag{4-53}$$

式中，$(i=1,2,\cdots,N)$，N 为网点总数，$A_{ij}^{(1)}$，$A_{ij}^{(2)}$ 分别为一、二阶导数的权系数，$\bar{x}_j$（$\bar{x}_1=0$，$\bar{x}_N=1$）是网点的坐标值，$\theta(\bar{x}_j)$ 是函数在这些离散点的值。根据分析对象特点，管道上、下段角度变化较大，中间角度变化平缓，积分网点的选取，可选取不均匀网点与均匀网点中的如下两种方式，即

$$\bar{x}_i = \frac{1-\cos[(i-1)\pi/(N-1)]}{2} \quad 或 \quad \bar{x}_i = \frac{i-1}{N-1} \tag{4-54}$$

则控制方程式（4－51）的微分求积格式为

$$\sum_{j=1}^{N} A_{ij}^{(2)}\theta(\bar{x}_j) + R\bar{H}\sin\theta(\bar{x}_i) - R\bar{V}\cos\theta(\bar{x}_i) = 0 \tag{4-55}$$

其中，$R=1+\frac{1}{\lambda^2}[\bar{H}\cos\theta(\bar{x}_i)+\bar{V}\sin\theta(\bar{x}_i)]$。一、二阶导数的权系数矩阵中的非对角元素可由下式计算，即

$$A_{ij}^{(1)} = \frac{\prod\limits_{v=1,v\neq i}^{N}(\bar{x}_i-\bar{x}_v)}{(\bar{x}_i-\bar{x}_j)\prod\limits_{v=1,v\neq j}^{N}(\bar{x}_j-\bar{x}_v)}, \quad (i\neq j) \tag{4-56}$$

$$A_{ij}^{(2)} = 2\times\left[A_{ii}^{(1)}A_{ij}^{(1)} - \frac{A_{ij}^{(1)}}{\bar{x}_i-\bar{x}_j}\right], \quad (i\neq j) \tag{4-57}$$

对角元素可由下式计算，即

$$A_{ii}^{(1)} = -\sum_{v=1,v\neq i}^{N} A_{iv}^{(1)}$$

$$A_{ii}^{(2)} = -\sum_{v=1,v\neq i}^{N} A_{iv}^{(2)} \tag{4-58}$$

管道内力的微分求积格式为

$$M_i = -\frac{EI}{L}\sum_{j=1}^{N} A_{ij}^{(1)}\theta_j \tag{4-59}$$

$$N_i = H_i\sin\theta_i + V_i\cos\theta_i \tag{4-60}$$

3. 逆 *Broyden* 法求解非线性方程组

通过微分求积法，管线大挠度微分方程的求解变为对式（4－55）的求解[106]。令 $x_i=\theta(\bar{x}_i)$，则式（4－55）化简为

$$f(x_i) = \sum_{j=1}^{N} A_{ij}^{(2)}x_j + R\bar{H}\sin x_i - R\bar{V}\cos x_i = 0 \tag{4-61}$$

即对非线性方程组式(4－61)求解

$$\begin{cases} f_1(x_1,x_2,\cdots,x_n)=0 \\ \vdots \\ f_n(x_1,x_2,\cdots,x_n)=0 \end{cases} \tag{4-62}$$

用向量标记 $\boldsymbol{x}=(x_1,x_2,\cdots,x_n)^{\mathrm{T}}$，$\boldsymbol{F}=(f_1,f_2,\cdots,f_n)^{\mathrm{T}}$，则式(4－62)可以写成

$$\boldsymbol{F}(x)=0 \tag{4-63}$$

令 $y^k=F(x^{k+1})-F(x^k)$，$s^k=x^{k+1}-x^k$ 由逆 Broyden 法可得非线性方程组，即式(4－62)。该算法步骤如下。

步骤 1：给定初始近似值 $x^0\in\boldsymbol{R}^n$ 及计算精度要求的 ε_1 与 ε_2。

步骤 2：计算初始矩阵 $H_0\in\boldsymbol{R}^{nn}$，可取 $H_0=[F'(x_0)]^{-1}$ 或单位矩阵 $\boldsymbol{I}$。

步骤 3：$k=0$，计算 $F(x_0)$。

步骤 4：计算 $s_k=-H_kF(x_k)$，$x^{k+1}=x^k+s^k$。

步骤 5：计算 $F(x^{k+1})$，如若 $\|F(x^{k+1})\|<\varepsilon_1$ 或 $\|s_k\|\leqslant\varepsilon_2$，则转步骤 8，否则转步骤 6。

步骤 6：计算 $y^k=F(x^{k+1})-F(x^k)$，并由式(4－40)计算 H_{k+1}。

步骤 7：$k=k+1$，转步骤 4。

步骤 8：$x*=x^{k+1}$，结束。

4.3.4　初始铺管整体计算方法

初始铺管作业过程中，对于管道，如果已知张紧器张力及管道下端所受力水平力 H 与垂直力 V，则可根据管道挠度无量纲方程，即式(4－59)、式(4－60)和式(4－63)算出管道形态及管道所受弯矩 M 及轴向力 N 的。对于缆索，如果已经知道一端所受的张力 T_1 和角度 φ_{ci}，则可根据式(4－44)～式(4－47)，从缆索已知端开始逐段计算，直至求出整条缆索的形态和内力。但是，在实际起始铺管作业过程中管道下端的坐标和缆索所受张力都是未知的，也就是管道下端的边界条件是未知的。由于管道下端和缆索相连，根据静力平衡可知缆索和管道内的张力大小相等而方向相反，又因为缆索刚度极小基本可以忽略，所以管道下端所受弯矩为 0。数学模型计算中，根据以上实际铺管作业特点及实际工况参数难以确定数学模型边界条件，这导致管道及缆索微分方程求解困难。针对该问题，本书采用迭代法首先确定出微分方程的边界条件，而后根据准确的边界条件完成对管道及缆索微分方程的求解，具体如下所述。

本节根据起始锚的坐标、管道和缆索长度、管道上端张力、铺管船坐标等已知条件，利用迭代方法首先确定管道下端的坐标和所受张力，根据式(4－44)～式(4－47)从缆索上端开始逐段向下计算，直至缆索与起始锚连接为止，然后利用大变形梁理论计算出管道形态和内力分布。详细计算流程如下所述。

1. 判断管道重度是否符合要求

铺管仿真计算前，先根据海底管道设计规范判断管道重度是否满足铺管作业要求，即管道的重度至少应该是水的重度的 1.3 倍，如果不满足要求，管道会在较小波流载荷的作用下丧失稳定性而遭到破坏。如果浮重度 $w<0$，程序输出“管道浮重度不满足规范要求”，然后程序停止运行，用户必须返回输入界面更改相关输入参数。如果 $0<w<0.3w'$ 时，程序输出一条警告语句“管道浮重度小于规范规定值”，不过程序仍然会继续进行计算。

2. 判断输入参数的合理性

输入参数的合理性对微分方程的求解至关重要，仿真计算中，已知的变量有张紧器张力 T、管道长度 L、缆索长度 S、起始锚坐标、船体坐标、船舶六自由度及管道物理参数。

（1）定义数组和变量

根据计算程序需要，定义一系列数组和变量。

T_i 为管道第 i 段轴向拉力；H_i 为管道第 i 段水平拉力；V_i 为管道第 i 段竖直拉力；θ_i 为管道第 i 段转角；M_i 为管道第 i 段弯矩，其中（$i=1,2,\cdots,N$），第 N 点为管道与缆索连接点。对于初始铺管过程中每一时刻，定义一个数组 $DH(10)$ 用于存储管线下端水平拉力；数组 $diff(10)$ 用于存储误差；det 是将水平拉力平均分成 10 份，每份大小为 det；e 用于计算精度。

（2）确定边界条件

定义好参数后，根据已有分析理论及实际铺管作业特点来确定边界条件。

由管线微段受力图 4－5 受力分析可得

$$\begin{cases} M_i = H_i \mathrm{d}y_0 - V_i \mathrm{d}x_0 - \dfrac{w}{2}(\mathrm{d}x_0)^2 \\ T_i = H_i \cos\theta_i + V_i \sin\theta_i \end{cases} \tag{4-64}$$

由实际铺管作业过程中管道下端所受弯矩为 0，即 $M_N=0$ 可得

$$\begin{cases} V_N = H_N \tan\theta_N - \dfrac{w}{2}(x_N - x_{N-1}) \\ \overline{V}_N = \overline{H}_N \tan\theta_N - \dfrac{wL^2}{2EI}(\bar{x}_N - \bar{x}_{N-1}) \end{cases} \tag{4-65}$$

通过式（4－51）及式（4－65）可以看出，只要给出 H_N 或者 V_N 其中一个，另一个就可以用给出的值表示，这样减少了迭代过程中的未知变量，使式（4－63）可以求解，为迭代求解整个初始铺管过程提供依据。求出非线性方程组，即式（4－63）的解后，计算出管道下端拉力的角度，进而求出管道、缆索形态及内力分布。取起始锚位置为绝对坐标系 $A\xi\eta\zeta$ 原点，船体位置坐标为（x,y,z）。

（3）详细迭代算法

①第一轮计算

将管道上端张紧器拉力 T 平均分成 10 份，每份的大小为 $det=\dfrac{T}{10}$，取 $DH(i)=idet$（$i=1,\cdots,10$），对应 $DH(i)$ 可计算出管道横跨距离 $X_1=\sum\limits_{i=1}^{N} detx_i$，缆索横跨距离 $X_0=\sum\limits_{i=1}^{n} detx_i$，由于 X_0+X_1 应等于船体坐标 X，所以可以计算出每个 $DH(i)$ 对应的误差为

$$diff(i) = X_0 + X_1 - X \tag{4-66}$$

然后判断出 10 个 $diff(i)$ 中最小的一个，其下标定位 IP，从而 $DH(IP)$ 对应的误差 $diff(IP)$ 是最小的一个，即 $DH(IP)$ 是最接近精确解的。

②逼近计算

首轮计算完毕后，进行下一轮的逼近计算。在 $DH(IP)$ 附近取 10 个点组成新的 $DH(10)$。根据 $DH(IP)$ 值的特点，分以下三种情况计算。

a. 如果 $DH(IP)$ 是 10 个中最小的，则取 $DH(1)=DH(IP)$，$det=\dfrac{det}{9}$，$DH(i)=DH(1)+(i-1)det$，$i=2,\cdots,10$。

b. 如果 $DH(IP)$ 是 10 个中最大的，则取 $DH(1)=DH(IP-1)$，$det=\frac{det}{9}$，$DH(i)=DH(1)+(i-1)det$，$i=2,\cdots,10$。

c. 如果 $DH(IP)$ 在 10 个中不是最大也不是最小的，则取 $DH(1)=DH(IP-1)$，$det=\frac{2det}{9}$，$DH(i)=DH(1)+(i-1)det$，$i=2,\cdots,10$。

这样就定了新一轮计算的水平拉力 $DH(10)$。值得注意的是，为保证每轮计算中都有10个元素，第一轮逼近中总共分割了10份，去掉为0的点，取上面10个点作为输入。而第二轮计算中由于第一个点不为0，所以分割了9份，取全部10点作为输入。

如此反复进行直到前后两轮计算所得的 $DH(IP)$ 的差值满足精度要求为止，至此求出了管道长度为 L 时管道下端水平拉力 H，通过式(4-65)及式(4-63)求出管道形态及内力分布。根据式(4-44)~式(4-47)从缆索上端开始逐段向下计算，直至缆索与起始锚连接为止。至此完成了初始铺管管道、缆索形态整体计算。

4.4　S型管道正常铺设静态数学模型

4.4.1　管单元静态平衡微分方程

首先建立管单元的静平衡微分方程。图4-10为反弯点以下管单元的受力平衡图。设管道与海床的接触点为原点 O，管道任意点至海床的距离为 s，分别沿水平和竖直方向建立 x 轴和 y 轴，在反弯点以下任意点处取管单元，管单元中 H 表示管道张力的水平分量，V 表示管道张力的竖向分量，w 为管道的浮重度，也就是单位管长在水中的重量，M 为作用在管道上的弯矩。

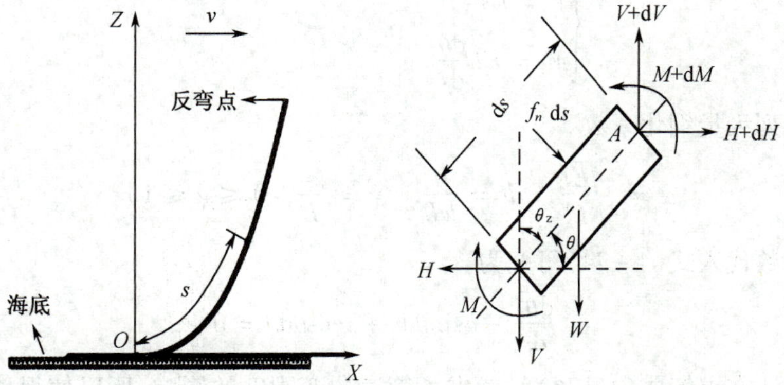

图4-10　反弯点以下管单元的受力平衡图

参照图4-10，根据微段的力平衡与几何关系可列出平衡微分方程为

$$-H\sin\theta ds+dM+V\cos\theta ds+\frac{1}{2}w\cos\theta ds^2+\frac{1}{2}f_{xn}ds^2=0 \tag{4-67}$$

$$dH=-f_{xn}\sin\theta ds \tag{4-68}$$

$$dV=wds+f_{xn}\cos\theta ds \tag{4-69}$$

$$\mathrm{d}s = \frac{\mathrm{d}x}{\cos\theta} = \frac{\mathrm{d}z}{\sin\theta} \tag{4-70}$$

忽略高阶项并对式(4-67)进一步简化,可以得到

$$\frac{\mathrm{d}^2 M}{\mathrm{d}x^2} - H(x)\frac{\mathrm{d}^2 z}{\mathrm{d}x^2} + \left(\frac{w}{\cos\theta} - \frac{f_{xn}}{\cos^2\theta}\right) = 0 \tag{4-71}$$

式中

$$f_{xn} = \frac{1}{2}\rho_s C_d D v_x \| v_x \| \sin^2\theta \tag{4-72}$$

$$H(x) = T_0 - \int_{x_T}^{x} f_{xn}\tan\theta \mathrm{d}x \tag{4-73}$$

管道在海底处的边界条件为反弯点处,$Z_1 = Y_l, M_1 = 0$;

海底触底点处,$Z_n = Y_n, M_n = 0$。

4.4.2 刚性悬链线法

悬链线法是一种用来确定S型铺管法反弯点以下部分形态的计算方法,可分为自然悬链线法和刚悬链线法[107-108]。自然悬链线法忽略了管道的弯曲刚度,利用管单元的平衡微分方程求出反弯点以下的解析解,然后通过迭代得到管道的形态。刚悬链线法考虑了管道的弯曲刚度,其计算精度较高但计算过程比较复杂,由于无法直接求解平衡微分方程而需要对一系列表达式进行迭代求解并使之收敛,所以它无法计算出反弯点以下管道形态的解析解而只能求出一系列参数,然后利用这些参数迭代解出管道的近似形态。研究以刚悬链线法为基础,其计算结果对深海和浅海都具有较好的精度。

微分方程式(4-67)中,不计海流拖曳力载荷,并忽略高阶项,可以得到

$$\begin{cases} \mathrm{d}M - H\sin\theta\mathrm{d}s + V\cos\theta\mathrm{d}s = 0 \\ V = ws \\ M = EI\dfrac{\mathrm{d}\theta}{\mathrm{d}s} \end{cases} \tag{4-74}$$

定义一系列无量纲化系数

$$\alpha = \sqrt[3]{\frac{EI}{L^3}}, \quad h = \frac{H}{wL}, \quad \chi = \frac{s}{L}, (0 \leqslant \chi \leqslant 1) \tag{4-75}$$

无量纲系数代入式(4-74)可变为

$$\alpha^2 \frac{\mathrm{d}\theta^2}{\mathrm{d}s} - h\sin\theta\mathrm{d}s + z\cos\theta\mathrm{d}s = 0 \tag{4-76}$$

刚悬链线法在求解式(4-76)时考虑了管道抗弯刚度的影响,所以使得该方程的求解变得十分复杂,无法由深度 D_b 和最大应变 ε_b 直接求出,需要通过数值方法对式(7-76)进行迭代求解[109]。本书引用 Dixion 的解,但为应用方便起见,以管线对水平面的夹角而不是对垂直面的夹角作为管线形态的表达。方程的显式解 $\theta(\chi)$ 的最终表达式为

$$\theta(\chi) = \frac{\pi}{2} - \tan^{-1}\frac{h}{\chi} - \frac{\alpha}{h^{3/2}}\exp\left[-\frac{1}{\alpha}(\chi - \chi_0)q_1(\chi)\right] + \frac{\alpha h}{(h^2+1)^{5/4}}\exp\left[-\frac{1}{\alpha}(1-\chi)q_2(\chi)\right] \tag{4-77}$$

上式中

$$\begin{cases} q_1(\chi) = \dfrac{1}{\chi - \chi_0}\displaystyle\int_{\chi_0}^{\chi}(\xi^2 + h^2)^{1/4}\mathrm{d}\xi \\ q_2(\chi) = \dfrac{2}{1-\chi}\displaystyle\int_{\chi}^{1}(\xi^2 + h^2)^{1/4}\mathrm{d}\varepsilon \\ \chi_0 = -\dfrac{\alpha}{\sqrt{h}} \end{cases} \tag{4-78}$$

在反弯点处,$\chi = 1$,则

$$\begin{cases} \theta(1) = \dfrac{\pi}{2} - \left[\arctan h + \dfrac{\alpha h}{(h^2+1)^{5/4}}\right] \\ T(1) = wL_b\sqrt{(h^2+1)} \end{cases} \tag{4-79}$$

在刚悬链线法中最大弯矩不在管道和海床的相切点,而在稍大于χ_0的$\bar{\chi}$处。由于$\bar{\chi}$非常接近于χ_0,最大弯曲应变可表示为

$$\varepsilon_b = \left(\frac{r}{L_b}\right)\left\{\frac{h}{h^2+\bar{\chi}^2} - \frac{(h^2+\bar{\chi}^2)^{1/4}}{h^{3/2}}\exp\left[\frac{\chi_0 - \bar{\chi}}{\alpha}q_1(\bar{\chi})\right]\right\} \tag{4-80}$$

同时由于$\bar{\chi}$处是曲率最大的点,所以$\bar{\chi}$必须满足下式,即

$$\frac{\mathrm{d}}{\mathrm{d}\chi}\left(\frac{\mathrm{d}\theta_V}{\mathrm{d}\chi}\right)\bigg|_{\chi=\bar{\chi}} = \frac{2h\bar{\chi}}{(h^2+\bar{\chi}^2)^2} - \left[\frac{(h^2+\bar{\chi}^2)^{1/2}}{\alpha h^{3/2}} - \frac{\bar{\chi}}{h^{3/2}(h^2+\bar{\chi}^2)^{3/4}}\right]\exp\left[\frac{\chi_0-\bar{\chi}}{\alpha}q_1(\bar{\chi})\right] = 0 \tag{4-81}$$

将式(4-77)代入式(4-76)后,在反弯点处可推导出关于Y_l,α,h和L_b的表达式,即

$$\frac{Y_l}{L_b} = \sqrt{(h^2+1)} - \sqrt{(h^2+\chi_0^2)} + \alpha^2\left[\frac{1}{\sqrt{h}(h^2+\chi_0^2)^{3/4}} - \frac{h^2}{(h^2+1)^2}\right] \tag{4-82}$$

在刚悬链线法中L_b和h的表达式无法直接求出,只能用式(4-80)、式(4-81)和式(4-82)这三个式子来表示它们之间的关系。

由于α很小,可足够准确地取$\chi_0 = 0$,进而写出管线坐标与弯矩的表达式

$$\begin{cases} x = L_b\displaystyle\int_{\chi_0}^{\chi}\cos\theta\mathrm{d}\chi \\ z = L_b\displaystyle\int_{0}^{\chi}\sin\theta\mathrm{d}\chi \end{cases} \tag{4-83}$$

$$M = \frac{EI}{L_b}\frac{\mathrm{d}\theta}{\mathrm{d}\chi} = EI\left\{\frac{-h}{h^2+\chi^2} + \frac{(\chi^2+h^2)^{1/4}}{h^{3/2}}\exp\left[-\frac{z}{\alpha}q_1(\chi)\right] + \frac{h(\chi^2+h^2)^{1/4}}{(h^2+1)^{3/4}}\exp\left[-\frac{(1-\chi)}{\alpha}q_2(\chi)\right]\right\} \tag{4-84}$$

以上公式以反弯点为上端点。在设计阶段，一般不能预知反弯点位置，往往是根据铺管船几何特征，要求控制管线在某一点处抬升，因而是根据升离点参数求管线形态。将刚性悬练线方法扩展到这种模式需建立升离点与反曲点的关系[110]。

4.4.3　自然悬链线法

自然悬链线理论可用来表示远离两个管端的管子悬空段,即远离海床处的离地点 O 和靠近托管架的上部管线升离点 P_{d} 之间的管子悬空段。

自然悬链线法忽略管道的弯曲刚度,即 $\alpha^2 = 0$,将式(4-67)进一步简化为

$$-H\sin\theta + V\cos\theta = 0 \tag{4-85}$$

由式(4-85)解出反弯点以下任意点的角度为

$$\tan\theta = \frac{T_v}{T_0} \quad 或 \quad \theta(s) = \arctan\left(\frac{ws}{T_0}\right) \tag{4-86}$$

合成张力的水平分量和竖直分量,得到管道张力为

$$T(s) = wL_b\sqrt{\left(\frac{H}{wL_b}\right)^2 + \left(\frac{s}{L_b}\right)^2} \tag{4-87}$$

由式(4-85)和式(4-87)可推导出自然悬链线方程,即

$$z = \frac{T_0}{w}\left(\cosh\frac{wx}{T_0} - 1\right) \tag{4-88}$$

式中 T_0——管道张力的水平分量;

w——管道的浮重度。

管线的悬跨段弧长 s 可表示为

$$s = \sqrt{z^2 + \frac{2zT_0}{w}} = \frac{T_0}{w}\sinh\left(\frac{wx}{T_0}\right) \tag{4-89}$$

自然悬链线的弯曲可表示为

$$\frac{d\theta}{ds} = \frac{d^2z}{dx^2}\cos\theta = \frac{w}{T_0}\cosh\frac{xw}{T_0}\cos\theta \tag{4-90}$$

式中 θ——杆单元与水平方向的夹角;

s——管线弧长。

由梁的曲率理论有

$$\frac{M}{EI} = \frac{d\theta}{ds}; \quad \frac{dV}{ds} = w \tag{4-91}$$

最大曲率出现在海底触底点,即

$$\frac{1}{R} = \frac{w}{T_0} \tag{4-92}$$

管线的曲率半径和应变的关系为

$$\varepsilon = \frac{r}{R} \tag{4-93}$$

通过 θ,w 及 z 定义 T_v 后,代入上式可得管线轴向应力 T 的水平分量 T_0 的表达式为

$$T_0 = \frac{zw(1 + \sqrt{1 + \tan^2\theta})}{\tan^2\theta} \tag{4-94}$$

根据上述方程可推导出管线的 x,y,z 坐标以及管线轴向应力,即

$$z = \sqrt{(T_0/w)^2 + s^2} - T_0/w \tag{4-95}$$

$$x = \frac{T_0}{w}\mathrm{arsinh}\left(\frac{sw}{T_0}\right) \tag{4-96}$$

式中 θ_L——管线的脱离角;

x,y,z——管线上的计算点坐标。

反弯点以下任意点的弯矩为

$$m(\chi) = \frac{d\theta}{d\chi} = \frac{h}{(\chi^2 + h^2)} \tag{4-97}$$

在管道和海床相切处也就是 $s=0$ 处弯矩达到最大，即

$$m|_{\max} = m(0) = wL_b/H \tag{4-98}$$

管道最大应变可表示为

$$\varepsilon_b = \frac{\sigma_{\max}}{E} = \frac{M_{\max} \times r}{EI} = \frac{r \times m_{\max}}{L_b} = = \frac{r \times w}{H} \tag{4-99}$$

因而水平力 T_0 可以表示为

$$T_0 = r \times w/\varepsilon_b \tag{4-100}$$

$$L_b = \left(\frac{r}{\varepsilon_b}\right)\left[\left(1 + \frac{\varepsilon_b D_b}{r}\right)^2 - 1\right]^{1/2} \tag{4-101}$$

程序运行后输出以下结果：张紧器所需的张力、管道各点的坐标、管道各点的弯矩、管道各点的轴力、该种管道在相应的铺管条件下的极限铺设水深。

理论上自然悬链线法比刚悬链线法结算结果偏于保守，而且随着水深增加两者的差异减小，也就是说浅水区自然悬链线法的计算结果误差较大，深水区两者结果差异较小。由于程序的计算结果和理论一致，即深海区两种方法差别较小，而浅海区两者差别较大（100 m 水深时达到 13.59%）。由于水越浅差别就越大，所以浅水铺设时不适宜用自然悬链线法进行计算。

4.5　收弃管作业静态数学模型

4.5.1　收弃管管道受力分析

收弃管作业（Abandonment and Recovery）是指在海底管道的铺设过程中，如果遇到船用机械发生故障或者天气非常恶劣的时候，铺设作业不能正常进行，需要利用缆索将管道暂时弃放至海床上，停止铺设作业；等到海况条件允许或者机械故障排除之后，再利用缆索将管道从海底缓慢地提起到正常位置继续进行铺设作业。

在海底管线的铺设过程中，收弃管过程对于管线的暂停铺设已经变成必不可少的一个操作过程。需要注意的是，无论是收管过程还是弃管过程，都需要保证管线任意截面的受力在许用应力的范围内。因此在进行收弃管作业时，必须要对铺管船的运动、管线的张力大小以及缆索的收放长度进行协调和控制。

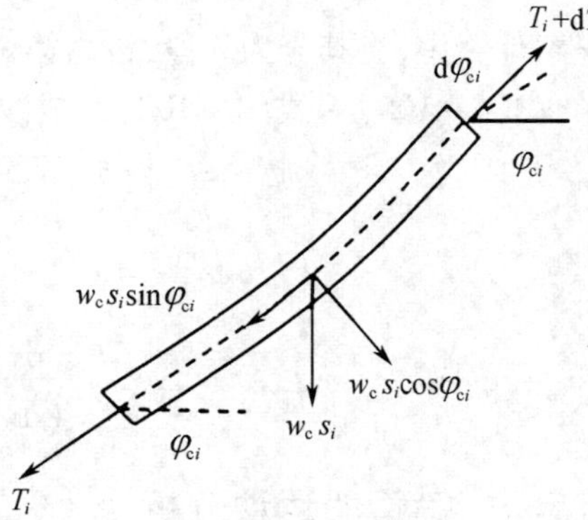

图 4-11　缆索单元受力

收弃管过程中，管道和缆索如图 4-11 所示。A 点为管道和缆索连接点，B 点为管道和海床相切点。图中水深设为 d，管道上端 A 点高度为 d_2，从 A 点到 B 点的管道长度为 L，缆索长度为 S。缆索与管道在点 A 处张力大小相等方向相反，且弯矩为 0。由此可知点 A 受力与正常铺设管道的反弯点相同，因此 A 点以下管道受力情况和边界约束与正常铺管的下弯段完全一致。因此管道平衡方程同样为

$$EI\frac{d^2\theta}{ds^2}-H\sin\theta+V\cos\theta=0 \tag{4-102}$$

因此收弃管过程中管道形态和受力可以根据式(4-102)计算。

4.5.2 缆索单元受力分析

图4-11为缆索任意微段 i 受力情况,假设微段长度为 s_i,两端的受力分别为 T_i 和 $T_i+\mathrm{d}T$,缆索自重简化为作用在微段重心上的集中力,缆索在拉力和自重的情况下产生转角。

对缆索轴向与垂向列平衡方程,可得

$$(T_i+\mathrm{d}T)\cos\mathrm{d}\varphi_{ci}=w_c s_i\sin\varphi_{ci}+T_i \tag{4-103}$$

$$(T_i+\mathrm{d}T)\sin\mathrm{d}\varphi_{ci}=w_c s_i\cos\varphi_{ci} \tag{4-104}$$

式中 w_c——缆索浮重度;

φ_{ci}——缆索轴线与水平方向的夹角。

如果没有给定 w_c 的值,则可以根据与缆索直径相同的铁棒重量的70%减去其排开水的重量来计算[111-113],即

$$w_c=\frac{\pi D_c^2}{4}g(0.7\rho_s-\rho_w) \tag{4-105}$$

式中 D_c——缆索直径,m;

ρ_s——缆索钢材密度,kg/m^3;

ρ_w——海水密度,kg/m^3。

对式(4-104)进行简化,可得

$$\mathrm{d}T=w_c\sin\varphi_c\mathrm{d}s \tag{4-106}$$

忽略 dT 的影响,缆索微段角度变化可以简化为

$$\mathrm{d}\varphi_c=\frac{w_c\cos\varphi_c\mathrm{d}s}{T} \tag{4-107}$$

忽略 dT 缆索的轴向伸长量,则

$$\mathrm{d}x=\mathrm{d}s\cos\varphi_c \tag{4-108}$$

$$\mathrm{d}y=\mathrm{d}s\sin\varphi_c \tag{4-109}$$

缆索计算中,将其分为 n 段,设由第 i 点至第 $i+1$ 点的长度为 s_i,两端的轴力分别为 T_i 和 T_{i+1},式(4-105)~式(4-108)写成线性积分形式为

$$T_{i+1}=\sqrt{(T_i+w_c s_i\sin\varphi_{ci})^2+(w_c s_i\cos\varphi_{ci})^2} \tag{4-110}$$

$$\varphi_{ci+1}=\varphi_{ci}+\mathrm{d}\varphi_{ci}=\varphi_{ci}+\frac{w_c s_i\cos\varphi_{ci}}{T} \tag{4-111}$$

$$(\mathrm{d}x)_i=s_i\cos\varphi_{ci} \tag{4-112}$$

$$(\mathrm{d}y)_i=s_i\sin\varphi_{ci} \tag{4-113}$$

4.5.3 铺管船运动分析

收弃管作业分为两个阶段,第一阶段A/R绞车施加的张紧力保持不变,转动A/R绞车逐渐增加缆索长度,管道上端从铺管船上逐渐下放到一定水深,同时移动铺管船以实现A/R绞车施加的张紧力不变;第二阶段使铺管船的位置固定不动,继续增加缆索长度将管道逐渐放至海底。图4-12为作业过程中管道、缆索以及船舶运动的关系。

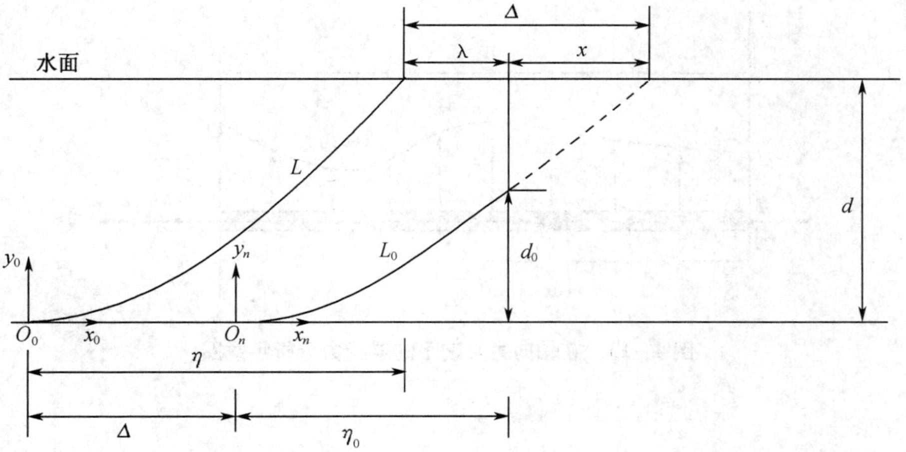

图 4 – 12　作业过程中管道、缆索以及船舶运动的关系

设弃管初始点的水深为 d，管道悬跨长度为 L，管道的水平投影长度为 η；弃管第 n 步时，管道端点所处的水深为 d_0，管道悬跨段长度为 L_0，管道的水平投影长度为 η_0，缆索水平长度为 x。在这一过程中，设船舶移动距离为 Δ，管线端点水平移动距离为 λ，管线触地点从 O_0 到 O_n。从图 4 – 12 中所示的几何关系可得

$$L = \Delta_0 + L_0$$

$$\Delta_0 = \eta + \lambda - \eta_0$$

$$\Delta = \lambda + x$$

由上式可得到船舶移动的水平距离为

$$\Delta = (L - L_0) + (\eta - \eta_0) + x \qquad (4-114)$$

根据对悬跨段管道的分析，可以得到弃管起始点管道的长度 L，管道长度的水平投影长度 η，作业过程中管道长度 L_0，以及水平投影 η_0，由缆索的分析可以得到缆索的水平投影长度 x，所以由式（4 – 113）可得到弃管过程中，为保证管道拉力，船舶前进或后退的距离 Δ。

4.6　铺管铺设动态数学模型

4.6.1　梁的横向振动微分方程

铺设管线除了承受横向载荷之外，还承受着平行于轴向的轴向力，且轴向力和横向位移相互影响[114]。如图 4 – 13 所示为在轴向力影响下的梁受力分析示意图，梁的无振动时轴线为 X 轴，建立 OXY 坐标系。

设轴向力是一个常量 N，现取微段 $\mathrm{d}x$，其受力分析如图 4 – 14 所示。

由 $\sum Y = 0$ 得出微段在 y 方向的运动微分方程式为

$$Q - \left(Q + \frac{\partial Q}{\partial x}\mathrm{d}x\right) - N\sin\theta + N\sin\left(\theta + \frac{\partial \theta}{\partial x}\mathrm{d}x\right) - \bar{c}\,\frac{\partial y}{\partial t}\mathrm{d}x + q(x,t)\,\mathrm{d}x = \rho A\mathrm{d}x\,\frac{\partial^2 y}{\partial t^2} \qquad (4-115)$$

式中，$\bar{c}$ 为单位长度的黏性结构阻尼常数，$\bar{c} = 2\rho A\omega_n\xi$。

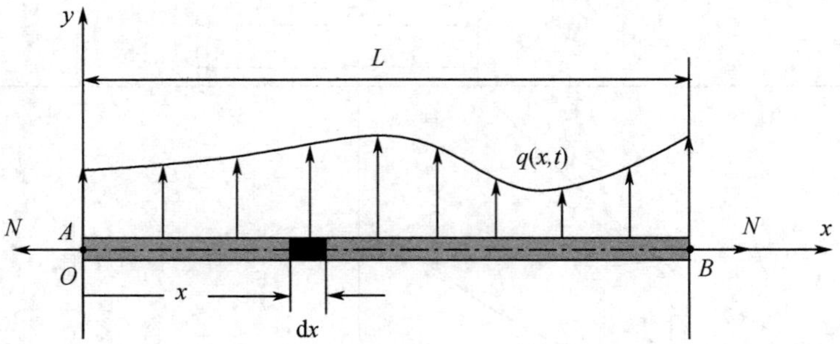

图 4-13 在轴向力影响下的梁受力分析示意图

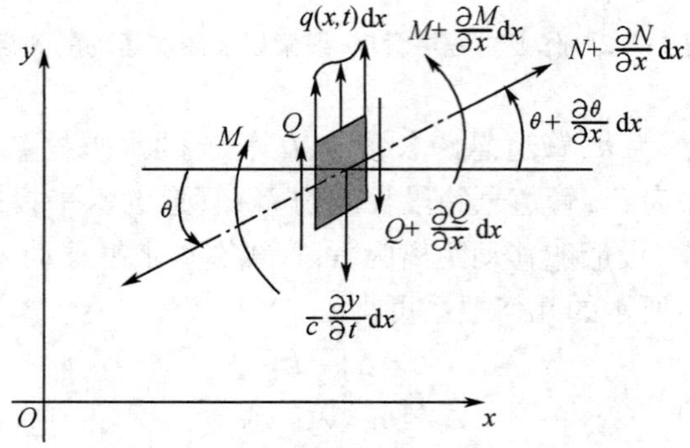

图 4-14 管单元受力分析图

因为 θ 很小，故有 $\sin\theta \approx \theta$，整理上式后得

$$\frac{\partial Q}{\partial x} - N\frac{\partial \theta}{\partial x} + \bar{c}\frac{\partial y}{\partial t} + \rho A\frac{\partial^2 y}{\partial t^2} = q(x,t) \tag{4-116}$$

将 $\theta = \frac{\partial y}{\partial x}, Q = \frac{\partial M}{\partial x}, M = EI\frac{\partial^2 y}{\partial x^2}$ 代入式(4-116)，整理后可得

$$EI\frac{\partial^4 y}{\partial x^4} - N\frac{\partial^2 y}{\partial x^2} + \bar{c}\frac{\partial y}{\partial t} + \rho A\frac{\partial^2 y}{\partial t^2} = q(x,t) \tag{4-117}$$

式中，右端的 $q(x,t)$ 是相对运动的流体外力，它包括拖曳力和惯性力；左端是代表柱体运动所产生的惯性力，阻尼力。

铺管船的铺管作业时，管线形态为倾斜结构是波浪中的振荡柱体。为了确定流场数学模型计算 KC 和 V_r。通常铺管作业时，海流速度不超过 1.0 m/s；谱峰周期 T_p 为 3 ~ 20 s；管线外径 D 为 0.4 m。

Keulegan-Catpenter 参数为

$$KC = \frac{u_0 T}{D} = \frac{1.0 \times (3 \sim 20)}{0.4} = 0.75 \sim 50$$

约化速度为

$$V_r = \frac{u_0}{\omega_n D} = \frac{u_0 T}{2\pi / D} = \frac{1.0 \times (3 \sim 20)}{2\pi / 0.4} = 1.2 \sim 8$$

根据 KC 和 V_r 的计算数值,利用图 4-14 可确定本数学模型为独立流场模型,即

$$q(x,t) = \frac{\pi}{4}\rho_w D^2 C_M \dot{u} - \frac{\pi}{4}\rho_w D^2 C_A \ddot{x} + \frac{1}{2}\rho_w D C_D |u| u - \frac{1}{2}\rho_w D C'_D |\dot{x}| \dot{x} \quad (4-118)$$

式(4-117)代入式(4-118)后整理可得

$$EI\frac{\partial^4 y}{\partial x^4} - N\frac{\partial^2 y}{\partial x^2} + c'\frac{\partial y}{\partial t} + \bar{m}\frac{\partial^2 y}{\partial t^2} = \bar{q}(x,t) \quad (4-119)$$

式中,$\bar{q}(x,t) = \frac{\pi}{4}\rho_w D^2 C_M \dot{u} + \frac{1}{2}\rho_w D C_D |u| u$;$c' = \bar{c} + \frac{1}{2}\rho_w D C_D |u - \dot{y}| |\dot{y}|$;$\bar{m} = \rho A + \frac{\pi}{4}\rho_w D^2 C_A$。

根据S型铺管船的作业特性可设定如下初始条件和边界条件。

初始条件为:

$$y(x,0) = 0.0 \quad (4-120)$$

$$\left.\frac{\partial y(x,t)}{\partial t}\right|_{t=0} = 0.0 \quad (4-121)$$

边界条件为:

(1)脱离点边界条件($x=0$)

对于管线脱离点被船体强迫振动,即

$$y(0,t) = f_1(t) \quad (4-122)$$

$$\left.EI\frac{\partial^2 y(x,t)}{\partial x^2}\right|_{x=0} = f_2(t) \quad (4-123)$$

$$EI\frac{\partial^3 y(0,t)}{\partial x^3} = m\frac{\partial^2 y(0,t)}{\partial t^2} = f_2(t) \quad (4-124)$$

(2)海底触底点边界条件($x=L$)

对于管线海底触底点假设为简支梁,挠度和弯矩为零,即

$$y(L,t) = f_4(t) \quad (4-125)$$

$$\left.\frac{\partial y(x,t)}{\partial x}\right|_{x=L} = f_5(x) \quad (4-126)$$

$$\left.\frac{\partial^2 y(x,t)}{\partial x^2}\right|_{x=L} = f_6(t) \quad (4-127)$$

4.6.2　等效阻尼系数的近似计算

式(4-124)为非线性偏微分方程,根据波浪中运行的船舶运动特点,对等效阻尼系数 c' 进行简化处理,使式(4-124)成为线性偏微分方程。

一般情况下,流体中运动的阻尼项采用 $\bar{c}\mathrm{d}x/\mathrm{d}t$ 的形式,这种阻尼称为黏滞阻尼。对于实际振动系统而言,阻尼表现是非黏滞又复杂的,这就需要将实际的复杂阻尼等效折算为黏滞阻尼。其折算原则是:黏滞阻尼和非黏滞阻尼在一个简谐振动周期内所消耗的能量是相等的[115]。

对于黏滞阻尼来说,由于规则波振动形式为 $x(t) = X\sin\omega t$,所以黏滞阻尼在一个周期内所做的功为

$$W_{c'} = \int_0^T \left(c'\frac{\mathrm{d}x}{\mathrm{d}t}\right)\frac{\mathrm{d}x}{\mathrm{d}t}\mathrm{d}t = c'\omega^2 X^2 \int_0^{2\pi/\omega} \cos^2(\omega t - \varphi)\mathrm{d}t\left(\frac{\mathrm{d}x}{\mathrm{d}t}\right) = \pi c'\omega X^2 \quad (4-128)$$

在波浪中运行的船体运动可看成是流体中振动的中速运动。从式(4-128)的阻尼系数

中可以看出，在波浪中运行的船体受到的流体阻尼和物体运动速度平方成正比，即可设定为

$$F_R = \frac{1}{2}\rho_s C_R A(\mathrm{d}x/\mathrm{d}t)^2 \tag{4-129}$$

式中 A——物体运动方向上的迎面面积；

C_R——流体对固体的黏性摩擦因数。

物体在流体中作简谐振动，流体阻尼力在一个周期内所做的功为

$$\begin{aligned} W_R &= 4\int_0^{T/4} F_R \frac{\mathrm{d}x}{\mathrm{d}t}\mathrm{d}t \\ &= 4\int_0^{T/4} \frac{1}{2}\rho_s C_R A\left(\frac{\mathrm{d}x}{\mathrm{d}t}\right)^3 \mathrm{d}t \\ &= 2\rho_s C_R A\int_0^{T/4} \omega^3 X^3 \cos(\omega t - \varphi)\mathrm{d}t \\ &= \frac{4}{3}\rho_s C_R A\omega^3 X^3 \end{aligned} \tag{4-130}$$

根据上述的折算原则可得到等式 $W_R = W_{c'}$，并将式(4 - 128)和式(4 - 129)代入式(4 - 130)后整理可得到

$$C' = \frac{4\rho_s C_R A\omega^2 X}{3\pi} \tag{4-131}$$

假设船体运动在深水区时，其规则波振幅为 $X = 0.5He^{kz}$，并代入式(4 - 131)后整理可得

$$C' = \frac{2\rho_s C_R A\omega^2 H\mathrm{e}^{kz}}{3\pi} \tag{4-132}$$

方程式(4 - 131)是以波浪中运行的船舶运动为基础，以规则波的运动代替船体运动的方式推导出来的。实际船体带动下的管线振动运动是非常复杂的没有固定数学模型的中低速振动运动。为了把式(4 - 131)应用于管线振动方程，等效阻尼计算公式里追加控制参数量 K，并实际仿真分析中根据具体情况确定参数数据。最终得到的等效阻尼公式为

$$C' = K\frac{2\rho_s C_R A\omega^2 H\mathrm{e}^{kz}}{3\pi} \tag{4-133}$$

4.6.3 梁的横向振动微分方程数值算法

为了满足实时仿真计算的实时性，当微分方程式(4 - 119)的初始条件为式(4 - 120)和式(4 - 127)；边界条件为式(4 - 122) ~ 式(4 - 127)时，管线振动微分方程的数值解法，采用显式差分数值解法。

管线振动微分方程式(4 - 119)的差分形式为

$$\begin{aligned} &\frac{EI}{h^4}(u_{i+2}^k - 4u_{i+1}^k + 6u_i^k - 4u_{i-1}^k + u_{i-2}^k) - \frac{N}{h^2}(u_{i+1}^k - 2u_i^k + u_{i-1}^k) + \\ &\frac{c'}{2\tau}(u_i^{k+1} - u_i^{k-1}) + \frac{\bar{m}}{\tau^2}(u_i^{k+1} - 2u_i^k + u_i^{k-1}) = \bar{q}(ih,k\tau) \end{aligned} \tag{4-134}$$

对上式简化处理可得到

$$u_i^{k+1} = \frac{a_1}{a}u_{i+2}^k + \frac{a_2}{a}u_{i+1}^k + \frac{a_3}{a}u_i^k + \frac{a_4}{a}u_{i-1}^k + \frac{a_5}{a}u_{i-2}^k + \frac{a_6}{a}u_i^{k-1} + \frac{q(mh,k\tau)}{a} \tag{4-135}$$

式中，$a=\frac{c'}{2\tau}+\frac{\bar{m}}{\tau^2}$；$a_1=-\frac{EI}{h^4}$；$a_2=\frac{4EI}{h^4}+\frac{N}{h^2}$；$a_3=\frac{2\bar{m}}{\tau^2}-\frac{2N}{h^2}-\frac{6EI}{h^4}$；$a_4=\frac{4EI}{h^4}+\frac{N}{h^2}$；$a_5=-\frac{EI}{h^4}$；$a_6=\frac{c'}{2\tau}-\frac{\bar{m}}{\tau^2}$。

从初始条件式(4－120)和式(4－121)可推导出差分格式为

$$u_i^0=0.0 \tag{4-136}$$

$$u_i^1=0.0 \tag{4-137}$$

边界条件

(1)脱离点边界条件($x=0$)

从边界条件式(4－122)～式(4－124)可推导出差分格式为

$$u_0^k=f_1(k\tau) \tag{4-138}$$

$$u_{-1}^k=-u_1^k+2u_0^k+\frac{h^2}{EI}f_2(k\tau) \tag{4-139}$$

$$u_{-2}^k=u_2^k-2u_1^k+2u_{-1}^k-\frac{2h^3}{EI}f_3(k\tau) \tag{4-140}$$

(2)海底触底点边界条件($x=L$)

从边界条件式(4－123)、式(4－124)可推导出差分格式为

$$u_m^k=0.0 \tag{4-141}$$

$$u_{m+1}^k=u_{m-1}^k+2hf_4(k\tau) \tag{4-142}$$

$$u_{m+2}^k=16u_{m+1}^k-30u_m^k+16u_{m-1}^k-u_{m-2}^k \tag{4-143}$$

至此完成了两端强迫激励的振动微分方程式(4－117)的求解过程。

4.7　铺管规范安全检测

最后根据管道规格计算极限铺设水深，管道在铺设过程中除了要满足张紧器最大张力要求外，还要满足 DNV－OS－F101 规范中关于管道在弯矩、轴力和静水压力组合作用下的要求，即

$$\left[\frac{M}{\alpha_c M_p(t)}+\left(\frac{T}{\alpha_c S_p(t)}\right)^2\right]^2+\left(\frac{P_e}{P_c(t)}\right)^2\leqslant 1 \tag{4-144}$$

上式中各系数定义如下：

$\alpha_c=(1-\beta)+\beta f_u/f_y$；

$$\beta=\begin{cases}0, & d/t>60\\ \frac{60-d/t}{90}, & 15<d/t<60\\ 0.5, & d/t<15\end{cases};$$

$M_p(t)=f_y(d-t)^2t$；

$S_p(t)=f_y\pi(d-t)t$；

$P_c(t)=\min[p_{el}(t),p_p(t),-p_p(t)]$；

$p_{el}(t)=\frac{2E(t/d)^3}{1-v^2}$($v$ 为泊松比，取0.3)；

$p_p(t)=f_y\alpha_{fab}2t/d$。

其中,M ,T 和 P_e 分别为管道中最大弯曲应变点的弯矩、轴力和静水压力。

在自然悬链线法中反弯点以下弯矩最大的点就是海床接触点。计算出海床接触点的弯矩、轴力和静水压力并代入式(4-144)即可判断是否满足规范要求[116],同时计算出张紧器张力,并判断是否小于或等于张紧器的最大张力 T_{max}。只有这两个条件全部满足时管道才能铺设,否则就说明管道在这一水深不能铺设。

第5章　深水铺管起重作业视景仿真系统总体方案

5.1　概　　述

深水起重铺管作业视景仿真系统：基于对真实海上起重、铺管作业工艺过程的实时动力学解算，借助最新的虚拟现实技术，将数学模型系统、三维视景系统、人机交互硬件系统、UI系统、辅助系统等按照HLA架构思想进行系统集成，实现人机无缝交互和多联邦成员的协同仿真，最终达到在陆地环境中真实、完整地模拟海上真实铺管及起重作业工艺过程的目的。

从人机交互角度，仿真系统具有1∶1比例、与实船完全一致的人机交互硬件设备，包括起重机驾控台、张紧器远程控制台、压载控制台、DP控制台等，还包括能模拟真实海上作业环境的视景系统，包括软硬件系统和三维立体视景。

5.2　基于HLA架构的视景仿真系统介绍

5.2.1　HLA架构概述

1. HLA的基本概念

HLA（High Level Architecture）又称高层体系结构，是美国国防部国防与仿真办公室（DMSO）于1995年10月提出的未来建模/仿真的通用仿真技术框架。它包括三个方面，即高层体系结构（HLA）、任务空间概念模型（CMMS）和数据标准（DS）。

HLA的目标和核心内容是实现仿真系统的互操作性和可重用性，即仿真系统中各分散的仿真部件能够在同一时间、同一仿真环境下进行协同操作，而且可以重复使用。HLA的各联邦成员间的功能与交互的关系并非是一系列的数据交换，而是对整个设计过程中应遵循的规则进行了更高层次的规划。

它可以提供独立的支撑服务程序，将应用层从底层支撑环境分离出来，实现各部件独立发展，最大限度地利用新技术来实现新的功能和服务，适应新技术的发展。

2. HLA技术框架相关概念

（1）联邦（Federation）

仿真系统或支撑软件的部件为了特定的仿真目的被组织在一起，并且各部件间能发生交互，这些部件共同构成了一个联邦。联邦的执行过程为联邦执行。

（2）联邦成员（Federate）

参与到联邦的所有部件成为联邦成员，简称成员。

（3）仿真应用（Simulation Application）

通过使用模型实现物体的动态行为的联邦成员。

（4）对象（Object）

用于描述实体，其粒度和抽象程度可体现成员间的互操作，是构成成员的基本元素。

(5)对象模型(Object Model)

描述对象的属性及对象间的联系。

3. HLA 的组成结构

DMSO 于 1996 年 8 月公布了 HLA 的定义和规范，按照规范，HLA 主要由三部分构成，即规则、对象模型模板和运行支撑框架。

(1)规则(Rules)

在联邦执行过程中，规定了联邦成员必须遵循的原则及联邦成员在 HLA 中各自的功能划分和职责，同时还确保了联邦成员间的兼容性并可实现其互操作。

(2)对象模型模板(Object Model Template, OMT)

OMT 用来描述对象模型，对记录对象模型内容的标准格式和语法做了规定。主要描述两类系统：FOM(Federation Object Model)和 SOM(Simulation Object Model)。FOM 用来描述联邦中存在信息交换特性的联邦成员，提供联邦成员用于数据交换详细说明；SOM 用来描述联邦中各联邦成员的自身能力的详细说明。

(3)运行支撑框架(Run-Time Infrastructure, RTI)

联邦中任意两个联邦成员不能直接交互，联邦成员间的交互作用都是通过标准的 RTI 接口进行的。

5.2.2 基于 HLA 架构的视景仿真系统组成

对于整船来讲，可基于 HLA 架构，构建起包括铺管作业仿真、起重作业仿真、驾驶作业仿真、动力定位作业仿真、调载作业仿真在内的全船仿真系统，起重作业和铺管作业仿真系统是其中的关键子系统。本小节将阐述仿真系统的总体设计方案。

深水铺管起重船视景仿真系统共包含八个子系统：驾驶仿真系统、铺管作业仿真系统、起重作业仿真系统、调载作业仿真系统、DP 仿真系统、教练员系统、视景系统、辅助系统，采用基于 HLA/RTI 的网络架构实现数据传递和共享，各组成部分之间不直接通信。仿真系统总体架构如图 5-1 所示。其中，驾驶、铺管、起重、DP、调载五个仿真子系统是相互独立的，它们由不同的科研机构同步进行开发。教练员系统、视景系统和辅助系统是三个公共的子系统，它们是将上述五个仿真子系统的相应模块集成在一起组成的系统。例如，教练员系统是将驾驶教练员系统、铺管教练员系统、起重教练员系统、DP 教练员系统和调载教练员系统的软硬件设备集成在一起组成的系统，视景系统是将驾驶视景系统、铺管视景系统、起重视景系统集成在一起组成的系统，辅助系统则是将五个仿真系统公共的网络设备以及其他公共的软硬件设备集成在一起组成的系统。

深水铺管起重船视景仿真系统采用 HLA 高级架构体系，HLA 是对客观世界的理论描述，为大型虚拟仿真系统的构建提供了依据，通过 HLA 能够满足仿真系统的可重用性和互操作性，使用 HLA 架构体系能在一定程度上降低系统的开发成本，提高研发的效率。

仿真系统运行的基本流程如下所述：

(1)教练员系统设置训练科目和发出训练指令；

(2)驾驶系统、铺管作业系统、起重作业系统、DP 作业系统、调载作业系统、视景系统通过 RTI 网络接收训练要求；

(3)受训人员开始操纵各类操作控制台，设备操纵信息通过模拟信号转换装置转换后输入运动数学模型，经解算后输出相应运动位移；

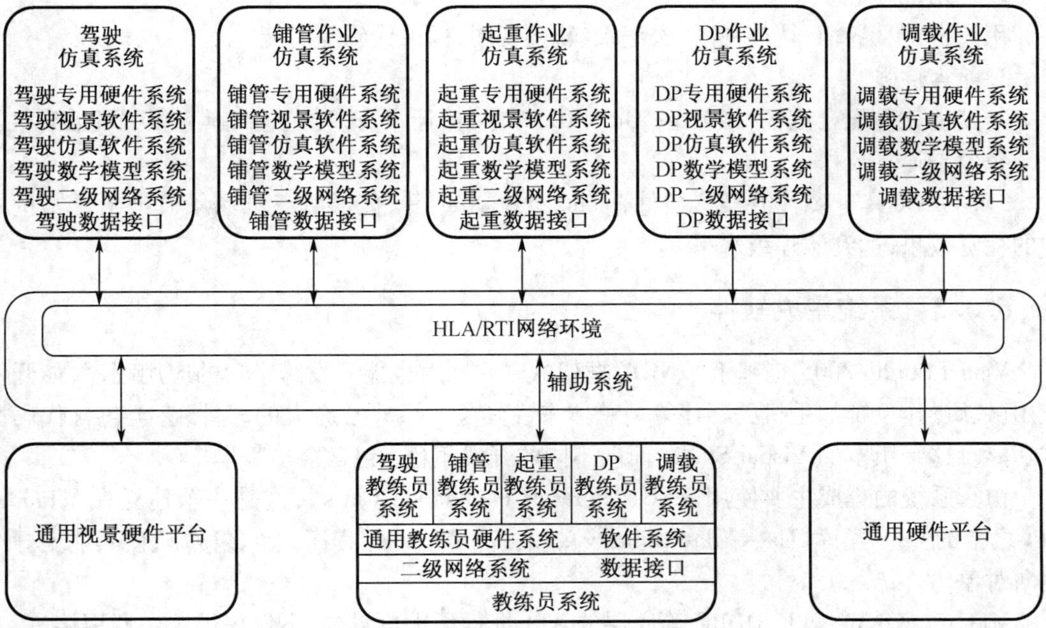

图 5 -1　深水铺管起重船视景仿真系统总体架构图

(4)视景系统更新图像,部分变化信息再反馈给模拟信号转换装置,重新显示在操作台体上。

本课题是“十一五”相关工作的延续,“十一五”期间完成了“海洋石油 201”船操纵运动仿真软件、DP 动力定位仿真模拟软件和硬件,通过数据通信接口协议,与铺管作业、起重作业系统协同作业,搭建了“海洋石油 201”船的铺管起重视景仿真系统的软件、硬件运行平台。“十二五”期间,对系统继续开发与完善,将模拟建成一套基于“海洋石油 201”船工程实践的视景仿真系统(驾驶模拟、动力定位模拟、铺管模拟、起重作业模拟),以起到人员作业(操作)培训、工程过程预演等目的。

5.3　视景仿真系统开发工具

5.3.1　三维建模软件

虚拟现实基础建模软件很多,本仿真系统开发采用 Autodesk 公司的经典三维软件 3DS MAX 完成。3DS MAX 是基于 PC 系统的三维建模、渲染和动画制作的软件,因其功能强大、易于入门,成为目前最为流行的三维软件之一,广泛应用在工业设计、建筑设计、游戏开发等领域。3DS MAX 软件特点主要如下。

1. 功能强大、扩展性好

强大的建模功能是被应用在虚拟现实领域的重要原因之一,软件本身具有多种修改器命令,可以快速地完成模型创建。建模时可以有效地控制模型面数,保证制作仿真场景时的流畅性。

2. 易用性好

用户自定义界面、轨迹视图、宏记录、轨迹视图、插件代码等功能。

3. 兼容性强

与其他软件配合流畅，如 Pro-e Quest3D、犀牛等，还没有多款插件，具有很强的兼容性。

4. 效果逼真

3DS MAX 具有多种渲染器插件，mental ray，Vray 等，能够将三维场景渲染出真实世界中的视觉效果，达到照片级水平。

5.3.2 系统集成软件

Visual Studio 2005 是基于“. NET”框架的。它同时也能开发跨平台的应用程序，如开发使用微软操作系统的手机的程序等。总体来说其是一个非常庞大的软件，甚至包含代码测试功能。这个版本的 Visual Studio 面向不同的开发角色，包含众多版本。

仿真系统的集成主要使用 MFC（Microsoft Foundation Class），这是一个建立在 Windows API 之上的 C++类库（C++ Class Library），以提高 Windows 程序设计的效率，使其能更好地面向对象。

MFC 对 Win32，OLE，ODBC 等底层的 API 进行了优化封装，不仅提供统一调用接口，方便了用户使用，简化了原本繁冗复杂的 Windows 编程。而且保留了原调用接口，可以直接调用底层的 API。

5.4 视景仿真系统功能需求

5.4.1 仿真系统功能需求分析

通过对深水铺管起重船的起重铺管作业的主要过程进行研究，基于数学模型解算及工程的实测数据，利用先进的视景仿真技术，建立起一套基于铺管、起重作业实船工程实践的视景仿真系统，起到人员作业培训、工程过程预演的目的，从而大大提升实船海上作业安全性和作业效率。仿真系统实现的具体功能如下：

（1）具有与实船铺管、起重作业操控系统一致的硬件系统；

（2）能模拟 DP、压载协同作业下“海洋石油 201”号海上起重、铺管作业工艺过程，起重作业包括海上采油平台安装、导管架固定的钢桩的安装等，铺管作业包括初始铺设、正常铺设、弃管和收管；

（3）对于起重、铺管过程突发事件的模拟，提供应急预案训练；

（4）具有能够真实反映实际海上起重、铺管作业环境及实船铺管作业工艺的视景系统；

（5）仿真系统中软、硬件系统人机界面友好；

（6）起重、铺管过程中的实时动力学计算结果、管道形态等数据，与真实作业数据或商业软件的计算结果相比对，要满足仿真培训的精度要求。

系统开发过程中，除满足模型真实性、工艺真实性、体验真实性等基本要求之外，还要注重仿真系统的快速性、稳定性以及可扩展性。通过采用合理的体系结构、算法与数据传输机制，使其具备兼容不同作业案例、不同工艺流程，甚至不同船型的能力，并且还要考虑到与其他子系统良好对接的能力。

5.4.2　仿真系统计算程序需求分析

为使深水铺管起重船视景仿真系统能够按照实际系统运行的时序要求来完成仿真过程的各个步骤,对仿真算法程序有如下要求。

1. 算法快速性

算法的快速性是满足实时仿真最基本的要求,因为在仿真系统设备条件一定的前提下,要达到仿真的实时性,必须在规定的时间间隔内完成仿真运算,这样在下一个采样时刻到来时才能够采样到准确的计算结果数据。这就要求数学处理过程要优化,使对应的仿真计算程序满足时间要求。

2. 算法的准确性

准确性是保证仿真真实的基本条件,仿真模型能够准确地反映真实物理过程,仿真才具有意义。

3. 算法执行中数据的可取性

保证仿真计算结果的准确性,就要使从实物系统或者其他系统获得的输入条件准确,在每一个采样时刻到来时,所获得的信息必须准确,即实际操作信息与计算输入信息必须一致。

4. 算法的鲁棒性(强壮性)

在系统运行、输入条件较为复杂的条件下,仿真程序依然能够给出正确的运算结果,且程序运行稳定,满足仿真需求。仿真系统鲁棒性就是指仿真系统性能稳定,在处理异常因素时,系统依然能够准确运行,可靠性较高。

为满足以上需求,需基于一定的软硬件平台,正确地建立铺管动力学模型,并采用合理的数值解算方法实现数学模型求解,程序编写时要考虑系统的后续开发,对仿真计算程序进行模块化处理,降低系统的冗余度,使整个过程满足仿真需求分析。

5.5　视景仿真系统硬件总体方案

5.5.1　起重仿真系统硬件总体方案

起重作业模拟仿真系统包括起重主服务器、起重视景服务器、起重操作台、工控机以及 DP 操作台。其中,起重主服务器包括起重集控系统、起重软件界面、起重数学模型,以及与 DP 系统接口四个软件系统;起重视景服务器包括起重主通道视景模块和起重辅助通道视景模块;起重操作台包括起重数模转换;工控机包括工控机仿真系统和工控机操作界面;DP 操作台包括 DP 仿真系统和 DP 系统操作界面。

铺管教练员系统包括起重教练员服务器和切换机,它们对应的软件系统为起重教练员仿真系统。起重模拟子系统架构图,如图 5 - 2 所示。

仿真系统硬件由八部分组成,即模拟操纵台、主控系统服务器、视景仿真服务器、DP 控制台、网络交换机、教练员控制台、三维立体投影设备、起重服务器。硬件结构如图 5 - 3 所示。模拟操作台、视景仿真服务器、主控系统服务器由交换机连接成内部子网络。所有的信息流都经过交换机的转发。该子网络通过起重服务器连接外部网络,并与 DP 控制台、教练员控制台、三维立体投影等设备进行实时通信。

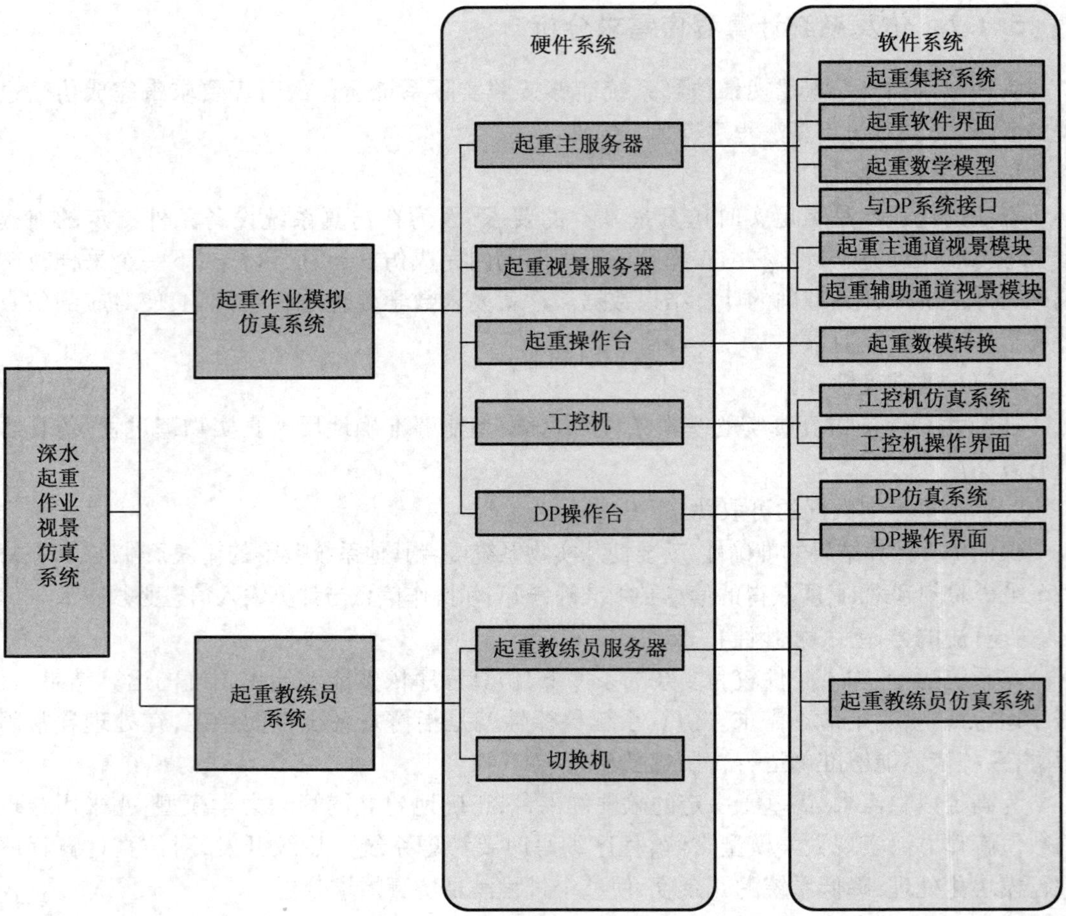

图 5-2　起重模拟子系统架构图

模拟操作台与实物有着完全相同的外观、完全相同的布局，在模拟器内部有一部工控机负责数据采集工作。视景仿真服务器与高性能视景显示器连接，负责数据处理和场景输出。DP 控制系统给铺管船输出控制信号。主控系统服务器负责接收外部命令，以及数学模型的解算。

5.5.2　铺管仿真系统硬件总体方案

铺管作业模拟仿真系统包括铺管主服务器、铺管视景服务器、甲板工位视景服务器、张紧器控制台以及 DP 操作台。铺管模拟子系统架构图如图 5-4 所示。其中，铺管主服务器包括铺管集控系统、铺管软件界面、铺管数学模型以及与 DP 系统接口四个软件系统，铺管视景服务器包括铺管主通道视景模块和铺管监控工位视景模块，甲板工位视景服务器有甲板工位视景模块，张紧器控制台包括张紧器控制台仿真系统和张紧器操作界面，DP 操作台包括 DP 仿真系统和 DP 系统操作界面。

铺管仿真系统硬件由九部分组成，即张紧器操纵台、主控系统服务器、视景仿真服务器、DP 控制系统、网络交换机、DP 控制台、教练员控制台、铺管服务器和环幕投影设备。硬件结构如图 5-5 所示。张紧器操作台和视景仿真服务器、主控系统服务器由交换机连接成内部子网络。所有的信息流都经过交换机进行转发。该子网络通过铺管服务器连接外网，并与教练员控制台、DP 控制台通信。

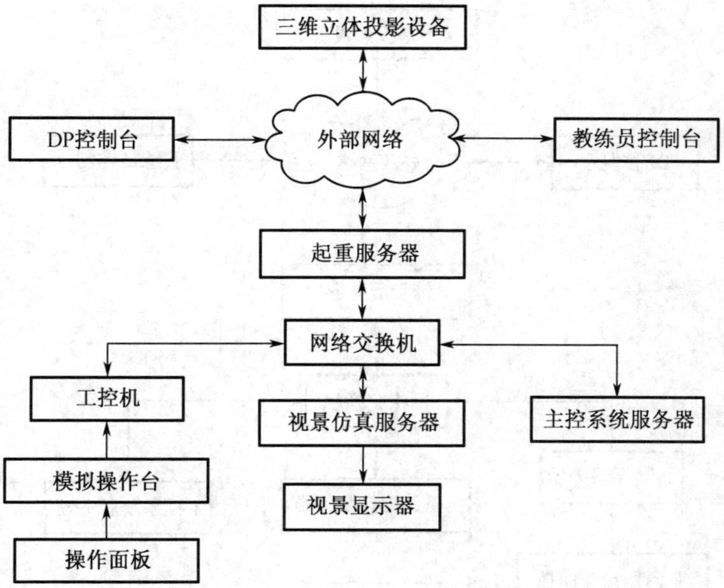

图 5－3　起重模拟子系统硬件结构图

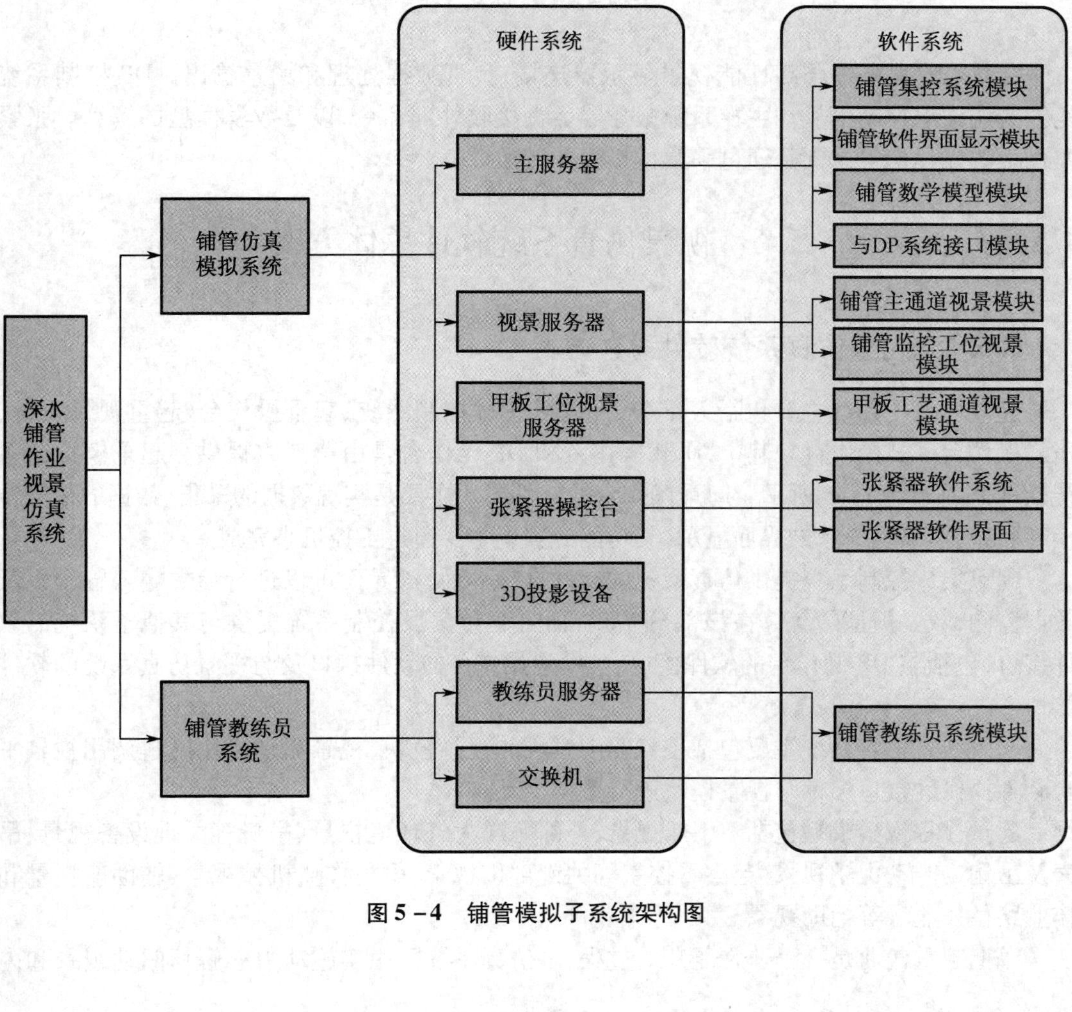

图 5－4　铺管模拟子系统架构图

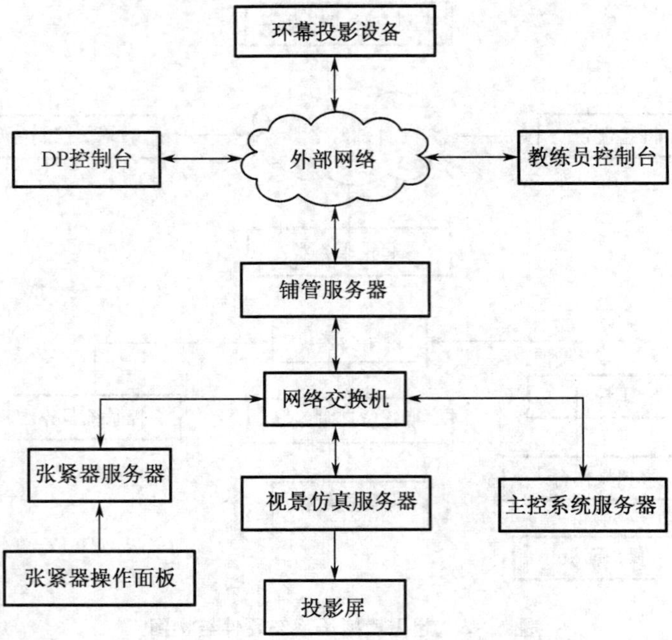

图 5-5 铺管模拟子系统硬件结构图

视景仿真服务器与高性能视景显示器连接，负责数据处理和场景输出。DP 控制系统给铺管船输出控制信号。主控系统服务器负责接收外部命令，以及数学模型的解算。张紧器面板的操作信号主要是通过采集板接收并转换。

5.6 视景仿真系统软件总体方案

5.6.1 起重仿真系统软件总体方案

起重模拟子系统主要包括五部分，即起重集成控制系统、起重操作台、起重视景系统、压载操作台、DP 操作台。其中，压载操作台和 DP 操作台是由第三方提供。起重模拟子系统软件框图如图 5-6 所示。起重操作台的软件模块主要是实现数据的采集、数据的信号转换、网络通信以及简单的界面显示，其功能的实现主要通过工控机来完成。

起重集成控制系统提供仿真系统的软件操作界面，该界面可以进行参数输入输出以及数据监测，数学模型的解算在该部分实现，而且起重集成控制系统提供与其他子系统的软件接口，包括与 DP 操作台的软件接口、与模拟操作台的软件接口及与视景仿真系统的软件接口。

起重视景仿真系统主要包括视景驱动模块和视景模块，视景驱动模块通过调用视景平台软件提供的接口控件与视景模块进行数据交互。

起重过程视景模型包括 201 船视景、外部海洋大气环境视景、吊机等关键设备视景、吊索及吊钩实时动力学视景、起重驾控室等关键部位视景、甲板作业机械视景、辅助船视景和作业路径作业域等辅助视景。

海上起重作业是一个非常复杂的过程，本仿真系统采用实施动力学解算驱动视景和内

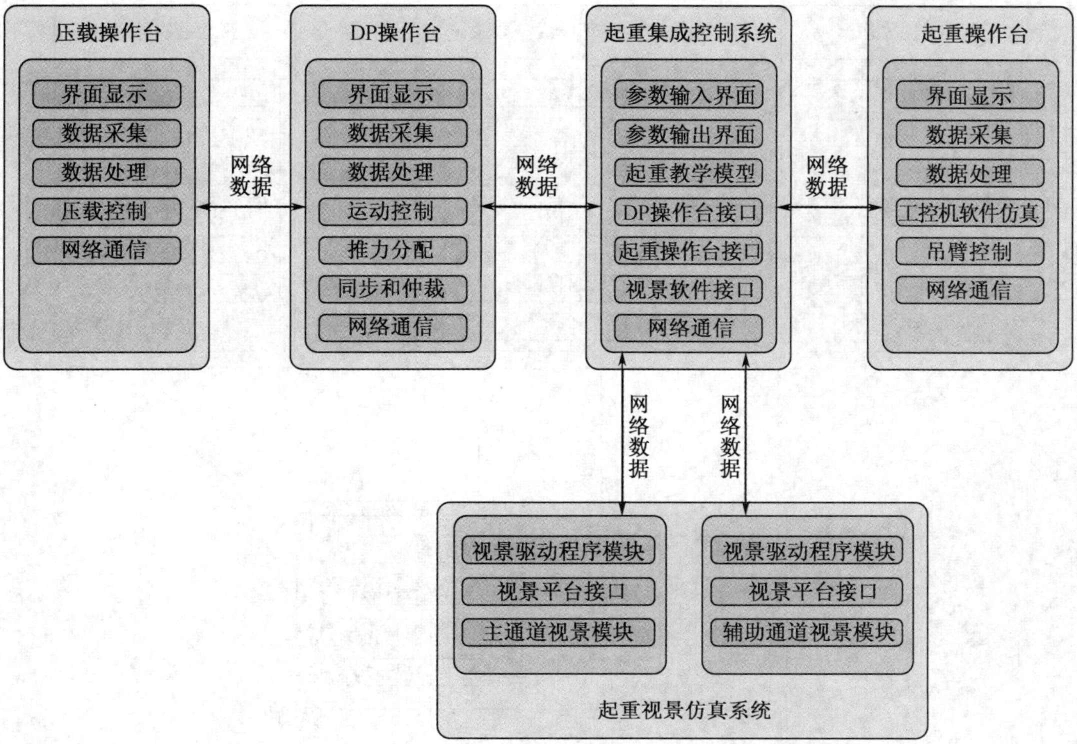

图 5－6　起重模拟子系统软件框图

置动力学驱动混合作用的方式完成，本视景方案基于视景平台，通过其内置的强大 phyx 动力学引擎，完成吊索部位的实时动力学驱动，通过自主研发的高速接口模块，完成起重过程的海量数据实时传输。

5.6.2　铺管仿真系统软件总体方案

铺管模拟子系统主要包括四部分，即铺管集成控制系统、张紧器操作台、铺管视景系统、DP 操作台，其中，DP 操作台是由第三方提供。铺管软件逻辑框图如图 5－7 所示。张紧器操作台的软件模块主要是实现数据的采集、数据的信号转换、网络通信、绞车控制以及张紧器的软件操作界面。

铺管集成控制系统提供仿真系统的软件操作界面，该界面可以进行参数输入输出以及数据监测，数学模型的解算在该部分实现，而且铺管集成控制系统提供与其他子系统的软件接口，包括与 DP 操作台的软件接口、与张紧器操作台的软件接口、与视景仿真系统的软件接口。

铺管视景仿真系统主要包括视景驱动模块和视景模块，视景驱动模块通过调用视景平台软件提供的接口控件与视景模块进行数据交互。

铺管视景系统包括 201 船视景、外部海洋大气环境视景、张紧器托管架等关键设备视景、张紧器等关键部位视景、水下海洋环境视景、管道实时动力学视景等内容。

管线铺设过程中，船、张紧器、管线等的姿态需要实时运算与刷新，数据量庞大，本视景方案基于视景平台，通过自主研发的高速接口模块，完成海量数据的实时传输（>36 000/s）。

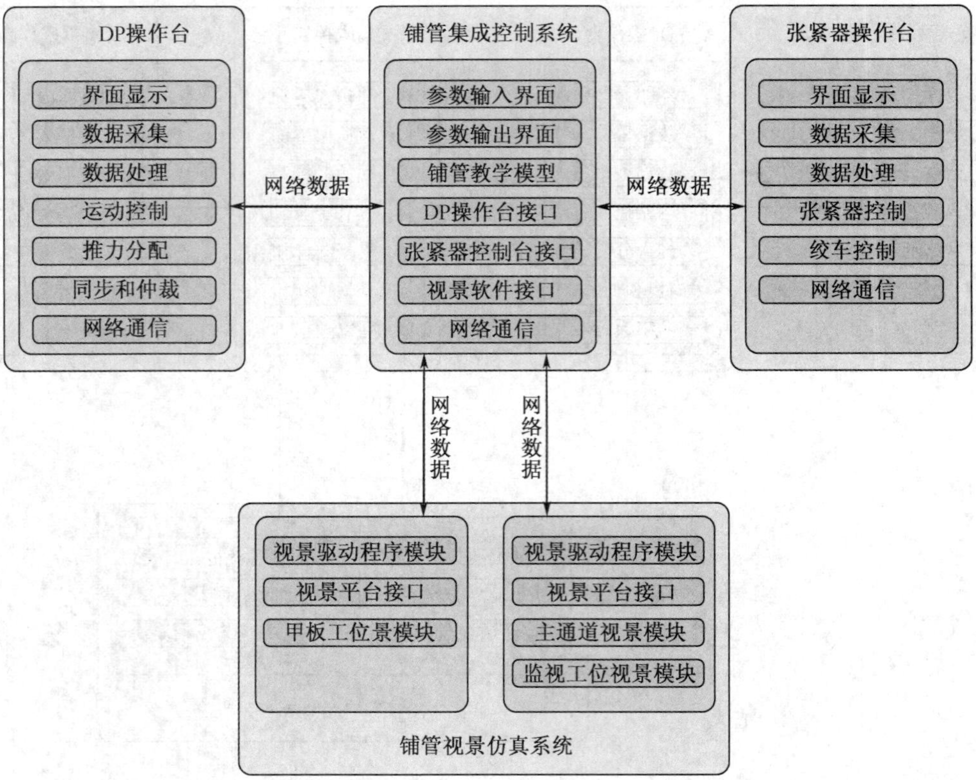

图5-7　铺管软件逻辑框图

5.7　视景仿真系统总体布置

5.7.1　视景系统设计条件与需求

深水海洋环境复杂,海流、海浪以及风速、风向等都能影响水下作业。搭建一套视景仿真作业平台,不但能模拟实船进行作业人员专业技能培训,还能在一定程度上检验实船的设备是否符合标准。这样一个平台的创建,要有先进的硬件设备作为支撑,有能够实现功能的软件作为手段。本节将从硬件需求和软件需求两个角度进行分析。

1. 实船作业条件

"海洋石油202"大型浅水铺管起重船,是中国第一艘自主开发研制的铺管起重船,2009年竣工。"蓝鲸号"起重船,长239 m,船上最多容纳300人。"蓝鲸号"由我国上海振华港机建造,是世界上最大的单臂起吊船,吊臂可以放倒和旋转,操作灵活。2011年,一艘达到世界高端水平的"海洋石油201"号深水铺管起重船横空出世。"海洋石油201"全船规模巨大,当进行起重作业时,起重机主吊臂与船底的高度之间距离达到136.77 m,相当于45层楼的高度,最多容纳船员380人。

以上船只代表着我国深水作业领域的先进水平,这些巨大的工程项目在进行作业时难度较大。它们共同的特点是参与作业的人员较多,船上环境复杂,但工程项目的进展,还离不开众多人的参与，并且需要各部门之间进行很好的协调。

在复杂的深水作业工程项目中，每一个环节和部门的操作都有专门人员，但这些工作人员又不能完全掌握其他岗位的职能，甚至有的了解程度也不够，那么视景仿真技术就可以解决这一迫切的问题。视景仿真操作系统的搭建有利于船员从总体的角度掌握作业过程全局。人员在仿真系统的培训过程中，能掌握每个关键工位负责人所负责的部分，能在有问题时及时地沟通。如图 5－8 所示，铺管的作业线中要有焊接、倒角、磨损工艺、防腐涂层等在管子入水之前的处理，相关的每个作业工位都有工作人员，这些在甲板上的工作人员又一般都是工人，并不能了解全部的作业规程，那么他注重的如果只是自己这部分的工作，而没有大局观，就很难重视每一个细节的工作。

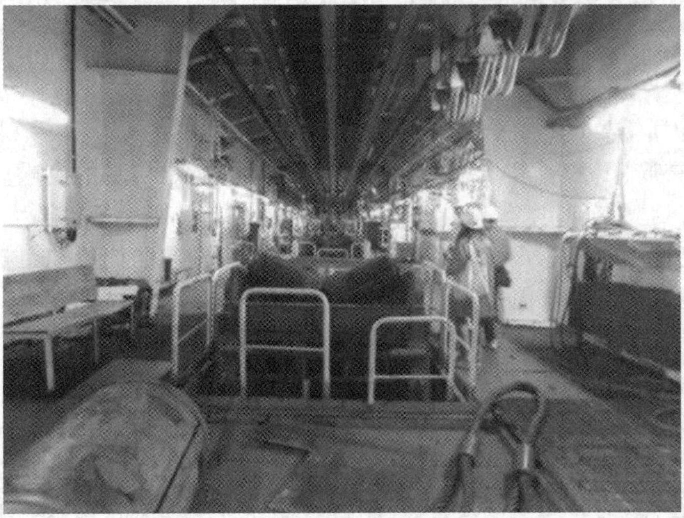

图 5－8　“海洋石油 201”船底层甲板

2. 仿真作业条件

深水作业仿真系统的建立依托于真实的操作平台，但是由于空间、时间、环境等因素的限制，又要区别于真实世界。要符合人机操作的习惯，达到人与机器和平共处，才能更好地给用户带来体验感。这种区别体现在用户工位摆放、监控模拟器数量、操作场地的布局等方面。

(1)规划虚拟角色的工作协同关系

前面提到过的交互设计的两种思想，在角色的划分中，我们选用以用户为中心的设计思想，参照实船的操作标准，首先针对各个工位进行角色的设定。同时此过程也是将系统模块化划分的过程，有利于系统开发的便捷性和数据流传输的准确性。教练员，站在总体的角度出发，他告诉全船做什么样的作业，全船就会根据指令去操作。指挥员，相当于实船的总指挥角色，掌握各个作业生产线的详细步骤和流程，作业进行到哪一步，哪个人员收到指令后听从指挥的安排进行操作。张紧器操作员，根据监控显示内容进行收放缆绳的操作，配合视景显示。DP 操作员，根据指挥的指令随时移船并能够给船定位。压载操作员，协同指挥员和 DP 操作员进行作业。吊机驾驶室操作员，起重作业时进行吊机的操作，根据内视景显示效果真实模拟实船驾驶室。

图 5－9 所示是吊机实船驾驶室实船和模拟工位对比图，操作台按照实船进行等比例加

工,包括操作台的按钮、颜色、材质、大小和形状都是依据实船标准进行设计的。同时实船设备不合理的地方,在仿真研究中能及时地发现,为实船提供一定的参考,例如按钮的大小和操作手柄的位置,仿真系统均为实船提供理论和实践依据,进行合理的实船规划。

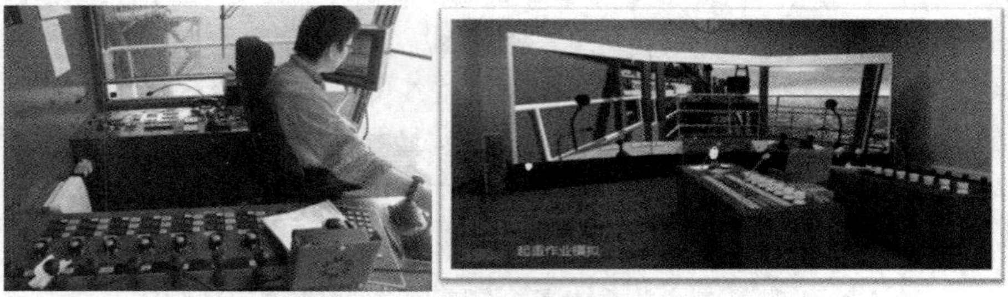

图 5-9 吊机驾驶室和模拟工位对比图

(2)仿真模拟所需要的空间布局

视景仿真的布局,要基于实船的实际布局,但是又要满足仿真的需求。实船中,有船员居住的舱室,也有驾驶室、监控室等。以 201 船为例说明,该船甲板以上大致有 7 层活动空间,工人和技术工程师以及船长等分别位于不同舱室层,作业的位置在甲板上,甲板底层有活动室、休息室同时也有铺管作业空间。在此不全面介绍,基于仿真需求,没有必要全部模拟实船设备和摆放,仿真要抽离出对仿真作业有帮助的设备和舱室,然后集成在一个仿真平台中,这才是结合实际进行虚拟仿真的意义所在。

3. 仿真系统硬件需求

硬件是整个深水作业视景仿真系统搭建的基础,首先设备需求需要从以下几个方面考虑,即和实船保持一致的必要模拟设备、控制台、程序运行服务器、视景显示系统、视景音频系统、体感交互系统等。下面首先了解一下常见的仿真系统的一般配置。

(1)模拟设备

模拟设备,是在实船调研的基础上,根据仿真需求而定制的设备,可以是模拟实船设备的全部功能,也可以分离出对仿真有用的功能即可,来源于实船,但是又做了改善。除此之外,还包括船上的一些必要的操作设备,如按钮、交换机等。

(2)仿真操作控制台

仿真系统,不能完全按照真实场景进行模拟,最主要的是要考虑到虚拟交互过程中人机友好的关系。真实场景的硬件配备和摆放往往受到很多客观条件的限制,在仿真操作平台搭建过程中,要尽量达到模拟真实场景的情况下,还能考虑到仿真需求。

(3)程序运行服务器

程序运行服务器要根据仿真操作系统的后台程序需求进行配置,当后台程序和视景显示需要要求较高的时候,主服务器的配置要求较高。要具体根据仿真需求进行合理硬件搭配,主机的数目、外观,以及主机的摆放、数据线的连接等都要考虑在内。

(4)视景显示系统

显示设备是建立的仿真系统视觉化装置,能够将用户带入虚拟的作业场景中,让人有身临其境的感觉。为了加强沉浸感和投入感,市场上先进的投影显示设备,层出不穷。常见的有双通道、多通道等立体投影,还有在科研领域和市场经济平台中应用较广泛的头盔式显示器、单通道 3D 投影系统、双通道立体投影显示系统、桌面立体显示系统、CRT 终端液晶光闸眼镜等。

(5)视景音频系统

音频系统主要由声源定位设备和声音合成设备构成。通过这些音频设备,用户对虚拟环境中的声音产生立体感知。

(6)体感交互设备

体感交互设备能让人用手指直接控制电脑,避免了通过鼠标、键盘等中间设备。比如对于图片的操作,人们可以通过图5-10所示的Leap Motion直接进行图片的剪裁、移动、旋转和缩放,无需任何其他控制设备的帮助,随心所欲地与数字设备和虚拟环境互动。体感交互设备近年来发展前景广阔,也因为它的诞生给交互设计、UI设计等设计领域带来了崭新的思考方式。

图5-10　Leap Motion 展示图

4. 仿真系统软件需求

本书研究的是基于交互设计的深水作业模拟仿真系统设计研究,那么该系统的构建无论是硬件还是软件,都要有交互设计的思想作为指导。软件的总体架构方面,是以系统为中心的设计思想作为指导,按照系统的实现合理性、科学性进行软件的选取和平台的搭建。如图5-11所示,根据以系统为中心的设计需求,将整个深水作业仿真操作系统,按模块进行划分,有利于软件的开发和前端视景的连接。

由图5-11可以看到,该系统采用HLA高级架构体系,并且按照交互设计的需求,分为八个模块分别进行设计开发,即驾驶仿真系统、铺管作业仿真系统、起重作业仿真系统、DP仿真系统、调载作业仿真系统、教练员系统、通用视景系统和通用硬件系统,在HLA体系下,能够满足仿真系统的可用性和可操作性。之所以选择HLA架构体系,原因在于HLA一般是对客观世界的描述,能够在系统集成方面减少成本,提高开发效率,创建比较真实的虚拟仿真系统。基于HLA/RTI的网络架构实现数据传递和共享,各组成部分之间不直接通信。其中,驾驶仿真系统、铺管作业仿真系统、起重作业仿真系统、DP作业仿真系统、调载作业仿真系统五个仿真子系统是相互独立的,它们由不同的科研机构同步进行开发。教练员系统、视景系统和辅助系统是三个公共的子系统,它们是将上述五个仿真子系统的相应模块集成在一起组成的系统。例如,教练员系统是将驾驶教练员系统、铺管教练员系统、起重教练员系统和DP教练员系统的软硬件设备集成在一起组成的系统,视景系统是将驾驶视景

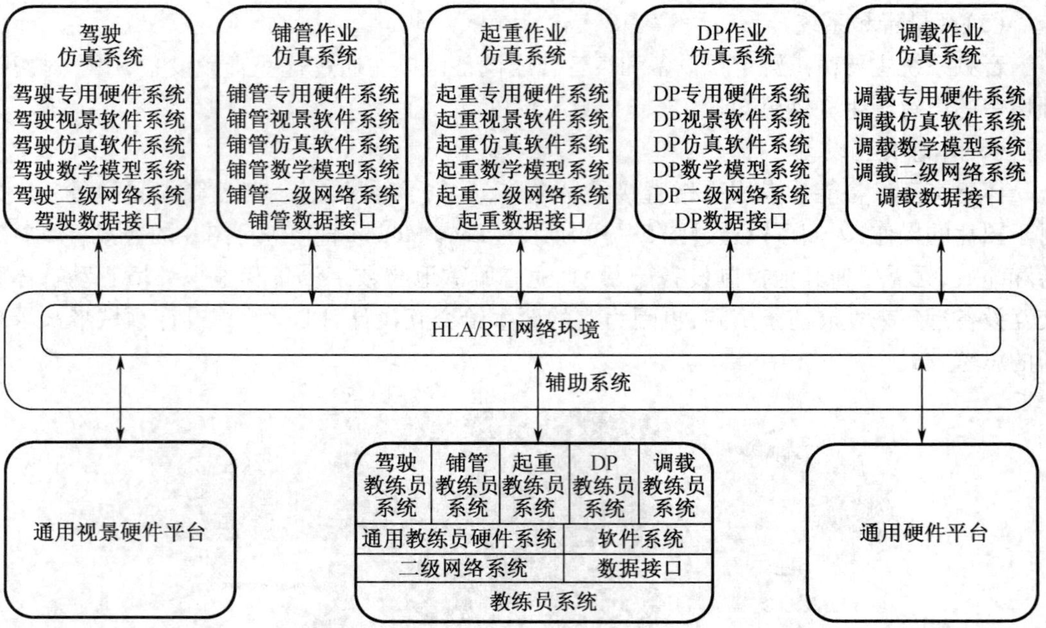

图 5－11 深水作业船仿真总体架构

系统、铺管视景系统、起重视景系统集成在一起组成的系统，辅助系统则是将五个仿真系统公共的网络设备以及其他公共的软硬件设备集成在一起组成的系统。

仿真系统软件运行的基本流程如下所述：

(1)教练员站在总体的角度，根据作业的情况进行相关参数设定；

(2)驾驶系统、铺管作业系统、起重作业系统、DP 作业系统、调载作业系统、视景系统通过 RTI 网络接收训练要求；

(3)受训人员开始操纵各类操作控制台，设备操纵信息通过模拟信号转换装置转换后输入运动数学模型，经解算后输出相应运动位移等给视景系统；

(4)视景显示系统随着上述操作变化，部分变化信息再反馈给模拟信号转换装置，并且还能在显示台上显示相关的变化。

5.7.2 适合人机交互的仿真系统空间布局

1. 仿真系统的工作空间设计

基于交互设计的深水作业视景仿真系统，要在设计的各个阶段充分考虑交互设计的深入。一方面尽量满足实际的海情海况，能给用户带来真实的感觉；另一方面，能够将视景仿真模拟室进行科学的布局，便于操作和审美。根据前文的设计分析，可罗列出该仿真系统实现所需要的一些必备设备，有显示器、投影仪、张紧器控制台、DP 操作台、交换机等，该阶段的设计便是交互设计中的原型构建，根据用户和系统的仿真需求，进行概要的系统设计分析。

(1)总体作业空间设定

该系统的作业空间，从大体上说，是由各个工位的局部作业空间而构成，它能够反映多个作业空间之间的关系，也能反映不同人员在各自操作空间内作业是否合理。结合上文所叙述的仿真操作系统工位需求，将设计原型细化，得到图 5－12 所示的仿真中心布局图。该图能够将所有的工位进行合理地展现,体现了总体布局的规范化要求,并且将各个工位应用于整体时,能够考虑到实际需要。船舶驾驶操控如同实船中的驾驶室,应该放在最前面。铺管作业、起重作业都是深水海洋工程最主要的作业项目,我们建立该模拟系统也应该放在重要的位置。从操作习惯上讲,有利于各个工位的操作者相互沟通,减小距离,从人的反应时间来看,能够有效地缩短反应时间,利于操作。因此,它们放在驾驶室左侧后一和后二的位置。DP 操作台和压载室在实船中是和驾驶室有一段距离的,DP 操作台主要是控制船体的定位操作,压载室在实船中也是独立的空间,进行数据的监测和相关的操作。相对于其他工位情况来说,它们的摆放位置可以自由一些,但是考虑到 DP 会在作业时随时进行协同移船,因此 DP 操作台的工位要考虑到交流的方便性。

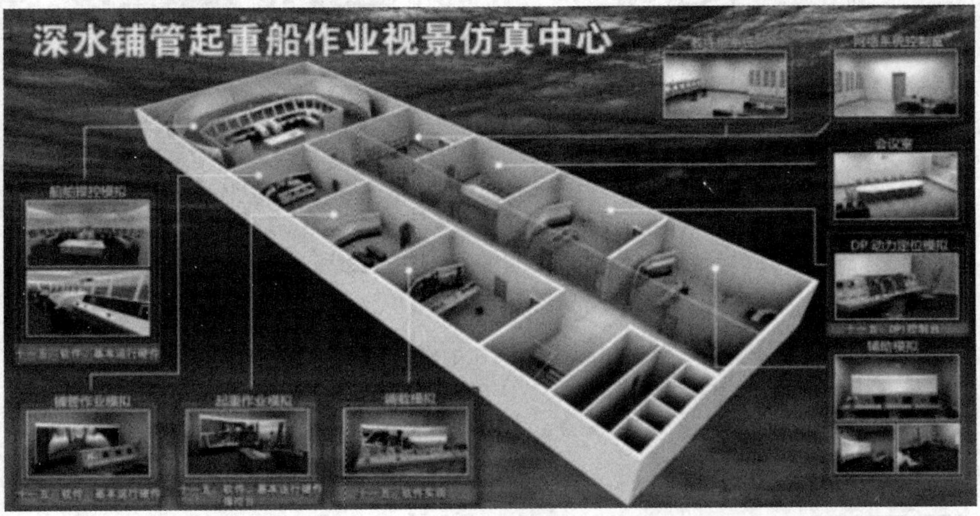

图 5－12　深水铺管起重船作业视景仿真中心布局图

在此处又可以将工作空间进行详细的划分。充分考虑到人机交互的问题,在该系统的设计中,空间布局一定要符合人的操作习惯,否则人与机器交互产生不适感,会影响系统训练的目的。因此,本书还将空间布局,从以下几个角度考虑,仿真坐姿空间分析、仿真站姿作业空间分析、仿真脚预留空间分析、仿真受限空间作业分析等。

通过人机工程学中实验研究的数据,坐姿作业一般是指在一定的作业基准面上进行的活动,典型的作业空间,如桌子、控制台等。舒适的作业范围,随着手抬起的高度和身体中线位置而逐渐发生变化。实验数据得出,男性的坐姿近身最佳操作距离是 65 cm, 女性的最佳操作距离是 58 cm。符合人机工程学中研究的手臂活动范围,如图 5－13(a)所示,得出本系统的坐姿作业空间设定,如图 5－13(b)所示。

站姿作业相对于坐姿作业,可以自由地移动身体,相对比较灵活。但是,在设置操作距离时,也要避免手臂伸出去过长的距离,以及弯腰、蹲身或者是身体扭曲以及头部不自然等。在深水作业视景仿真操作系统中,表现很明显,虽然各工位人员没有严格地限制移动,但是在进行深水作业时,作业的连续性导致站姿条件下的作业也不能任意在船舱内流动。因此,要保持在站姿作业条件下,人的操作是最舒适的。该设计主要体现在张紧器控制台操作面板高度的展现,当操作面板在地面以上 110 cm 至 165 cm 高度时,操作的按钮等装置在身体中心 46 cm 范围内(操作员取自船员的平均身高 173 cm),此时人的手臂处于身体中心线处操作,是最舒适的操作范围,如图 5－14 所示。结合人体站立时,手臂的伸展范围,确定张紧器的高度和张紧器触摸显示器的高度，当双手同时进行操作时，由于相互制约，舒适空间范围会相对减小，这时根据人机工程学数据显示为距身体中线左右各 15 cm 的区域内，最大操作弧半径为 51 cm。

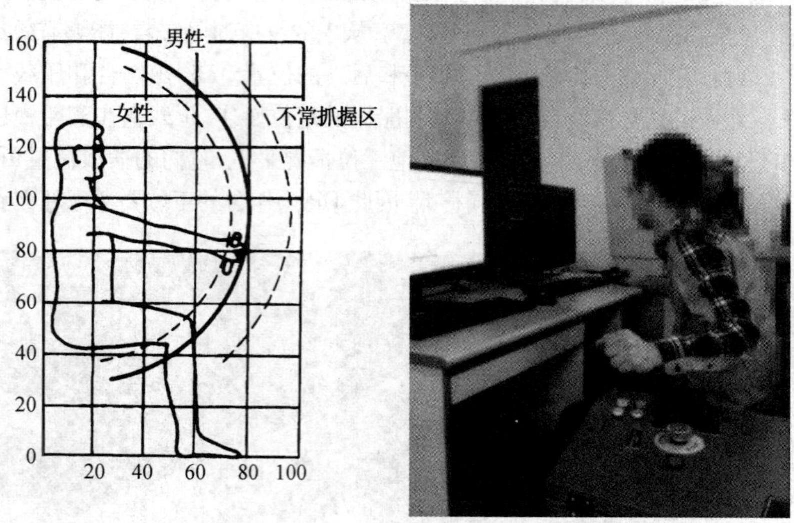

(a) (b)

图 5－13 符合人机的坐姿空间布局

(a)手臂活动范围；(b)本系统坐姿作业空间设定

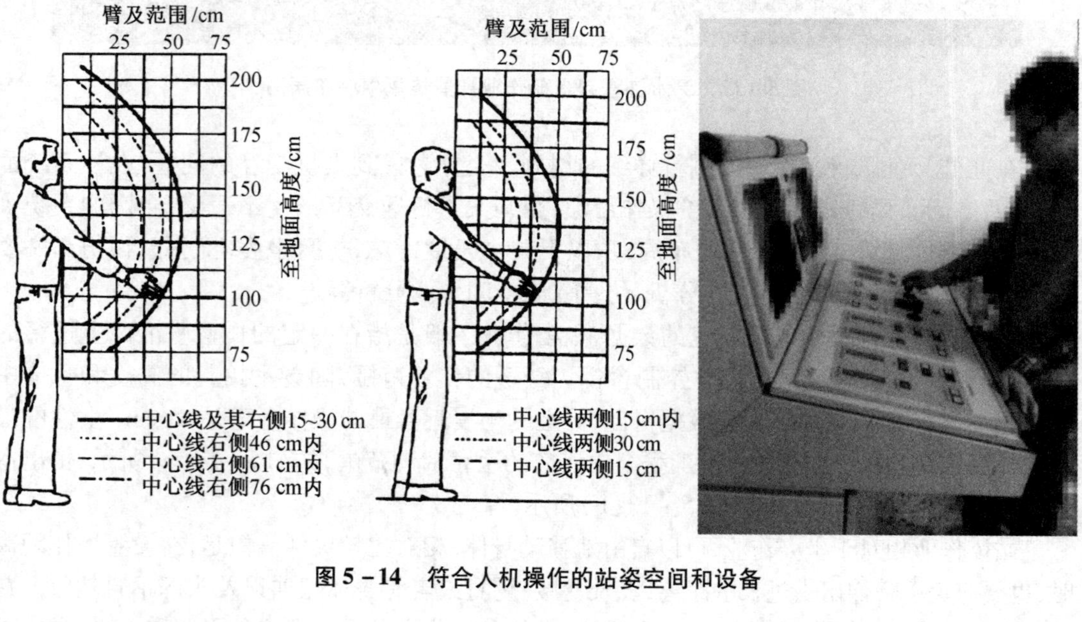

图 5－14 符合人机操作的站姿空间和设备

(2)脚的作业空间

在一个完整的近身操作空间设计中，从人机交互的角度出发，脚的操作范围也要考虑，但是由于脚的操作通常力度大、不够精准。因此在深水作业视景仿真操作系统中，不采用脚的操作，此处做简要的脚步操控空间范围展示，如图 5－15 所示。

(3)受限作业空间

作业者有时必须在受限的空间内进行操作,有时甚至还需要穿越狭小的走廊和通道,比如深水铺管作业中的焊接工艺,一般都会在甲板最底层的位置,焊接工艺流程复杂,操作设备繁多,操作线程紧密,因此给工作人员在船上有限的空间中分配的操作空间就很小。模拟仿真中也要充分考虑到此种因素带来的影响,因此在张紧器控制台操作处会相应地设置准确的距离,不会设置开放的距离。

图5-15　符合人机操作的脚空间预留展示

(4)主操作区域空间

针对该深水作业仿真系统,主操作区域中,坐姿状态比较多,比如驾驶员一般坐在驾驶室内操作,DP操作员以及张紧器操作员一般站姿和坐姿可交替,因此该系统必须在整体的操作中,保障大多数用户的需求。当操作者采用坐姿和立姿作业时,上臂在作业面形成的活动范围如图5-16(a)所示。正常作业条件下,操作者最佳舒适状态如图5-16(b)所示,是小臂处于放松状态,而上臂处于伸直状态,为满足以上的需求,结合实际作业的需要,因此该仿真系统设置了如图5-16(c)(d)所示的主操作区域。

由图5-16还可以看出,在进行作业空间设计的时候,如果作业面太低,则背部过分前屈;如果太高,则人体必须将肩部抬高,整个身体处于上拉的状态,不是舒适和长久操作的范围。该系统的作业操作区设计遵循人机工程学原则,保障了人在作业时上臂处于放松状态,肩部不会弯曲并且脚部预留足够的活动空间等。

2. 仿真系统的投影装置设计

投影装置是仿真系统视景展示的最主要的设备,三维投影方式的选择很重要。目前市场上主流的投影装置有外投球幕投影、内投球幕投影、环幕投影以及多通道立体投影等。下面将针对不同投影装置进行分析,选择适合深水作业仿真操作系统的投影方式。

(1)外投球幕投影

外投球幕是比较先进的一种投影装置,但应用不够广泛,应用领域也会根据实际需要而选择。外投球幕主要在不透明球体的球幕外放置三台或者三台以上投影仪,呈现放射状的全方位投射装置。它的主要应用领域是空间科学中心、宇航局、天文台、地震局、博物馆、学校等场所,通过动画和图像等表现方式,进行展示。其组成包括控制计算机、投影机、融合机、信号源和智能屏幕。这里提到的信号源是图形工作站生成的。加拿大IMAX公司开发的OmniMAX,它的特点在于使用的胶片画格是普通35mm胶片的10倍,规格是15齿孔、

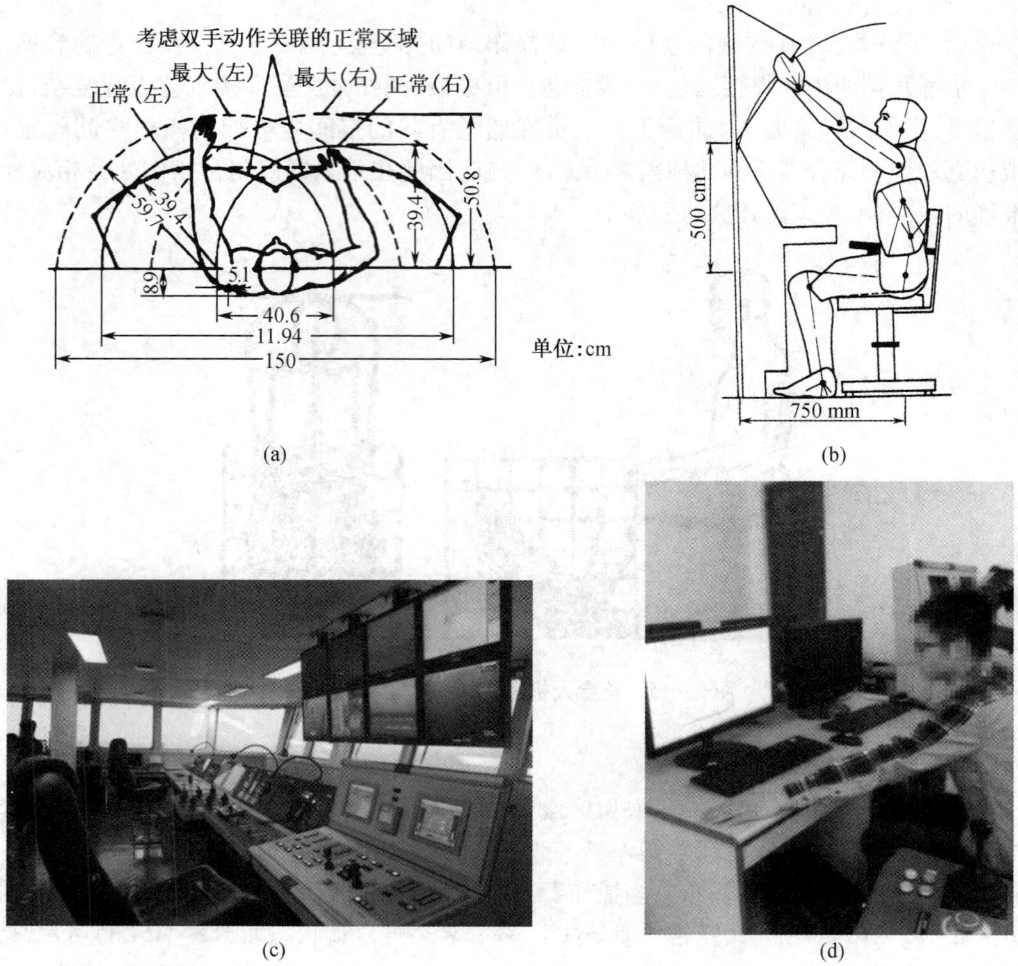

图 5-16　作业面的设计和实船中作业面检测

(a)上臂在作业面形成的活动范围;(b)操作者最佳舒适状态;
(c)主操作区域整体示图;(d)主操作区域局部示图

70 mm 画格,使用时能够将每一个胶片画格牢牢吸附。最终形成的画面清晰稳定,画面引人入胜,还有最主要的原因是材质的影响。外投影材质主要选择是高透光性的 PVC,通过高频焊接和车缝的工艺连接,一般 12 ~60 片的 PVC 组成一个球幕,像气球一样利用膨胀的原理,最终形成球幕。软质球幕一般都在大型的商业活动中应用,主要因为它携带方便,但是正因如此,也造就了它无可避免的缺点,拼缝太多、成本过高。远距离的偶尔观看可以,若是需要在展厅中长期应用,该投影不是合适的选择。基于交互设计的需求,该投影有两种方式可以放置,一种是悬挂式,另一种是支座式。球幕投影原理和展示如图 5-17 所示。

(2)内投球幕投影

内投球幕投影,原理和组成同外投球幕一样。区别在于,内投球幕投影是将用户安置在球幕内部,能让人产生走进了虚拟环境的感觉。一般大型的模拟设备中,内投球幕投影还是比较受欢迎的,因为它制造的沉浸感和体验感是不可超越的,如图 5-18 所示,人置于球幕内部仿佛漫游在海底世界,穿梭在小鱼的中间。

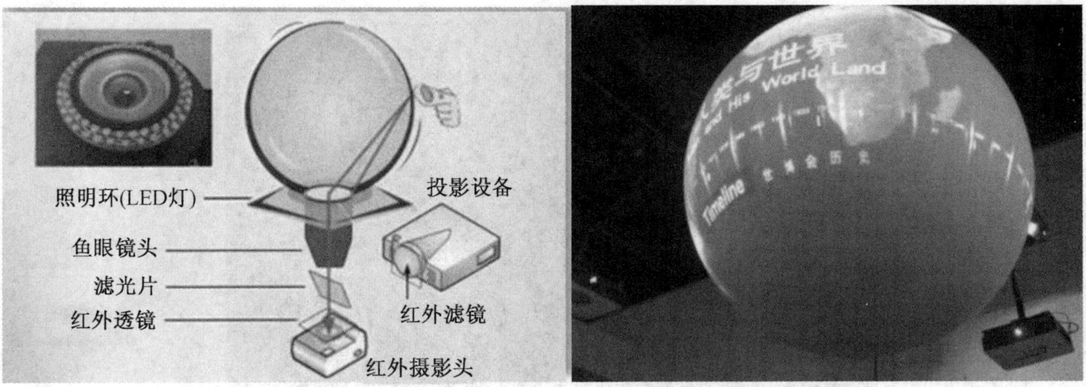

图 5 – 17　球幕投影原理和展示

图 5 – 18　人置于球幕内部进行场景展示

在图 5 – 19 中,可以看到,国外驾驶室内虚拟驾驶室的内投球幕投影,结合驾驶室外的场景,形成了近乎真实的效果。

在本系统的设计中,以上两种方式实现起来均有难度。显然,一方面占用空间巨大,图像边缘融合会比较麻烦,其次该仿真系统沉浸感是一方面,最主要的是训练操作,而以上的投影方式中,不利于本系统大型的视景仿真操作,本系统操作过程中,需要多角色配合,多角度观察和切换,而不是简单的沉浸感可以实现的操作和体验。因此,如图 5 – 20 所示我们选择的是 3D 投影仪,能够实现双通道的立体效果实现,吊式安装,节省实际的空间,也能符合操作训练的真实要求。结合整个系统的真实情况考虑,该投影仪的选择是最适合该深水视景仿真系统的开发研究。

5.7.3　视景仿真系统的交互方式

交互也叫作互动,在互联网技术飞速发展的今天,交互设计贯穿在互联网的产品设计应用中,随着新产品的开发与应用;人们接受信息的方式也在逐渐发生改变,导致了交互方式在当今社会变得多种多样,交互方式也正以迅猛的发展形势被世界上各个互联网公司所

图 5－19　国外虚拟驾驶场景展示

图 5－20　本系统的 3D 投影仪

关注。在本视景仿真系统的设计中，一方面延续传统的交互方式的同时，另一方面引入新的交互设备。多种交互方式相结合使用，让用户在接触到高科技产品带来的新鲜感同时，也有一种归属感。

该视景仿真系统的设计，基于实船的实际调研，在实船场景重现模拟的基础上，添加了艺术因素。实船中，现场的指挥员和操作员的沟通方式，通常是对讲机或者直接交流。在该系统中体现在系统启动后，教练员通过口头传达，告诉所有的操作者，该进行什么样的作业，并且通过对讲机告诉所有的作业配合人员。这相当于实船中，作业总监设定好作业的一切条件，直接通知各个工位的负责人，准备相关的作业。仿真系统启动开始图，如图 5－21 所示。

这种最基本的人机交互方式体现在以下几个方面，即按钮的连接、文本的视觉浏览、数据框数据的输入。最后，在所有准备工作完成之后，语音告诉其他作业人员。

从图 5－22 可以看到，教练员设定好作业条件，连接了仿真作业视景后，通过设备上的对讲机，向其他作业人员传达操作指令，教练员与整个系统发生交互行为，人与系统界面是点击式的操作，人与控制台采用直接的操作形式——按压式按钮操作。它们都是该仿真作业中最普遍的交互方式。这种交互方式充分地考虑了用户的操作习惯，对于传统操作，多

图5-21 仿真系统启动开始图

数用户会在心理上存储操作记忆，习惯于这种方式。之所以这样选择，主要原因在于接受该操作系统的培训人员，都是实际海上作业的操作人员，如果都采用全方位的最新交互形式，难免会由于文化、习惯等引起他们的心理不适感，从而破坏整个系统的用户体验。仿真系统启动所需要启动的按钮，如图5-23所示。

图5-22 教练员对仿真作业条件进行设定

图5-23 仿真系统启动所需要启动的按钮

姿势交互体现在操作者根据教练员的手势，并且协助于视景的观测，进行相关的作业操作。姿势交互来源于实船中。由于设备噪声、海浪声音等影响，在作业中，人们常常在表明作业方向，例如左移、右移等情况时，都会运用姿势交互传达指令。

1. 新设备的体感交互

近年来，触屏手机以及谷歌眼镜的问世，给人们带来了全新的交互方式体验。很多学者也对全新的交互设备做过研究,从外形到应用。哈里森从人因工程的方面,对满足物理体验方面和人机交互特性方面,做了相关的研究。邓恩等人从感知和认知的角度出发,研究用户的感官对于体感交互设备的刺激反应。研究表明,体感交互设备能在人们遗忘的瞬间提供记忆。应用在起重仿真操作系统中的设备,要根据实际需求而选择。

首先,我们在该系统中应用了 Wii Remote 控制器,因为船舶运动,在本系统设计中考虑到了六自由度对运动形态和作业的影响,该设备的引入,能够检测六轴向的加速度和位移,增加仿真系统的体量感,如图 5-24 所示。

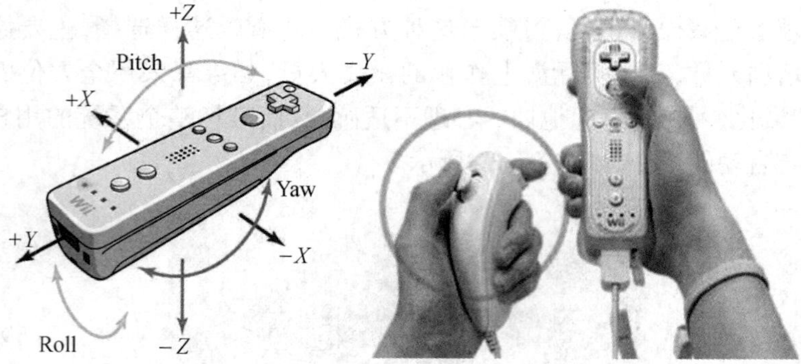

图 5-24　Wii Remote 控制器示意图

其次,视景仿真系统在要求画面品质感的同时,也要求在操作中的流畅感。因为实际作业中,不会有场景卡顿的现象,我们在后台程序中以及视景平台实现过程中,考虑到了为了操作画面不卡顿而技术原理上解决问题。该系统引入了 3D 鼠标(图 5-25),其造型和传统鼠标就有很大区别,首先它是由扇形底座和能控制活动的控制器组成。最主要的是有全方位立体控制能力。具有多个操作方向,前、后、左、右、上、下以及组合出的前右,左下等的移动方向,该鼠标的特点还体现在具有触觉振动功能,当你触碰到触控点时,鼠标给人振动的感觉,因此该功能又称作触觉回馈功能。在本系统操作过程中当 DP 操作台将风速和风浪设置过高的时候,海情变得恶劣,船舶发生振动,此时,会感到鼠标也有响应。

图 5-25　3D 鼠标示意图

再次,Leap Motion(图 5-26)的引入,Leap Motion 作为面向 PC 以及 Mac 的体感控制器,制造公司 Leap 于 7 月将其推向市场,外形小巧,尺寸大约是 80 mm × 30 mm × 11 mm,质量约 32 g。通过两个摄像头捕捉经红外线 LED 照亮的手部动作影响,三角测量算出在仿真系统操作空间的位置。Leap Motion 的识别范围是个倒置的四棱锥体(距设备顶部 25 ~ 600 mm),识别精度可达到精度为 0.01 mm,延迟反应时间大约是 5 ~ 10 ms。

在该深水起重作业视景仿真系统中,该设备已经可以部分应用,但还没有针对人手骨骼做到完全的识别和开发,但是 Leap Motion 作为自然交互的代表产品,可以做到不通过媒介,直接使人与系统发生交互,这种简单的交互方式也是最自然、最直接的交互方式。在该

图 5 – 26　Leap Motion

深水起重作业视景仿真系统中，自然的交互方式能给人更真实的操作感觉，现阶段，只能针对人手骨骼做到部分的识别和开发，并且能应用在视景仿真系统中。

2. 分角色体验式交互

这样一个大型的模拟系统，操作的人员合理地划分有利于视景仿真作业的顺利进行。根据以用户为中心的交互设计思想（如图 5 – 27 所示），该起重视景仿真模拟系统，将最终的用户划分为五个群体，分别进行视景仿真系统的作业和操作体验。

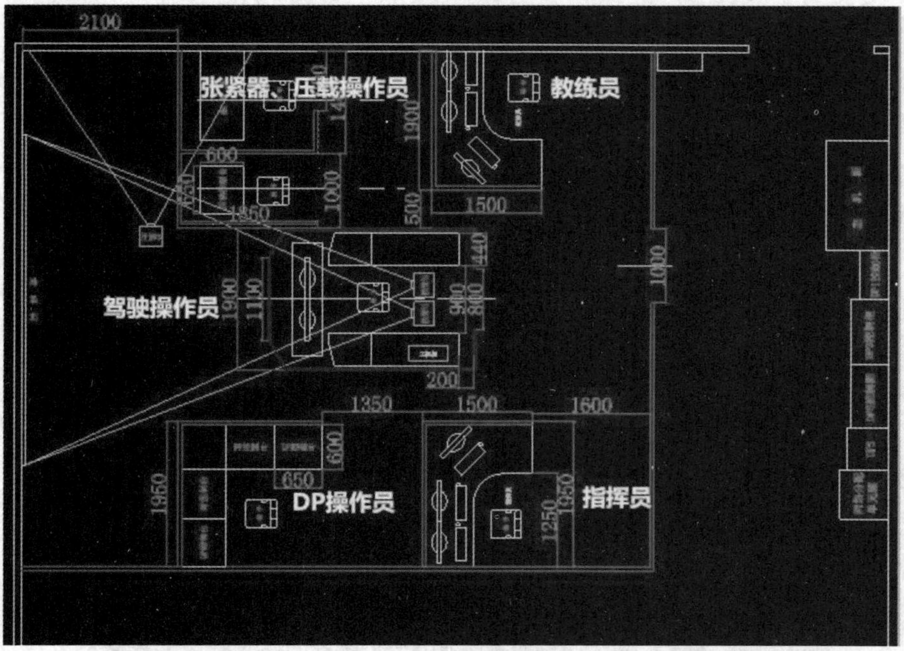

图 5 – 27　分角色工位布局平面图

(1) 教练员

教练员是整个系统的领导者，教练员设定什么样的作业，其他的操作人员就做什么样的相关作业准备。教练员在准备就绪之后，将整个系统的场景进行连接，选择作业天气，如图 5 – 28 所示。

教练员点击外视景后，外视景连接，可以看到如图 5 – 29 的画面。

图 5 - 28　教练员启动整个系统

图 5 - 29　初始设定加载“海洋石油 201”船的外景画面

该画面的截取是在 3D 投影幕布上，因此会出现图像的偏差。在外视景的观测中，操作员和训练者要佩戴 3D 眼镜。教练员看到的驾驶室视景是通过辅助投影仪，也就是实船中的显示器装置。因此选择一般的投影仪即可，因此出现如图 5 - 30 所示的效果。从图 5 - 30 中，还可以看到教练员对作业天气的选择，该图为晴天条件下的作业海况。在相关的阴天和黄昏的两个作业效果中，在本书的演示案例中有相关的展示。

图 5 - 30　起重仿真驾驶室内视景

（2）指挥员

指挥员在整个仿真作业中，是整个系统的控制者，全部仿真作业人员都要听从他的指令，他能够观看的画面和角度也是最多的。因为实船中一般作业过程会有多个指挥员，比如甲板工位上的现场指挥员，船舶内部驾驶室有作业总监观测数据，有协同 DP 的指挥员，总之实船中各个指挥员之间相互配合协同作业。而集合在我们的深水起重作业视景仿真系统中,指挥员一人要观测主投影以及辅助投影,还要指挥 DP 进行移船操作。根据监测显示效果,指挥吊机驾驶员进行吊机操作,如图 5－31 所示。

图 5－31　仿真系统指挥员指挥作业

图 5－31 中显示的是海面外视景,是在组块吊装之前,而此时的靠泊过程,吊机驾驶员看不到全景,因此他完全听从指挥的操作,当驳船和“海洋石油 201”船只过近时,会出现危险,因此在主视景中会有提示。此提示只有指挥员能看到,因此,指挥员的作用很重要,决定了作业能否顺利完成。看到错误提示之后,指挥员要立即通知驳船进行左右微调,并且通知吊机操作员抬起吊臂,以免碰撞。经过反复的操作,直到图 5－32 所示,将组块吊起为止。

图 5－32　起重作业主吊钩将组块吊起

(3)吊机驾驶室操作员

吊机操作员是整个起重作业视景仿真作业的核心人物,在整个作业过程中,实际上吊机驾驶员也是主要的培训人员之一。吊机操作员在驾驶室内,视景角度有限,操作行为均来自指挥员的指令。在图 5－33 所示的仿真过程中,驾驶员在驾驶室内的观察角度,角度非常有限。实船作业也是如此,驾驶员的观测角度有很多视觉盲区,因此就需要指挥员和驾驶员紧密联系,否则极容易发生重大事故。实船中驾驶室会放置很多显示器,但是由于视景较多,驾驶员根本无法时刻随时关注每个数值和场景的变化,因此这既是实船作业中难以避免的一个问题，也是仿真作业中要着重对驾驶员注意的地方。

图 5－33 驾驶室视野

(4) DP 操作员

DP 操作员在该深水起重作业视景仿真中的职能不可忽视。该系统的建立是基于“海洋石油 201”实船起重铺管作业的基础。而“海洋石油 201”实船是一艘集 DP3 动力定位系统的世界级功能领先的船只。DP 在船舶定位和移船操作中，能达到几米范围内的精确度，在国内的研究处于领先水平，如图 5－34 所示。

图 5－34 DP 移船

从图 5－34 右上角的框图中，可以看到该船现在的形态，和船舶运动过程中的海浪、海流、风速和风向等数据，该条件的设定都是由 DP 操作员完成，然后将数据包发送给主程序。主程序和视景连接，视景中会根据 DP 控制的海情海况提供相应的视觉效果。

(5) 张紧器、压载操作员

张紧器操作员和压载操作员，是深水起重仿真操作船上的两个相关配合的工位人员。在本系统的仿真操作中，起重的仿真操作，暂时不需要张紧器操作员操作，因此在此不做讨论，但是由于系统其他案例的需求该工位的分角色交互必不可少。压载操作员在实船中也是配合其他人员进行船舶作业。在该仿真操作系统中，压载操作员也是听从指挥员的指挥，协同 DP 负责船舶自身的安全性、稳定性。

第6章　起重作业仿真系统开发

6.1　概　　述

全回转起重船起重作业仿真系统通过操作人员与模拟系统和工作环境的相互配合，复现出真实系统的各种特性，对起重作业人员进行模拟化训练，综合运用以计算机技术为核心的现代仿真技术，对海洋作业环境、作业工况、作业过程以及起重操控性能等进行描述和模拟，使受训者得到接近实际作业效果的高度模拟化的训练体验。

6.2　仿真系统的功能及过程分析

6.2.1　仿真系统的功能

全回转起重船起重作业仿真系统应满足以下各项功能要求：

(1)可设定不同工况和海况的初始条件，进行起重作业演练；

(2)考虑动力定位效应，能反映动力定位作用下的起重作业过程；

(3)起重作业过程中压载调整的模拟；

(4)提供与船上相关监测设备的接口功能，能基于实测数据进行仿真；

(5)起重作业过程突发事件的模拟和应急预案处理等功能；

(6)起重作业过程干涉检查功能，当产生碰撞干涉，会给出错误提示；

(7)视景切换功能，能以不同视角显示船舶在起重作业时的状态；

(8)声音模拟。

根据以上仿真系统的功能要求，建立了数学模型、场景模型以及动力学模型，如图6-1所示。

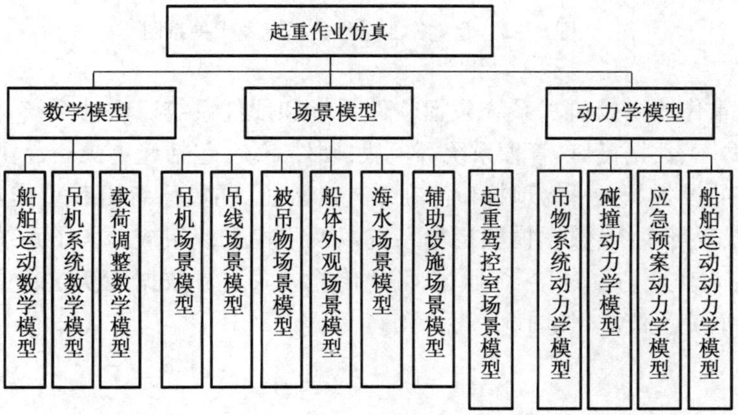

图6-1　起重作业仿真系统结构框图

6.2.2 仿真过程分析

起重作业仿真系统中,海情参数作为外在输入量,相对是不变的,人的操作作为输入量实时在发生变化,与吊机、起吊物构成一闭环控制系统。仿真开始后预先设定海情海况、起吊物重量、重心、尺寸及空间预定作业轨迹等参数;其中海情海况参数可通过在列表中选择的方式输入,输入后主控系统通过网络传递给 DP 仿真系统[117-120];对于吊物的重量、重心、尺寸等参数可直接输入传递给吊物摆动计算模块。仿真过程中,主控系统实时读取 DP 系统传递的船体六自由度信息和起重作业操控系统的控制信号,通过起重作业系统的数学模型解算吊物摆动运动,并完成起重作业系统的实时空间姿态的响应。起重作业仿真时,仿真过程逻辑关系如图 6-2 所示。

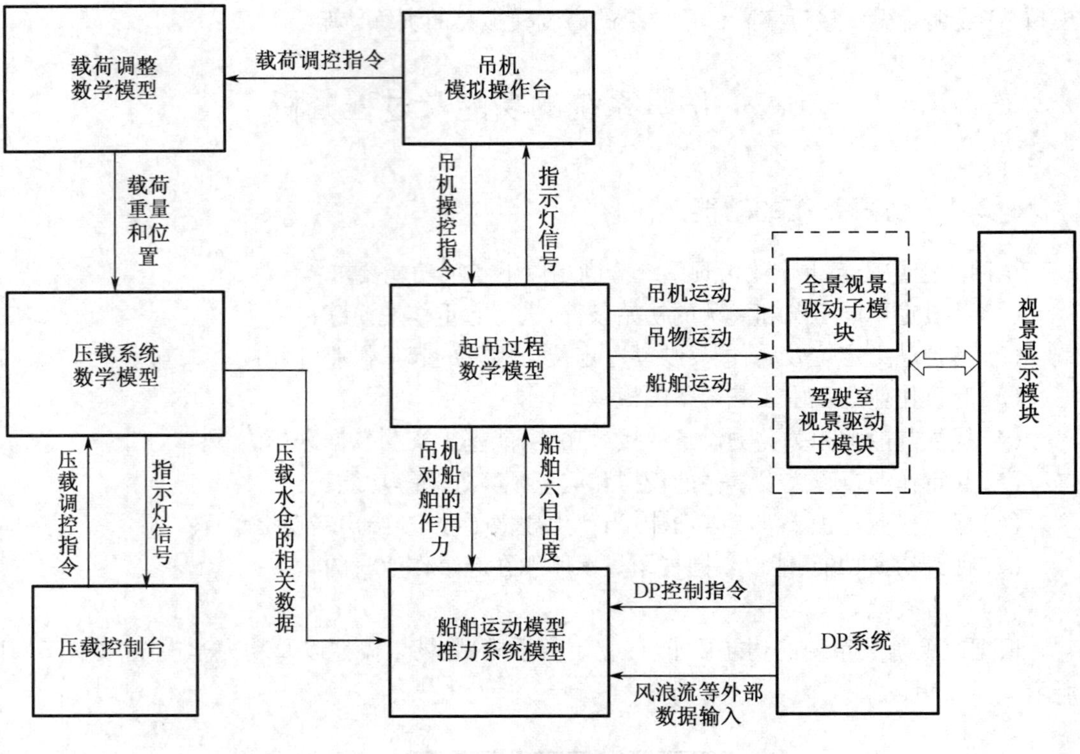

图 6-2 起重作业过程数据流逻辑关系图

起重船起重作业视景仿真系统包括软件系统和硬件系统。软件系统,包括视景模型、数学模型、数据库、数据接口、管理系统等模块;硬件系统,包括起重操控台、DP 系统、运行仿真软件所必需的设备及人机物理接口。在结构功能上,仿真系统由起重作业控制系统、DP 仿真系统、视景投影系统、数学模型运算系统以及主控系统组成。各子系统的界面开发软件为VC++,起重作业仿真时,系统通过 UDP 传输方式进行数据交换。起重作业仿真系统的各子系统之间交互流程,如图 6-3 所示。

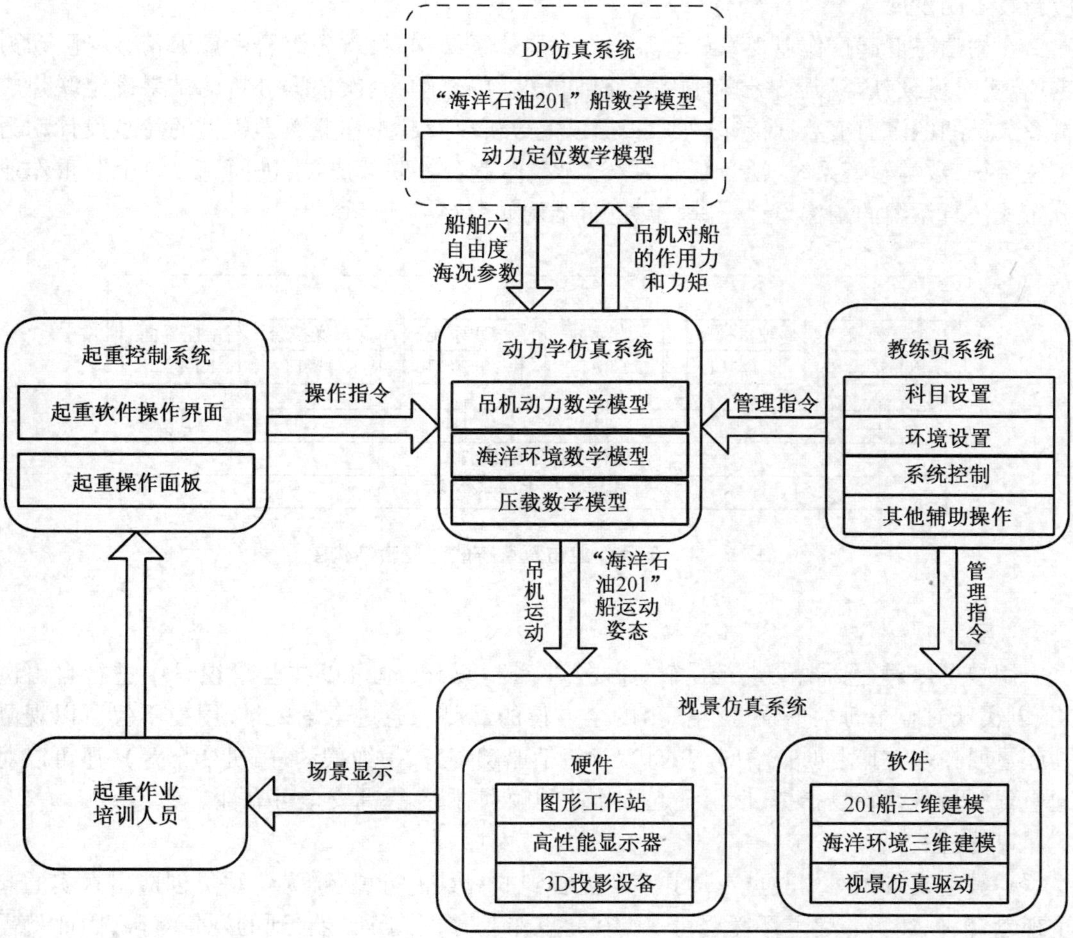

图6-3 起重作业仿真系统数据交互流程图

6.3 视景仿真系统的结构设计

6.3.1 仿真系统逻辑结构设计

全回转起重船起重作业仿真系统的构建综合运用了HLA建模思想和现代虚拟现实技术。HLA又称高层体系结构[121-126]，是美国国防部国防与仿真办公室(DMSO)于1995年10月提出的未来建模/仿真的通用仿真技术框架。它包括三个方面，即高层体系结构、任务空间概念模型(CMMS)和数据标准(DS)。

HLA的目标和核心内容是实现仿真系统的可操作性和可重用性，即仿真系统中各分散仿真部件能够在同一时间、同一仿真环境下进行协同操作，而且可以重复使用[127-130]。HLA的各联邦成员间的功能与交互的关系并非是一系列的数据交换，而是对整个设计过程中应遵循的规则进行了更高层次的规划。它可以提供独立的支撑服务程序，将应用层从底层支撑环境分离出来，实现各部件独立发展，最大限度地利用新技术来实现新的功能和服务，适应新技术的发展。

在构建海上起重作业视景仿真系统的高层体系结构时,首先综合考虑海情、海况、动力定位、实时操纵、压载调整等多种因素对起重作业的影响,其次根据分析的结果确定联邦成员及成员间的多通道数据传递,然后根据以上分析以及起重作业数学模型的特点设计动力定位系统、数学模型系统、视景输出系统、起重作业台等联邦成员,进而完成海上起重作业分布式仿真系统的结构设计。其联邦逻辑结构如图 6-4 所示。

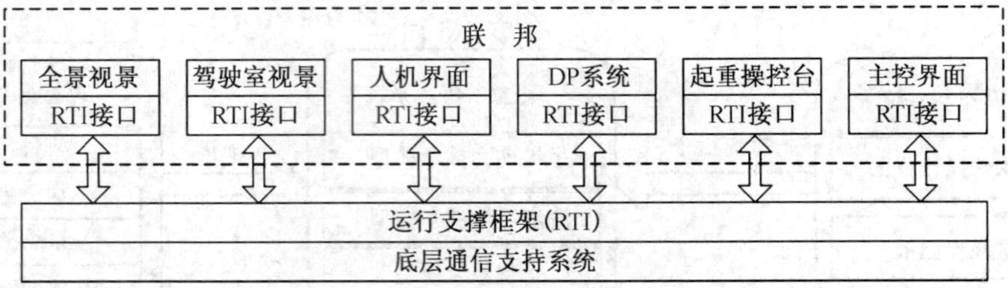

图 6-4 起重作业仿真系统联邦逻辑结构图

1. 全景视景

用户可以对全景视景进行旋转、缩放、平移等操作,也可以在全景视景中进行自由浏览,以实现对整个海上场景进行各角度全方位的观测。通过全景视景,用户不仅可以观测到起重船在起重作业时任意时刻的状态(包括船舶姿态、吊绳摆动、吊机变幅等),还可以对起重驾驶员进行临场指挥,以保证起重作业的顺利进行,提高安全可靠性。

2. 驾驶室视景

驾驶室视景仅对驾驶员在驾驶室所能看到的视景进行展示,为驾驶员创造出真实的起重视景,模拟真实的起重环境。驾驶员在起重作业时,由于所能看到的视景有限,因此就需要其他人员进行指挥,从而为驾驶员模拟出真实的海上起重作业环境,以起到作业培训的目的。

3. 人机 UI 界面

UI 界面主要包括两部分,即输入和输出。输入部分主要包括数值输入(如组块尺寸、组块质量、组块重心位置、驳船位置、导管架位置等)和命令输入(如起吊、放下、预起吊时间等),各功能模块按照起重作业过程布局,用户通过 UI 界面的布置可知仿真系统操作过程。输出部分包括船舶六自由度实时显示数据、力和力矩的实时显示数据、组块相对位置及各输出量的动态曲线。

4. 动力定位系统

(1)设置海洋环境,如风速、风向、流速、浪向、浪高、浪周期等。将海洋环境的数值传递到视景模块,从而完成海洋环境的设置。

(2)实时给起重船传递六自由度运动数据。动力定位系统接收起重船力和力矩的数值,通过数学模型的运算将船舶六自由度运动数据实时传递给视景模块,从而控制船舶运动。

5. 起重作业操作台

按照 1:1 的实际尺寸打造起重作业台模拟器,每个按钮和操作杆的功能与实际作业台保持一致,用户通过起重作业台模拟器控制视景模块中的起重机的吊装过程。

6. 主控系统

主控系统具体包括起重机力、力矩、吊绳张力等动力学模型的计算,并将计算的结果实时传递给视景系统和动力定位系统。

6.3.2　仿真系统技术路线设计

本仿真系统最主要的目的是对新员工进行起重作业培训,因此,在构建时,可划分为教练员系统和培训系统。

1. 教练员系统

教练员系统主要供海上作业经验丰富的驾驶员(教练)使用,教练通过动力定位系统可以对风、浪、流等海洋环境进行设定,并控制船舶六自由度运动姿态;通过操作界面设定被吊物的位置、质量、尺寸、重心等,并制定起重方案;通过全景视景观测整个起重作业场景,对培训人员进行起重作业指导等。

2. 培训系统

培训系统的使用对象主要是新员工,新员工坐在操控室驾驶员的位置,通过驾驶室视角能感受到实际作业时,驾驶员所看到的场景。并根据教练设计的起重作业方案进行起吊作业训练,即通过操作起重作业台,控制仿真场景中起重机的运动,对场景中的物体进行吊装。

图 6 – 4 列出了仿真系统的全部联邦成员,这些联邦成员共同构成了教练员系统和培训系统。各联邦成员的角色规划及系统模块间的数据传递如图 6 – 5 所示。从图中可以看出海上起重作业视景仿真系统的结构及各模块间的数据传递过程。按照该数据传递的框架,可设计出本仿真系统的技术路线。

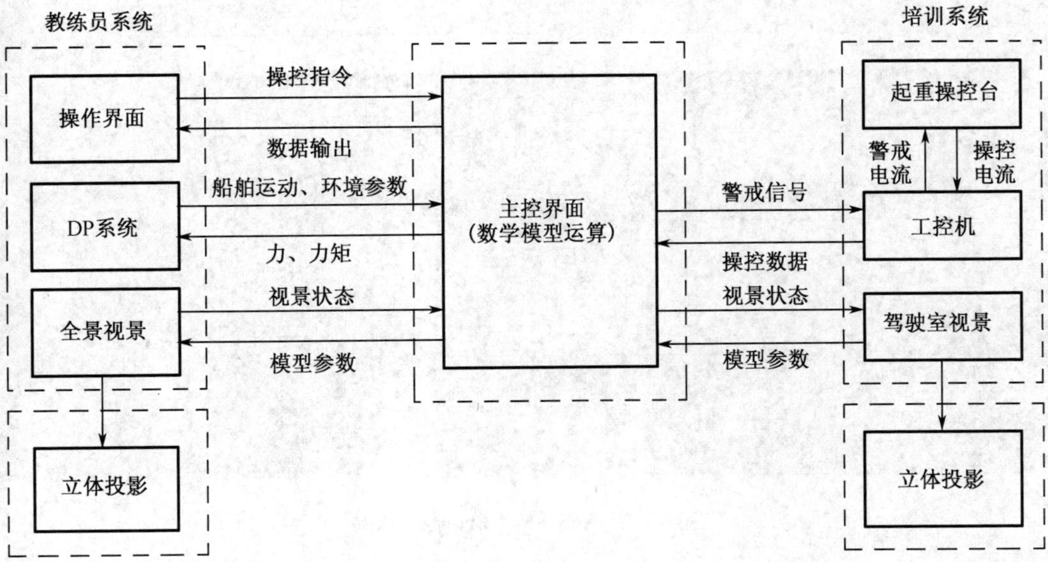

图 6 – 5　各联邦成员的角色规划及系统模块间的数据传递

6.4 起重作业视景仿真系统可视化模块的设计与开发

6.4.1 数据传输

虚拟场景中模型的运动是由数学模型控制的。因此,建立数据通信接口,实现视景系统与数学模型系统的数值传递是十分必要的。视景平台软件内设 ActiveX / Browser Data 数据接口(图 6 -6),用以实现与外部程序的数据通信。ActiveX / Browser Data 在使用时,首先要明确所要接收数据的数据类型,如浮点型、布尔型等;然后定义接口的名称和数据类型(图 6 -7),从而完成数据输入接口的搭建。值得注意的是,在定义 ActiveX / Browser Data 的名称时,应取具有一定意义的名字,以避免由于 ActiveX / Browser Data 子节点过多而给开发人员造成认知混淆;数据类型的定义应与所要接收的数据类型保持一致,否则不能实现数据的传递[131-135]。

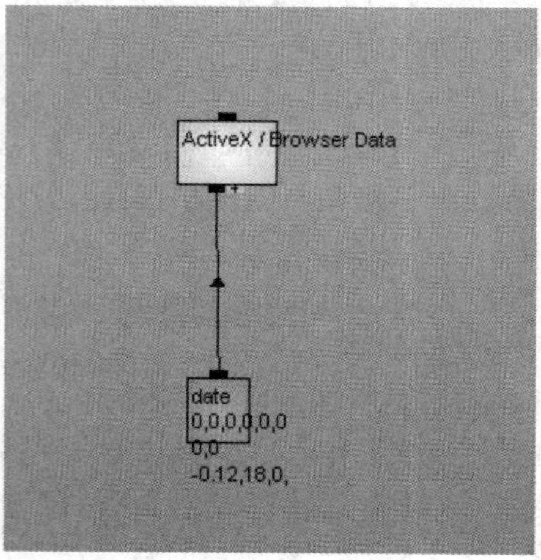

图 6 -6 数据接口

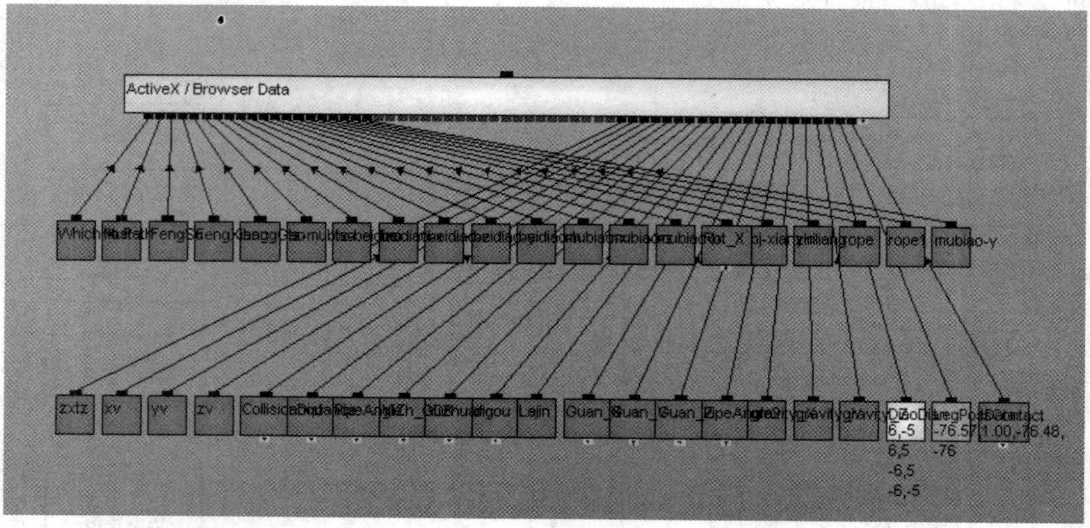

图 6 -7 ActiveX / Browser Data

在本仿真系统中,很多数据都由数学模型提供,如船舶六自由度运动、吊臂变幅运动、回转运动、吊绳摆动等,数据类型也不尽相同,并且这些数据传递到视景平台内部时,一般都通过 Array Import 进行相应的处理,然后再传递给场景模型。因此,在使用数据接口时,不仅要保证能够接收外部数据,而且还要实现与脚本的实时通信,并注意数据传递的同步性。

6.4.2　柔性体的开发

柔性体仿真是本仿真系统的重要组成部分，如吊绳、吊扣、缆绳等，都涉及对柔性体的模拟。由于视景平台软件不支持模型的网格变化，Rope 模块功能有限（如图 6-8 所示），因此对于柔性体的模拟，就需要借助其他手段或方法进行开发。

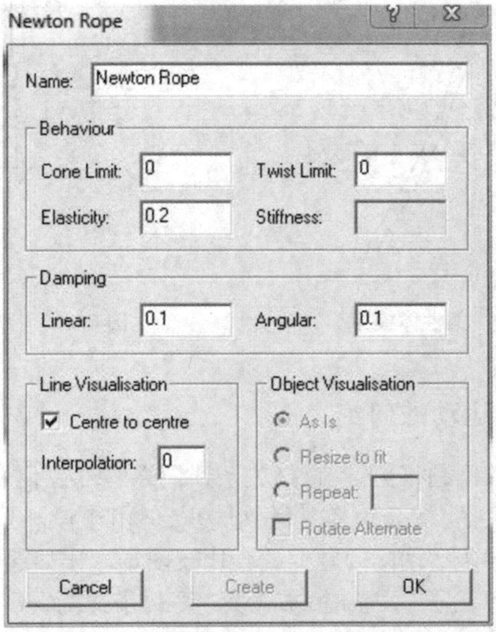

图 6-8　自带 Rope 系统功能单一

本仿真系统对柔性体的开发方法是：将柔性体看作由一段段刚体组成，然后通过数学模型给每段刚体的位移和角度进行赋值，使刚体保持各自独立的运动。在赋值时，使每段刚体首尾相接，这样在视觉上便给人柔体摆动的感觉，从而完成柔性体的模拟，如图 6-9 所示。

在给每段刚体赋值时，要保证数值传递的同步性，使每段刚体同时接收到六自由度的运动数据，确保柔体运动的完整性。否则，由于数据传递的滞后容易产生各刚体间的“脱节”（图 6-10），造成视觉上的失真。另外，数学模型的坐标系和视景平台自身坐标系可能有一定差别，在对刚体角度进行赋值时，应注意摆动方向，角度方向不一致也会造成“脱节”，可通过添加负号改变摆动方向，从而保证柔体运动的完整性、协调性及一致性。

在本仿真系统中，由于起重机吊绳、组块钢索、绞车缆绳都是柔体，并且每根柔体都由若干段刚体组成，在进行数值传递时，为了保证画面运动的流畅，每段刚体每秒要接收 10 次左右的六自由度运动数据，因此，整个系统数据量的传递是巨大的，会给计算机造成严重负担。为了能让仿真系统运行流畅，在选择刚体数量时应多加注意：数量越多，仿真效果越真实，但计算机负担越沉重；数量越少，计算机负担小，但仿真效果粗糙。因此，在开发时，开发者要在保证场景视觉效果和真实性的基础上选择合适的刚体数量，确保计算机正常运行。

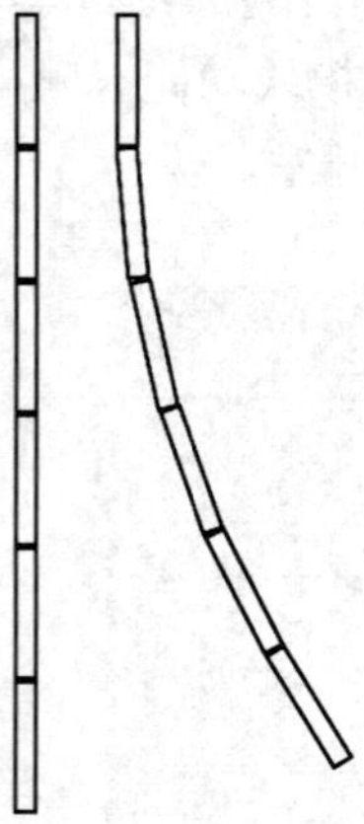

图 6-9 柔性体模拟

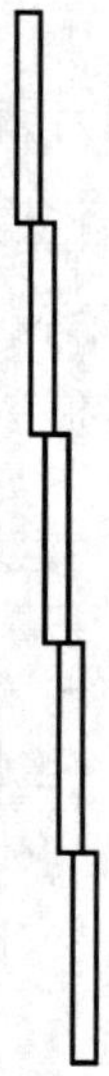

图 6-10 刚体“脱节”

6.4.3 模型同步运动的研究

场景模型同步运动的问题很关键,直接关系到最终的可视化效果。如果模型的运动数据是由视景平台内部提供的,就会很容易做到同步,但由于该场景模型的运动是由外部数学模型控制的,因此,在同步运动的问题上就会比较困难。比如起重机吊臂和吊绳,吊臂带着吊绳运动,因此在设计“父子”关系时,吊臂为“父”,吊绳为“子”。但在视景平台内部很难实现绳子摆动的正确性,因此,在本仿真系统中,吊绳的伸缩和摆动由数学模型进行计算,然后将值传递到视景平台场景中,从而实现吊绳正确摆动。但如果这样的话,吊绳既和吊臂保持“父子”关系,又受数学模型的控制,就容易发生数值传递的紊乱,而且容易造成运动的不同步,甚至可能发生模型闪动的情况。为了解决这个问题,在开发时,应将吊绳的框架从吊臂的框架中移除,即脱离“父子”关系,然后将吊臂的变幅、回转的数据及吊绳伸缩、摆动的数据通过接口单独传输,对数值处理后,再同时传给吊臂和吊绳,这样就会在视觉上保证场景物体运动的同步性(图 6-11)。

6.4.4 软件可扩充性

海洋钻井平台是海上起重作业的主要吊装物之一,为海洋油气钻井施工和钻井人员居住提供空间,主要分为移动式平台和固定式平台两类。由于在起重作业时,可能会对多个钻井平台进行吊装,因此,仿真系统的可扩充性尤其重要,即能够将用户提供的组块模型,进行一定处理后,动态加载到仿真系统中,从而实现对不同的海洋组块进行起吊,丰富仿真系统的培训内容。

视景平台通过 Lua Script 来实现动态加载,其代码如图 6-12 所示。在开发时,首先应建立两个子接口,数据类型为 TEXT,其中一个接口用来存储 cgr 文件磁盘路径,另一个接口用来存储 Pool name,逻辑关系如图 6-13 所示。

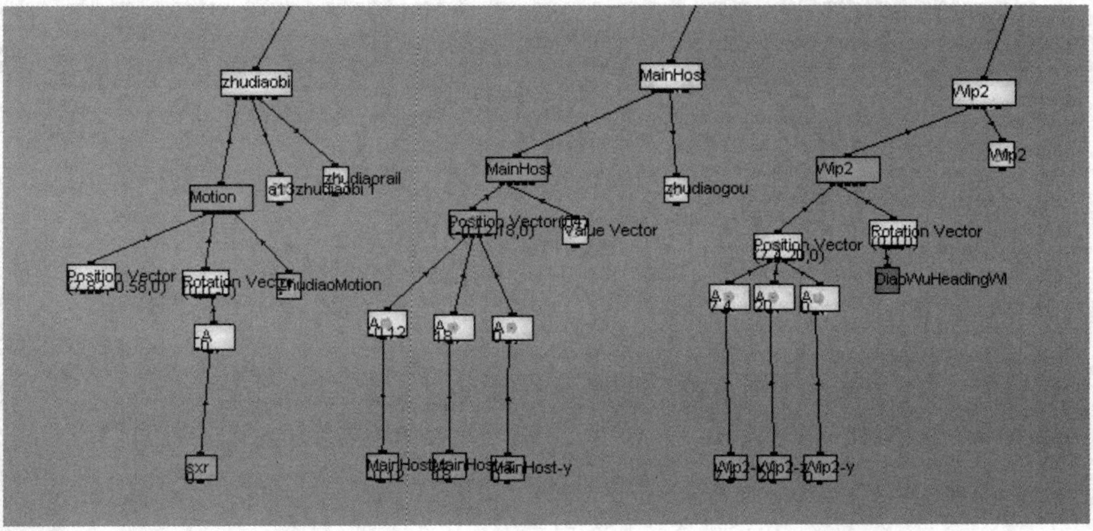

图 6－11　同步运动

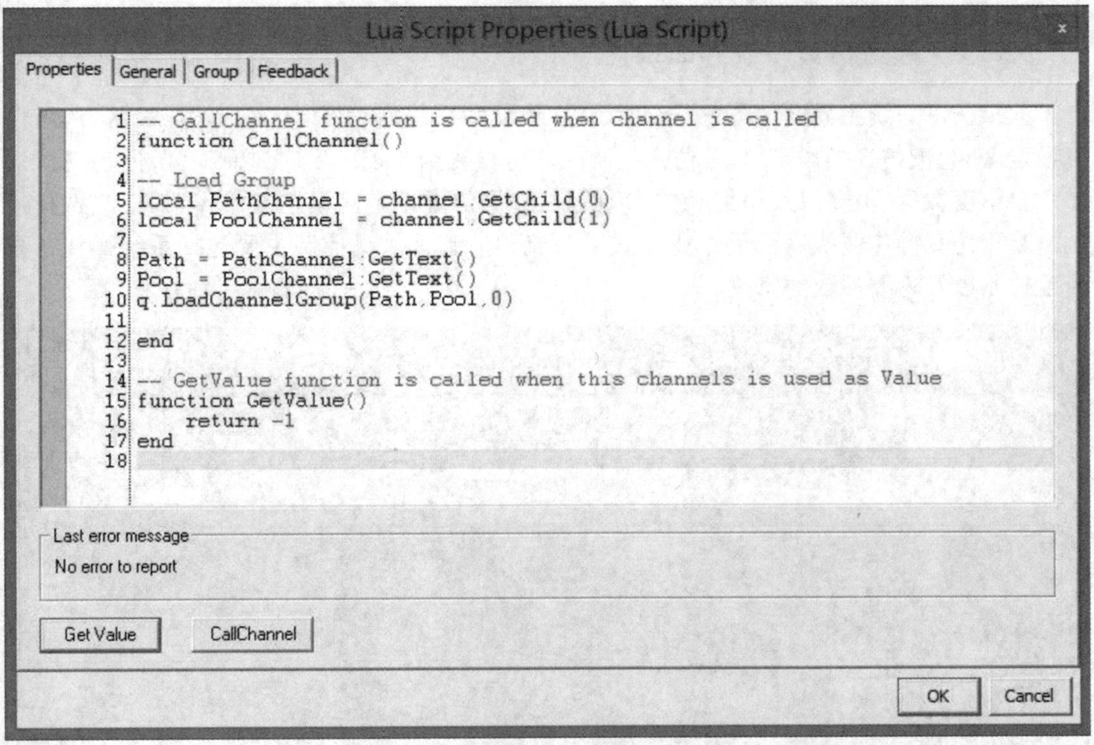

图 6－12　Lua Script 代码

在制作 cgr 文件时应注意:一定要将物体的模型和材质一同打包,否则物体不能成功加载到场景中;物体框架的坐标值应预设好,否则加载进来的物体位置可能会出错;若 cgr 文件具有某些功能,应将功能节点连接逻辑关系后,一并打包。

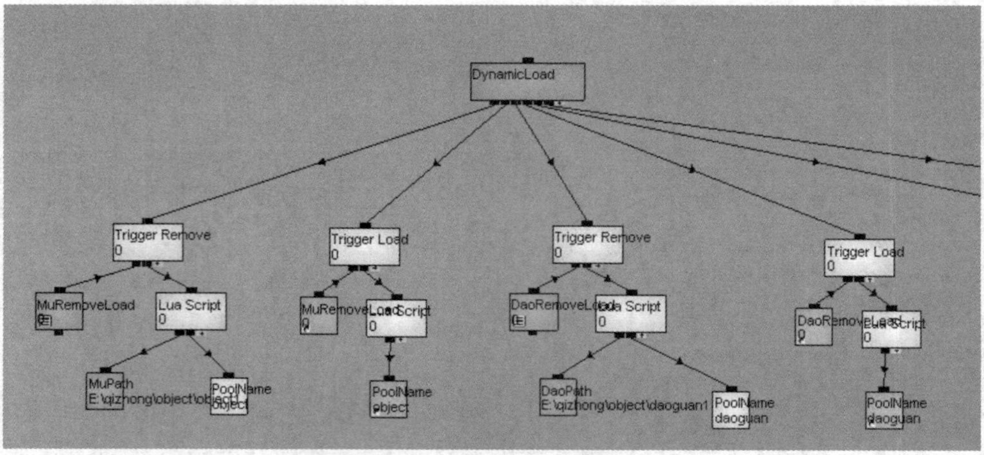

图 6-13　逻辑关系

6.5　起重仿真系统的软件开发与集成

6.5.1　起重仿真系统界面设计

起重仿真系统主界面如图 6-14 所示，主要分为系统启动区、仿真数据监控区、起重仿真设定区、起重仿真操作区、起重仿真控制区。仿真数据监控区实时监测海洋环境数据、船舶六自由度数据、吊臂以及吊绳相关参数等。起重仿真设定区设定起重作业方式、选择吊钩。起重仿真操作区执行起重作业方式工艺流程。起重仿真控制主要包括系统操作仿真速度控制以及重要参数的修改。

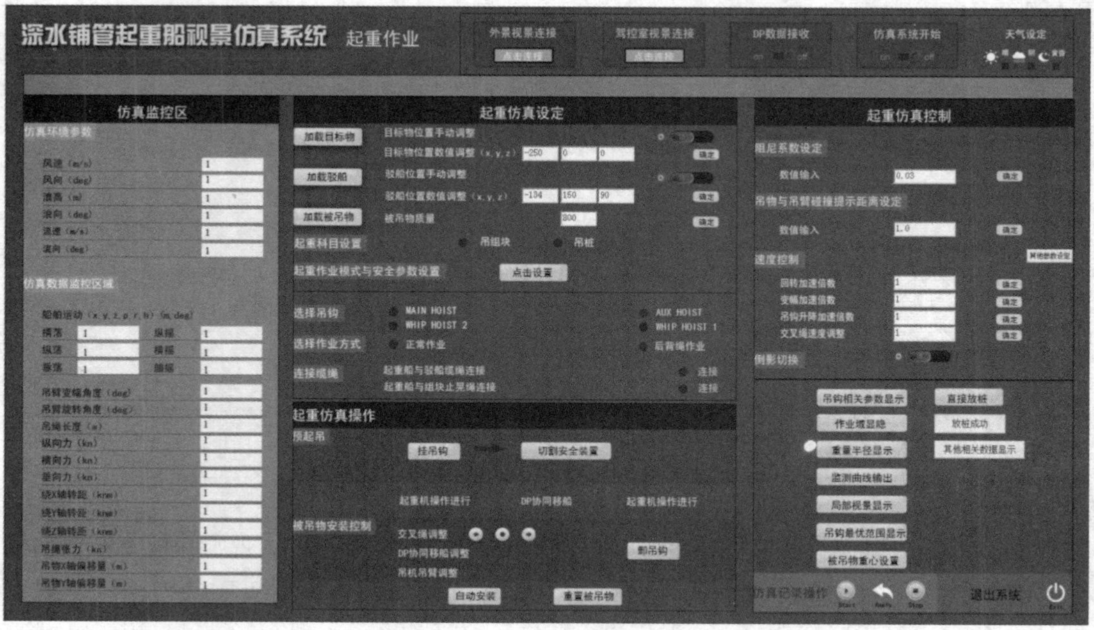

图 6-14　起重仿真系统主界面

6.5.2　数据导入视景模块

起重系统使用视景平台控件导入数据，外部程序与视景模块间的数据接收和发送接口，接口机制如图 6-15 所示。

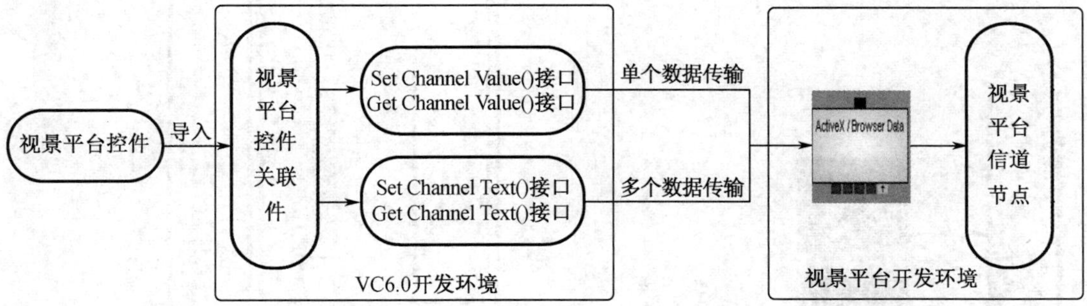

图 6-15　视景平台导入数据原理图

起重系统数据导入视景平台中，主要通过 Set Channel Text( ) 和 Set Channel Value( ) 函数，前者向接口写入文本类型数据，当接口写入数据较多时，使用这种数据导入方式可以加快数据传输速度，避免出现视景卡顿和假死现象；后者向接口导入单个数据，当接口写入数据较少时，使用这种传输方式较好，节省开销。Get Channel Text( ) 和 Get Channel Value( ) 函数主要功能是导出视景接口中的数据，前者导出的是文本数据，接口数据较多时，使用这种方式较好；后者导出的是单个数据。

6.6　起重船半实物仿真系统展示

6.6.1　仿真系统的构成

根据“起重作业视景仿真系统”的逻辑结构及技术路线确定深水铺管起重船作业视景仿真系统的硬件和软件。软件构成的角度包括视景模型、数学模型、数据库、数据接口、管理系统等模块；硬件系统包括运行仿真软件所必需的设备及人机物理接口。在结构功能上，仿真系统由起重作业控制系统、DP 仿真系统、视景投影系统、数学模型运算系统以及主控系统组成。

视景仿真系统的子系统的功能以及硬件构成如下所述。

1. 主控系统

主控系统的硬件由仿真运算控制工作站 1 台、数据库管理计算机 1 台以及液晶显示器 3 个（通过分屏器连接图形工作站和仿真运算控制工作站）构成；其主要功能为被吊物与目标物选择、被吊物与目标物设置、作业环境设定、起重作业船位置设置、吊钩选择、起重作业路径计算、碰撞检测、起重参数设定、数据记录/输出/存储、作业记录与回放、视景切换、压载计算、协同各子系统完成数据交换、起重作业运算以及和各子系统的连接控制。起重作业半实物仿真系统硬件构成逻辑框图如图 6-16 所示。

2. 起重操纵系统

起重操纵系统的硬件由操纵台台体 A 和 B、操纵杆、按键、反馈单元、工控机以及若干液

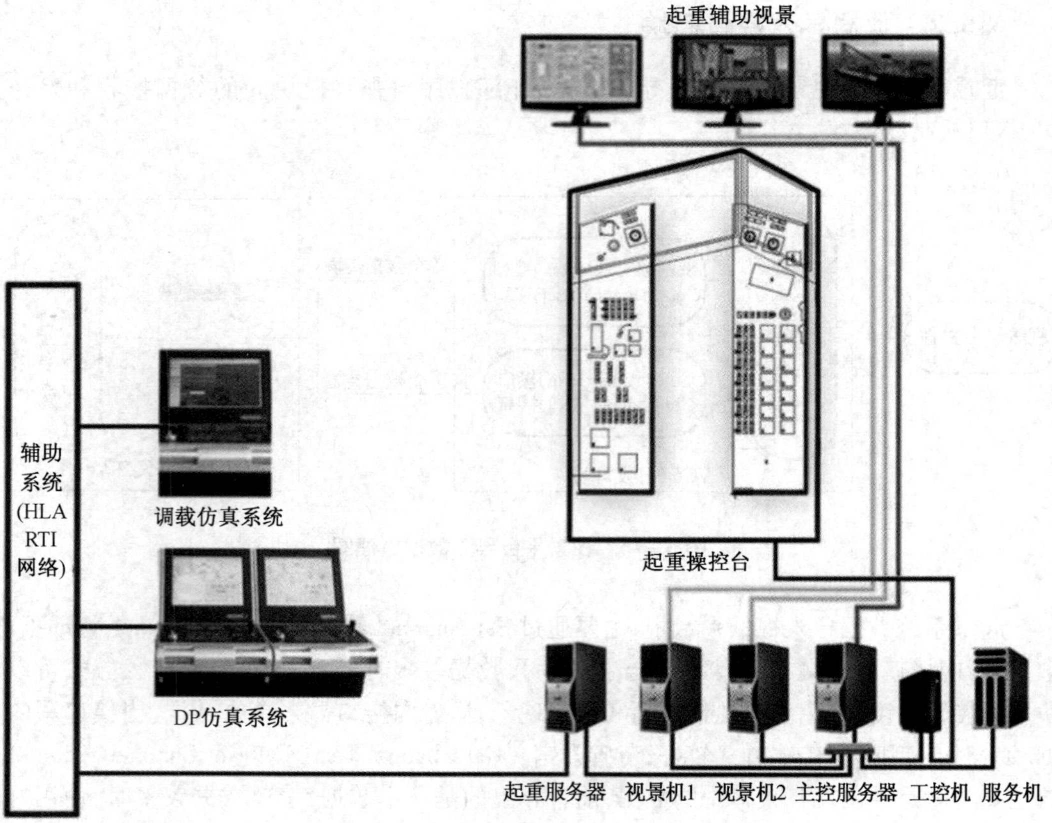

图 6-16 起重作业半实物仿真系统硬件构成逻辑框图

晶显示器组成,其结构性能上和“海洋石油 201”船的起重机控制台完全相同。起重控制台的起重操作信号,如起重臂旋转、变幅、吊钩升降速度等由工控机的 A/D 变换,通过 UDP 传输方式传递给主控系统的起重作业计算模块。

3. 动力定位仿真系统

动力定位仿真系统主要包括船舶运动数学模型、推力分配模型、风浪流环境模型等,并考虑了起重作业时对船舶运动的影响,是为了实现“海洋石油 201”船在动力定位控制下的起重作业视景仿真而开发的,主要由操控台台体、专用控制器、手操杆、操控台计算机、操纵面板、操纵面板管理机等硬件构成的半实物仿真系统(图 6-17)。DP-3 系统的人机界面和操纵面板之间通过串口进行数据交换;操纵面板和控制计算机之间通过网络进行数据交换;船体六自由度运动和加速度通过 UDP 传输方式传递给主控系统的起重作业计算模块和三维视景显示系统。

4. 音响系统

模拟作业中的各种音效。

5. 与船上相关监测设备的接口硬件工控机

与船上相关监测设备的接口硬件工控机(1 台)由托管架角度传感器,张紧力及线速度传感器,管道张力及着地点传感器,船体六自由度运动传感器,风、浪、流传感器等接口板卡构成。视景仿真系统在船舶上和实际操作同步进行仿真时使用该接口(图 6-18)。

6. 网络通信关联的路由器、分屏器等若干辅助件

图 6－17　起重作业半仿真系统

图 6－18　动力定位操纵系统

仿真系统的硬件构成主要包括 5 台主机，分别对应主服务器、工控机、驾驶视景服务器、全景视景服务器、教练员服务器；5 台显示器，分别对应软件操作界面、驾驶视景显示、全景视景显示、教练员操作界面、教练员辅助操作界面；2 个模拟操作台，在操作者的左右手对称布置；1 套 3D 投影设备，另外还包括第三方的调载控制台、DP 控制台。

6.6.2　仿真系统的运行

起重作业半实物仿真系统需要 3 个操作人员协同合作，即 DP 系统、起重操控台、主控

界面等三个操控位置,起重作业半实物仿真现场如图 6 – 19 所示。

图 6 – 19　起重作业半实物仿真现场

仿真演练时,首先,启动主控系统、DP 系统以及起重操控系统;当用户登录仿真系统后,主模块开启,各系统等待用户操作,在各输入模块的用户界面上,用户输入与作业任务相关的信息,如主控系统包括起重工况、海况、起重作业参数等;DP 系统包括启动推进器、定位船体位置、输入风浪条件等;最后,根据起重工程案例进行仿真。主控系统的仿真计算模块根据输入模块输入的数据、DP3 动力定位系统提供的实时船体六自由度数据和起重操控数据进行实时计算,并将结果输出给图形工作站的视景平台视景仿真系统实现实时视景仿真。

第 7 章　起重作业仿真案例开发

7.1　组块吊装作业仿真算例

7.1.1　船尾装卸仿真案例

1. 起重作业工况及海况

起重作业仿真给定如下条件:吊物质量为 2 500 t,吊臂旋转额定速度为 0.105 rad/s,吊臂额定变幅速度为 0.001 rad/s,吊钩额定升降速度为 2.2 m/min,吊索运动阻尼系数为 0.032,被吊物以及吊臂的初始目标位置参数如表 7－1 所示,海况条件如表 7－2 所示。

表 7－1　被吊物以及吊臂的初始目标位置

	吊重	2 500 t
吊臂初始位置	吊臂变幅角度	60°
	吊臂旋转角	180°
	吊绳长	21.9 m
吊物初始位置	x	－131.4 m
	y	－12.5 m
	z	0.0 m
吊物目标位置	x	－200 m
	y	－29.1 m
	z	0.0 m

表 7－2　海况条件

风速	风向	浪高	浪向	海流速度	海流方向	谱峰周期
8 m/s	10°	0.75 m	10°	0.31 m/s	10°	10 s

2. 2 500 t 组块起重作业案例

为了验证本仿真系统数学模型的可行性,参照实际海洋结构物的起重作业过程制定了船尾装卸案例。

(1)选择正常作业方式

作业方式分包括正常作业和后背绳作业,如图 7－1 所示。

根据作业工况选择正常作业方式。点选灰色空圆点,被选择的作业方式前灰色圆点会变成黄色。

图 7－1　作业方式选择

(2)起重台驾驶员选择主吊钩作业模式

拨动起重机开关键(21)锁开关,起重机开始运转。起重机开按键指示灯(22)亮起(图 7－2)。

图 7－2　起重机开按键指示灯(22)亮起

操作吊臂控制杆(图 7－3),摇杆有四个方向,即两个自由度,通过摇杆控制吊臂的上升或下降和旋转台的左右转动,进行吊臂起升动作,初始要动作缓慢,观察到各个钢丝绳都处于受力状态后再逐渐提升起升速度。调整吊臂的位置(可以根据作业需要在起升吊臂的同时进行同步的放钩动作)。

图 7－3　吊臂控制杆

确定吊起目标,降低吊臂,启动主吊钩,按下 MAIN / AUX / WHIP HOIST 1 控制器按键指示灯(111),灯亮起。吊臂和指示灯(111)如图7-4所示。

图7-4　指示灯(111)亮起

然后按下 MAIN HOIST 控制器按键指示灯(112)(图7-5),灯亮起时,主吊钩可升降,通过 MAIN HOIST ,AUX HOIST,WHIP HOIST 1 三个吊钩的操纵杆(110)进行主吊钩的升降。

图7-5　指示灯(112)亮起

再按下按钮(112),按钮(112)弹起时,灯灭掉,主吊钩停止升降,关闭按钮(111)。

操作操纵杆(2),将吊臂缓慢落到支架上或变幅到安全角度(60°~65°),速度控制面板如图7-6所示。旋转吊机旋转至201船尾方向(图7-7)。

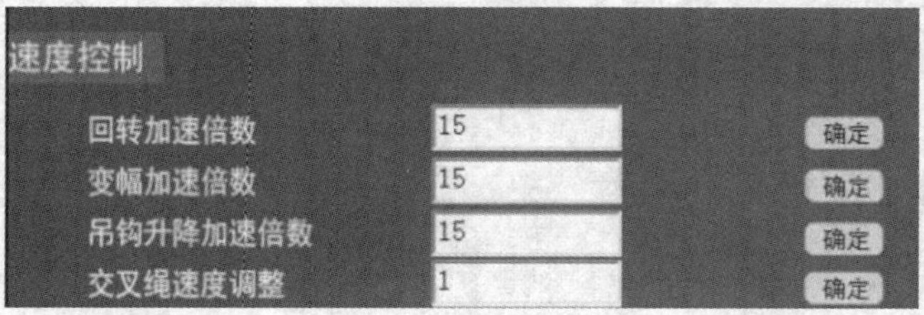

图7-6　速度控制面板

在驾驶员旋转操作吊机过程中,教练员工位辅助人员可以加速吊钩和吊臂的运动倍数以加速仿真。

图 7 - 7 吊机已经旋转到“海洋石油 201”船尾部

(3)连接缆绳

需要连接的缆绳有起重船与驳船缆绳连接、起重船与组块止晃绳连接。点选右侧对应的灰色圆点,灰色圆点变为黄色,表示连接成功,否则表示连接失败。连接缆绳面板如图 7 - 8 所示,起重船与驳船缆绳连接如图 7 - 9 所示,起重船与组块止晃绳连接如图 7 - 10 所示。

图 7 - 8 连接缆绳面板示意图

图 7 - 9 起重船与驳船缆绳连接示意图

图7-10　起重船与组块止晃绳连接示意图

(4)挂吊钩

相应操作点击相应按钮,指示箭头会指示接下来的操作,如图7-11(a)所示为挂吊钩操作。对应视景中会有相应显示,通过视景显示来观察操作是否成功,挂吊钩视景图如图7-11(b)所示,切割安全装置如图7-12所示。

(a)

(b)

图7-11　挂吊钩

(a)挂吊钩操作;(b)挂吊钩视景图

(5)起吊操作

起重机操作(图7-13),吊起被吊物。根据需要选择操作命令,通过操作主吊钩高速挡(41)、低速挡(40)、空挡(42)进行操作,调整吊钩速度,将目标吊物吊起。起吊操作过程如图7-14所示。这里直接选择主吊钩高速按钮,按下去后,按钮灯亮。

(a)

(b)

(c)

图 7－12　切割安全装置

(a)切割安全装置面板;(b)组块安全装置;(c)安全装置切割完毕

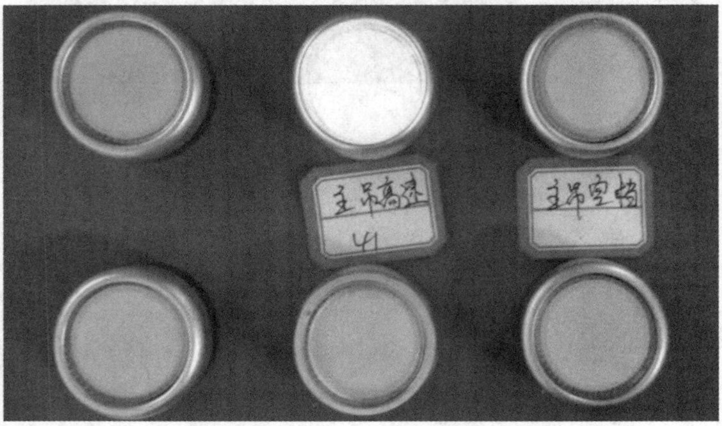

图 7－13　起重机操作

(a)　(b)　(c)　(d)

图7-14　起吊操作过程

(a)挂吊钩;(b)预起吊;(c)组块吊起;(d)组块提升至安全位置

(6)驳船移走

断开驳船与起重船的缆绳连接视景图和移走驳船分别如图7-15和图7-16所示。

图7-15　断开驳船与起重船的缆绳连接视景图

图 7-16　移走驳船视景图

(7) DP 控制移船 100 m

DP 控船,向导管架靠拢,保持安全距离。DP 系统协同移船步骤如下所述。

第一步,接到指挥员发送的 DP 操纵员移船 100 m 指令后。打开上位机 Auto Pos 菜单下的 Position 按钮,进入定点设定 Position Setting 对话框,如图 7-17 所示,按照指挥员的要求移动船舶。指挥员要求船舶向北移船 100 m。在 Position Setting 对话框中输入 200,然后点击 North 按钮,上位机上显示定位点向北移动 100 m,如图 7-18 所示。

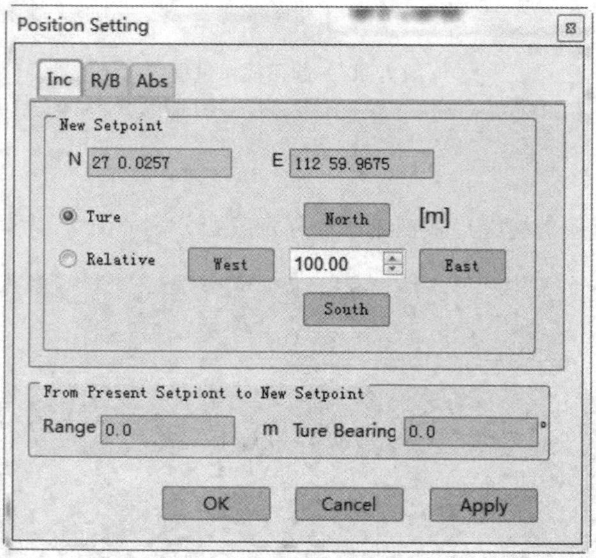

图 7-17　定位点设定 Position Setting 对话框

第二步,动力定位系统在定位过程中,实时向教练员系统回报当前距离目标定位点的距离。在最终实现定位后,向教练员报告已经实现动力定位过程,实现定位后上位机界面如图 7-19 所示。

第三步,等待教练员系统发布新的移船定位指令,然后返回第一步执行。

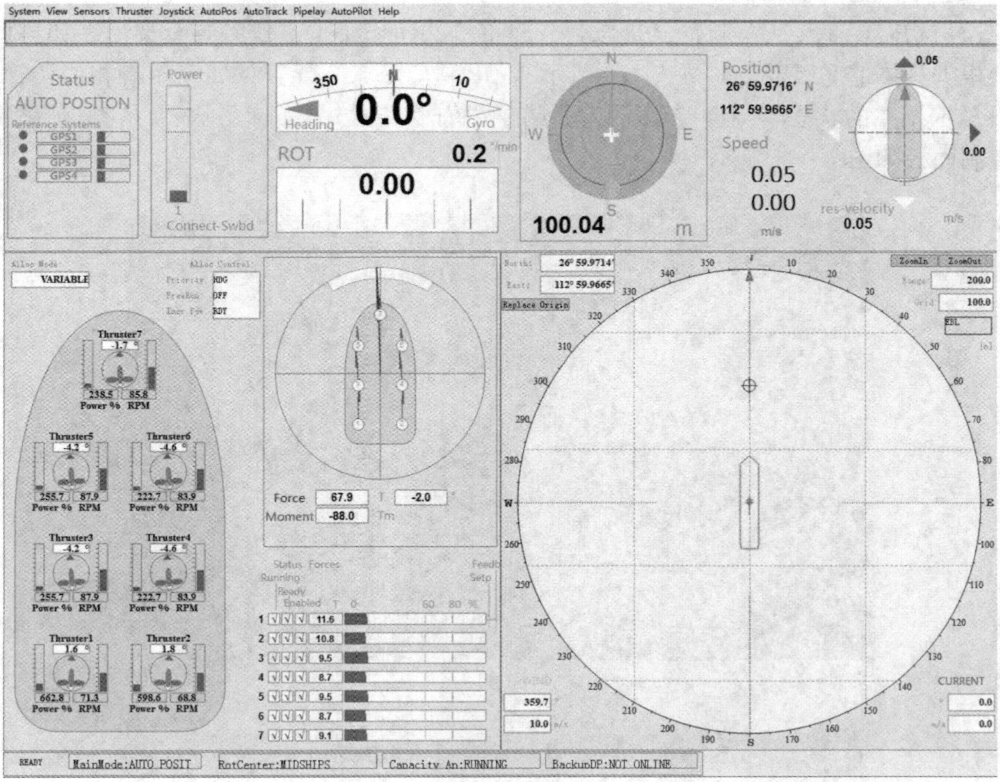

图 7－18　设定向北移船 100 m 后上位机界面

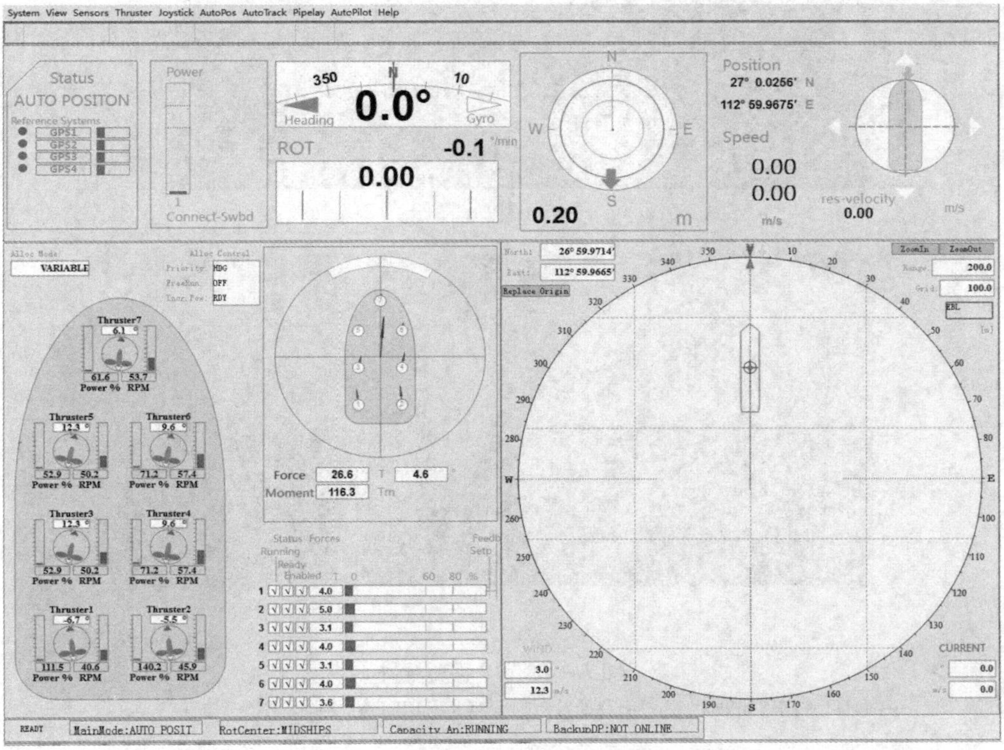

图 7－19　实现定位后上位机界面

(8)调整被吊物位置

被吊物需要在交叉绳调整、DP 与调节起重机共同作用下下放到导管架上。如何调整需要根据具体情况而定。如图 7－20 所示为 DP 移船场景。导管架四个角有相应监视器,可以显示调整的状态。当调整到可以安装的位置时,下放吊绳,卸吊钩、卸吊扣,被吊物安装控制面板如图 7－21 所示。

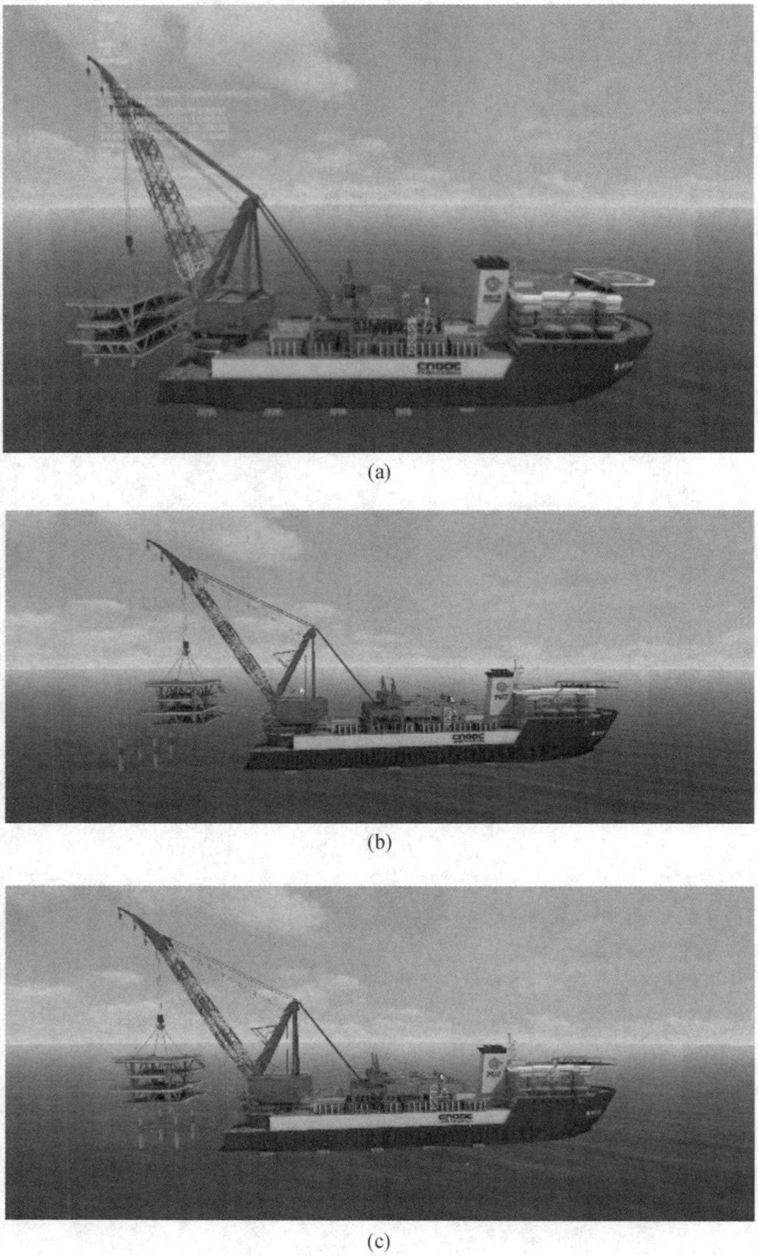

(a)

(b)

(c)

图 7－20　DP 移船场景

(a)DP 控制移船开始;(b)DP 移船接近导管架;(c)DP 移船控制被吊物至导管架上方

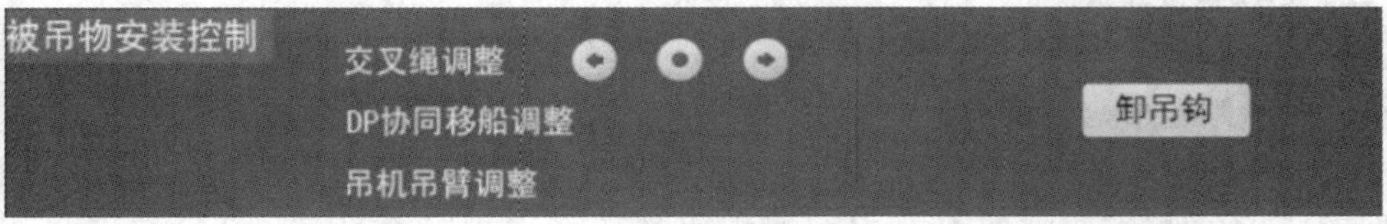

图 7-21　被吊物安装控制面板图

交叉绳调整通过界面上的左右箭头与停止按钮来调整,点选即可。

卸吊钩:点击卸吊钩,卸载吊钩。视景中会有相应显示。

当不需要训练“被吊物安装控制”一项时,可以通过“自动安装”来完成被吊物的安装。自动安装程序通过点击“自动安装”按钮完成,组块安装及组块安装完成场景如图 7-22 和图 7-23 所示。视景里被吊物会自动安装在导管架上。

图 7-22　组块安装场景图

图 7-23　组块安装完成场景图

3. 仿真结果及分析

仿真结果如图 7－24～图 7－28 所示。图 7－24 是船舶航向位移随时间的响应，首先，船舶到位后开始起吊时间是 101 s，然后，提吊物到安全位置；其次，开始向导管架机座上靠拢，最后，慢慢卸货。图 7－25 所示为船舶侧向、垂向位移随时间的响应。图 7－26 显示，吊物起吊后，起重船艏摇越来越激烈，从吊物摆动角随时间响应曲线图 7－27 中可分析出，起重作业为船尾吊装并靠拢导管架时，吊物摆动内角 θ 越大船舶艏摇越激烈。在图 7－27 中 700～800 s 之间没有吊物摆动是因为吊物卸货后没有及时卸吊头，所以吊绳没有摆动。当吊头离开吊物后（800～900 s），吊绳开始摆动。

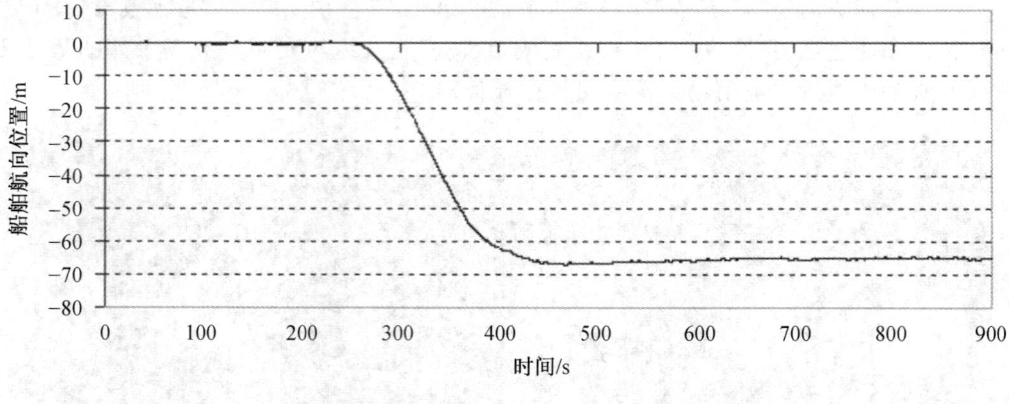

图 7－24　船舶航向位移随时间的响应

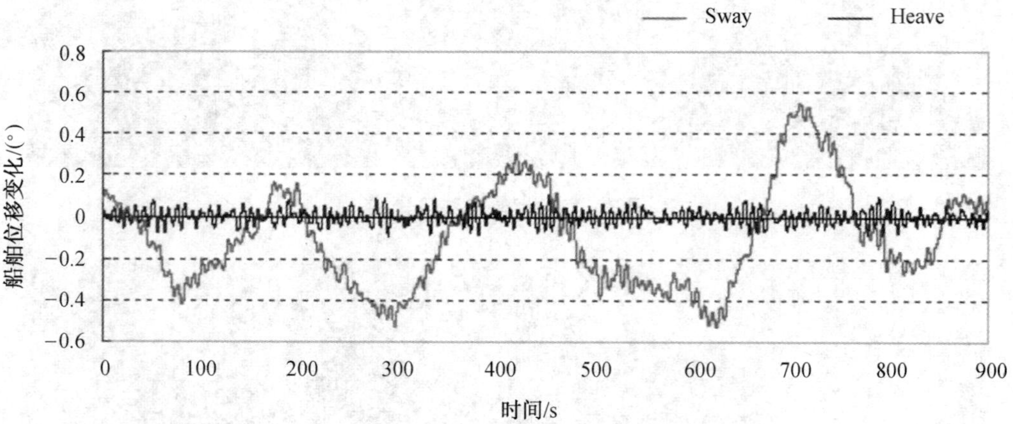

图 7－25　船舶侧向、垂向位移随时间的响应

如图 7－28 所示是吊索张力随时间变化曲线图。图中，预起吊、卸货时吊索张力变化合乎实际吊索的张力变化，图中显示本仿真系统完美地实现了吊物预起吊和卸货时的张力变化。为了使训练者针对不同起重作业，可设定预起吊和卸货时间，本例的设定预起吊时间为 10 s。

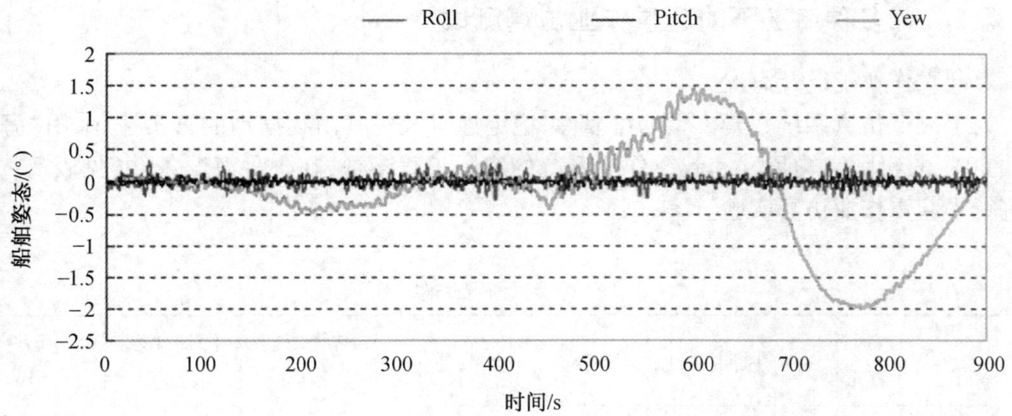

图 7－26　船舶姿态随时间的变化

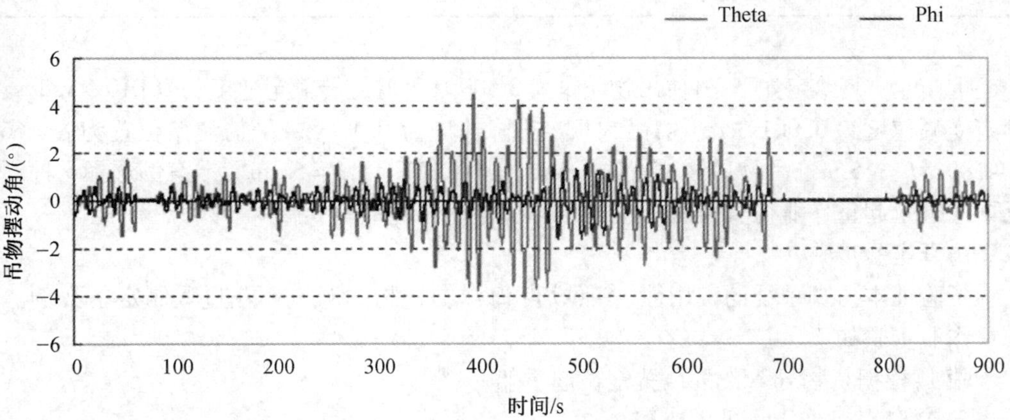

图 7－27　吊物摆动角随时间的响应

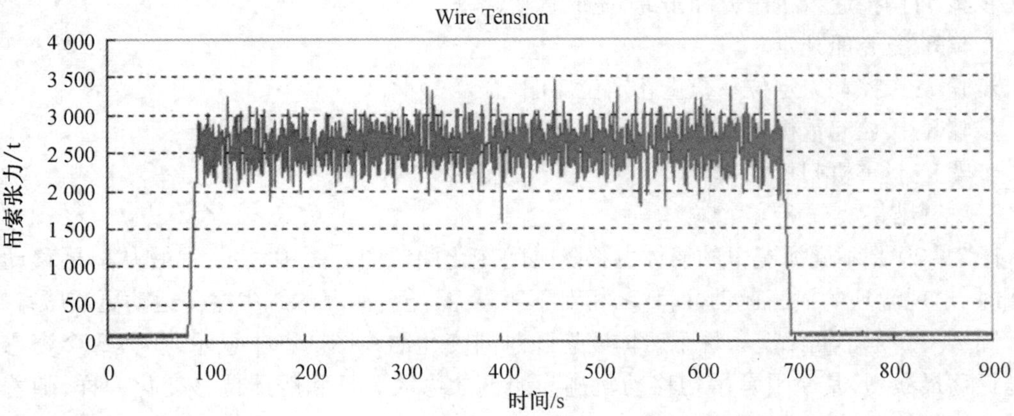

图 7－28　吊索张力随时间的变化曲线图

7.1.2 多种海况下的起重作业仿真测试

1. 起重作业工况及海况

为了测试仿真系统数学模型的可靠性、稳定性以及观察吊物摆动的真实性，采用“海洋石油 201”的实际结构尺寸和起重作业系统的实际工程参数，在 3 种海况条件(见表 7－3)下进行了起重作业仿真实验。

表 7－3 海况条件

	风速/(m/s)	风向/(°)	浪向/(°)	浪高/m	谱峰周期/s	海流速度/(m/s)	海流方向/(°)
1	4.0	22.5	22.5	0.60	10	0.31	22.5
2	6.0	22.5	22.5	1.00	10	0.31	22.5
3	7.5	22.5	22.5	1.25	10	0.31	22.5

起重作业仿真给定如下条件：吊物质量为 2 500 t；吊臂旋转额定速度为 0.010 5 rad/s；吊臂额定变幅速度为 0.001 3 rad/s；吊钩额定升降速度为 0.1 m/s；吊物初始位置为 $\alpha=66°$，$\beta=-180°$，$L=45$ m。吊物最终位置：$\alpha=55°$，$\beta=-271.2°$，$L=51$ m。本案例选择 5 种不同海况下进行了起重作业仿真实验。

2. 仿真实验步骤

为了验证本仿真系统的实用性，参照实际海洋结构物的起重作业过程制定了案例。具体起重作业步骤如下。

步骤 1：根据货物导管架的位置定位起重船。

步骤 2：驳壳船带货物进入船尾。

步骤 3：“海洋石油 201”号船吊臂举起后，吊臂回转 180°。

步骤 4：“海洋石油 201”号船和驳壳船、货物用缆绳绑上。

步骤 5：操控起重机吊臂和吊绳，完成货物起吊。

步骤 6：驳壳船开走。

步骤 7：操控动力定位系统重新定位船舶。

步骤 8：操控起重机对位，卸货。

步骤 9：起重机归位。

3. 仿真结果及分析

图 7－29 是不同海况下的船体位移随时间变化曲线图。图中显示，吊物从船尾移动到船侧时，出现激烈的横荡运动，而垂荡相对不明显，且随着海况的恶劣振荡运动更加厉害。

图 7－30 是不同海况条件下船体姿态随时间变化曲线图。图中显示，船体 3 个姿态中艏摇振荡最激烈，其原因是吊物移动轨迹为船侧的缘故。且和船体位移变化一样，随着海况的恶化船体摇动也更加激烈。

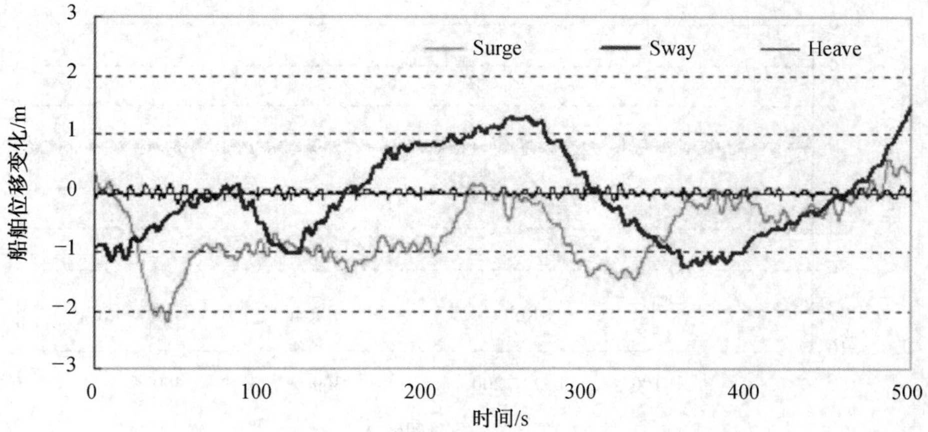

(a)

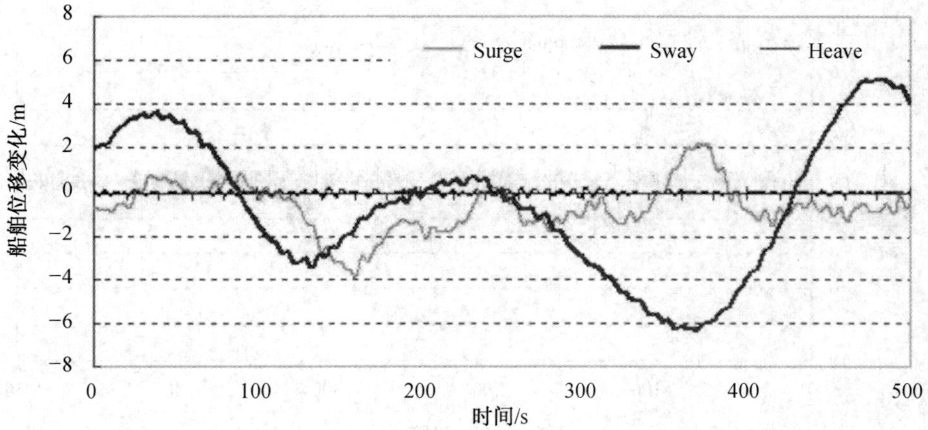

(b)

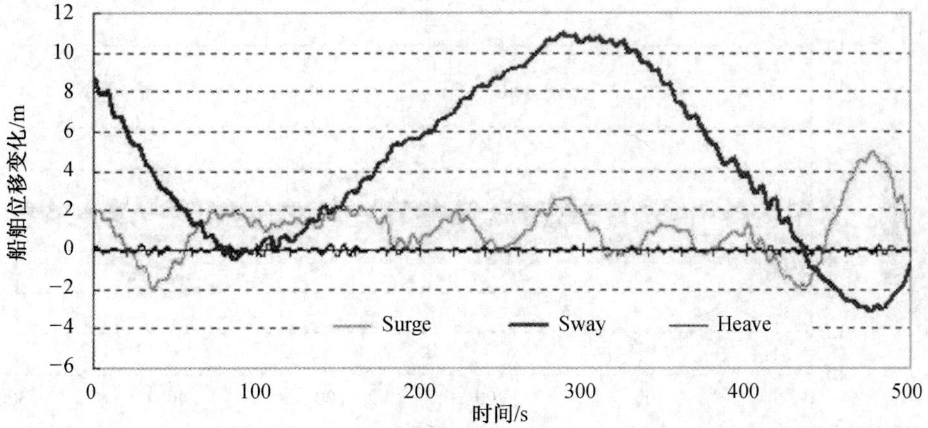

(c)

图 7－29　不同海况条件下的船体位移随时间变化曲线图

(a)海况 1;(b)海况 2;(c)海况 3

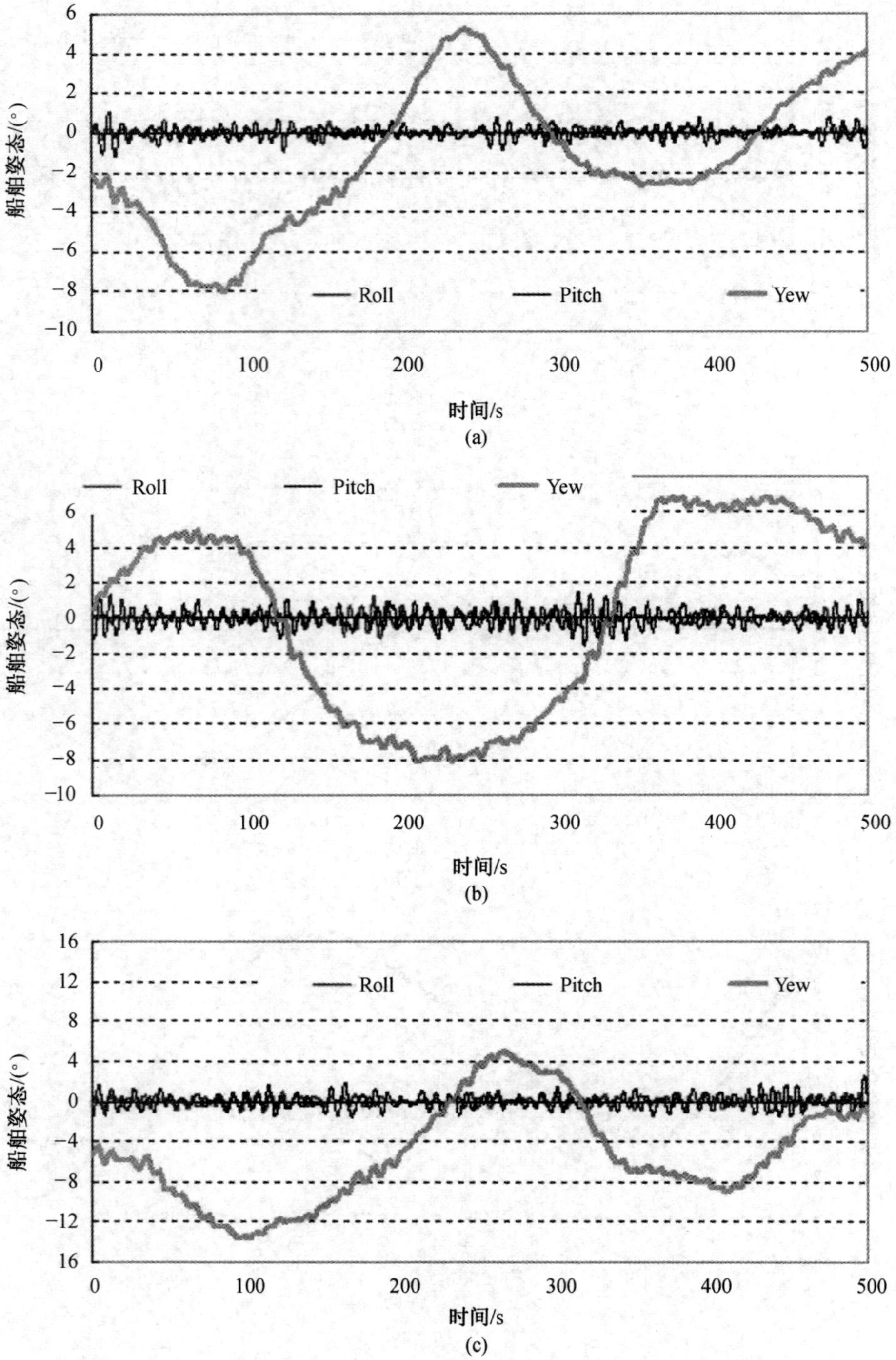

图 7-30 不同海况条件下船体姿态随时间变化曲线图

(a)海况 1;(b)海况 2;(c)海况 3

从图 7 - 29 和图 7 - 30 中分析可知，不同海况下船体六自由度运动中有个别自由度出现异常变化，所以实际起重作业之前，通过各种海工况条件下的仿真演练把握船体运动的振荡范围，以便在实际起重作业时，设定各种起重作业控制参数。

图 7 - 31 是起重作业仿真时，吊机控制变量随时间的变化曲线图。

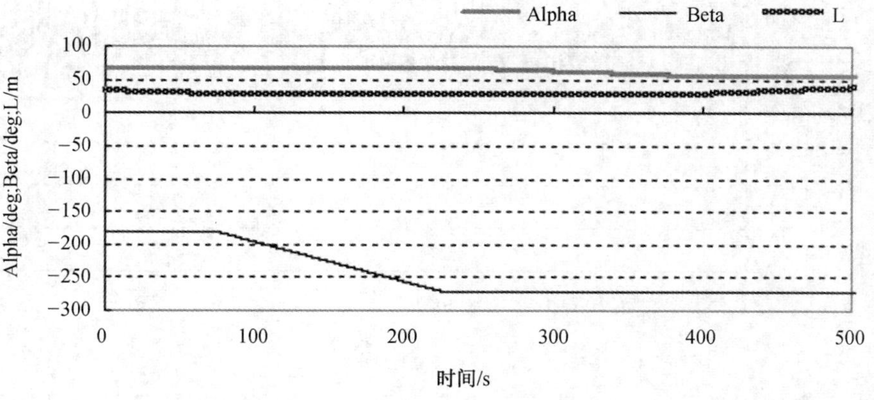

(a)

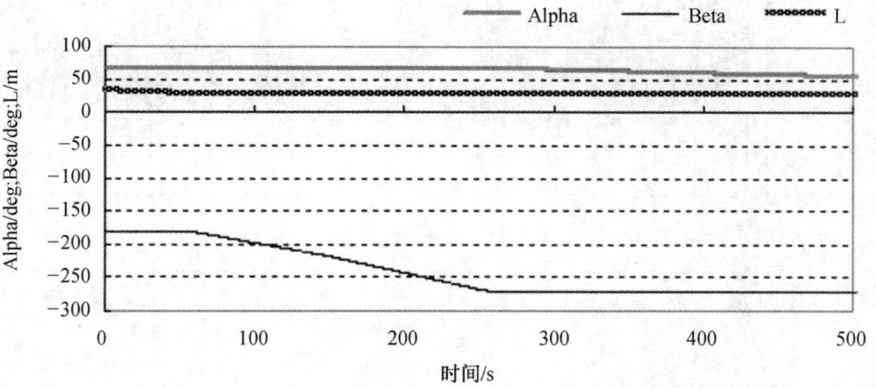

(b)

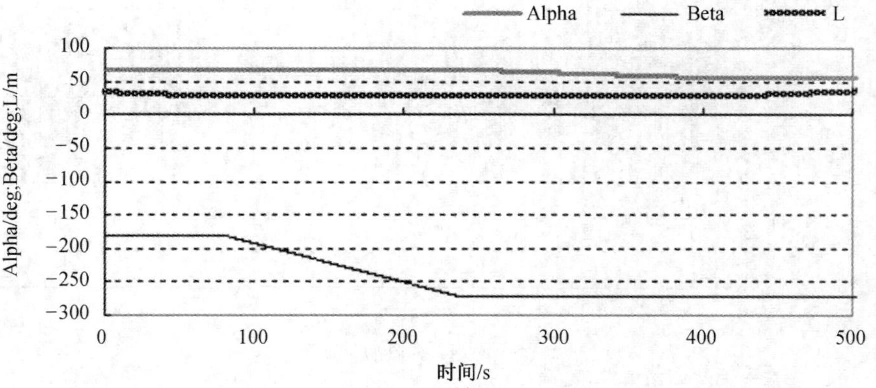

(c)

图 7 - 31　吊机控制变量随时间的变化曲线图

(a)海况 1；(b)海况 2；(c)海况 3

图 7－32 是吊绳张力随时间的变化曲线图。图中吊绳张力起吊作业时张力变化大，故通过加大预起吊时间减小吊索张力变化。

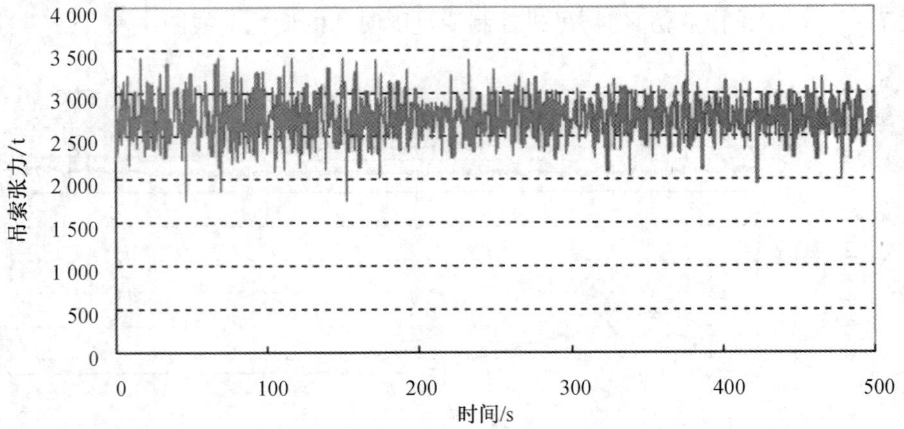

(a)

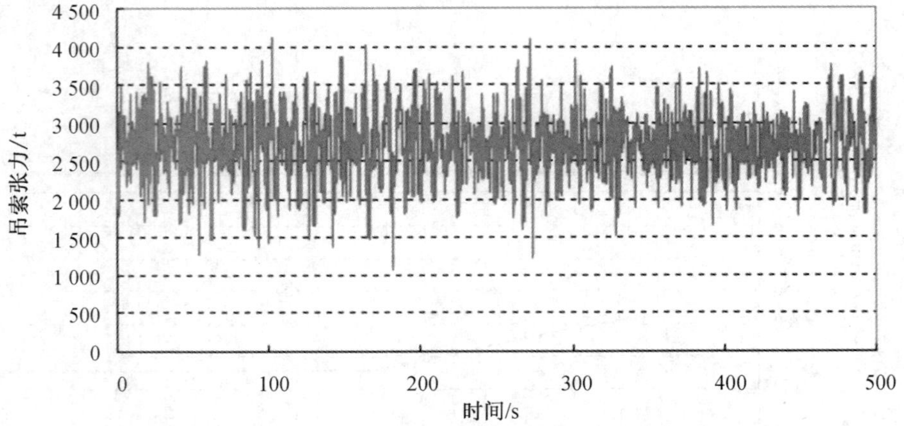

(b)

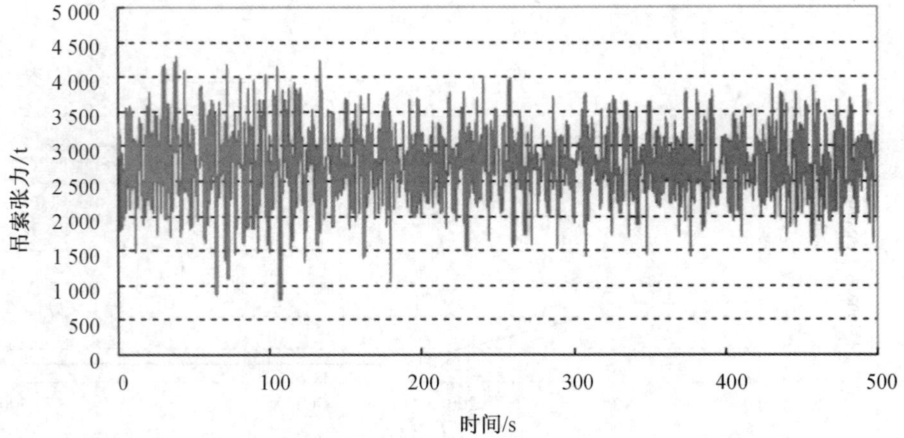

(c)

图 7－32 吊绳动张力随时间的变化曲线图

(a)海况 1；(b)海况 2；(c)海况 3

图7－33 显示,吊绳摆动内角变化大于外角变化,原因是船侧吊物卸货作业引起的船舶艏摇吊绳长度变化引起吊物摆动运动更加激烈。

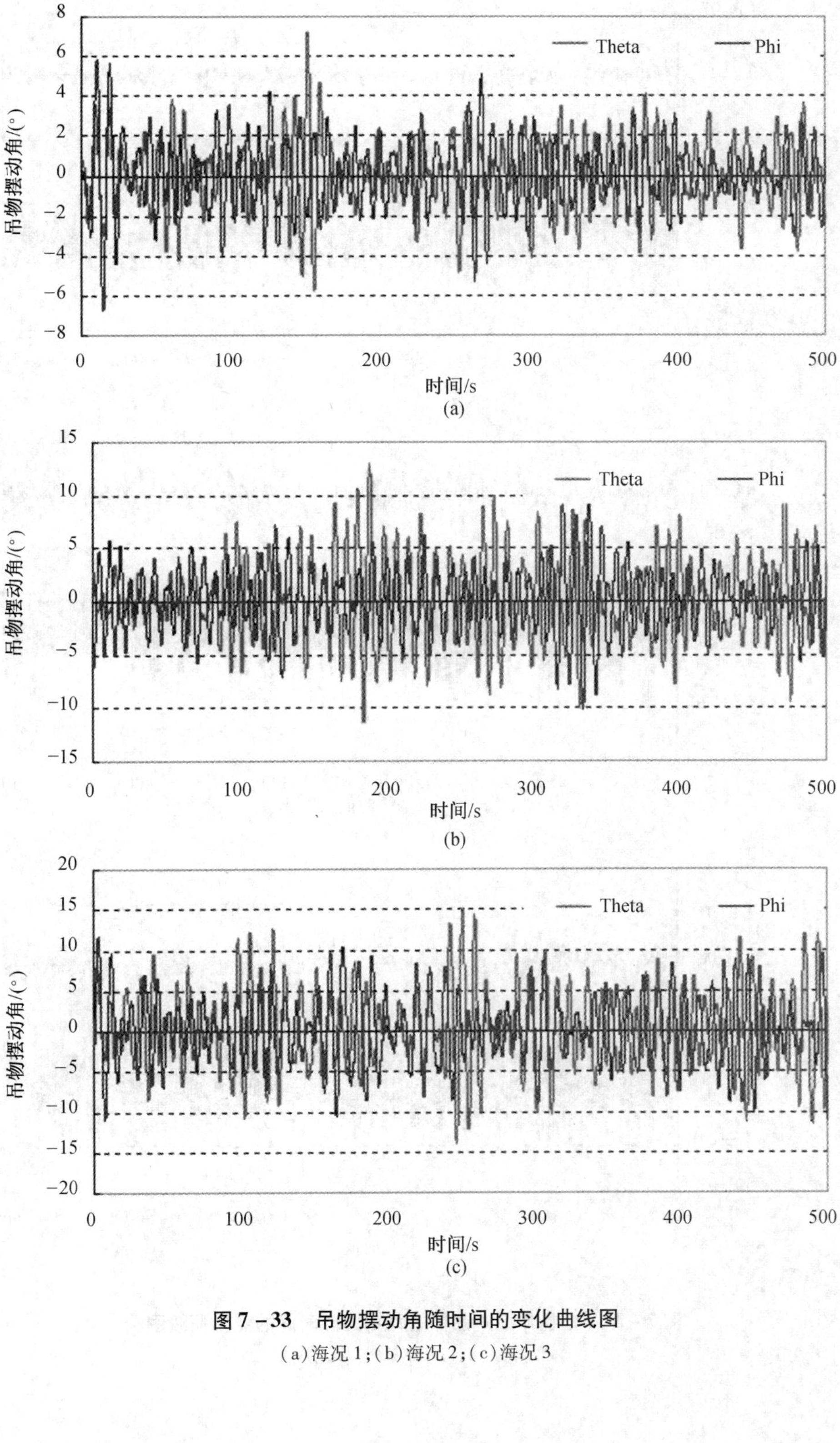

图7－33　吊物摆动角随时间的变化曲线图

(a)海况1;(b)海况2;(c)海况3

图 7－34 和图 7－35 分别为起重作业对船体的作用力和作用力矩随时间的变化曲线图。

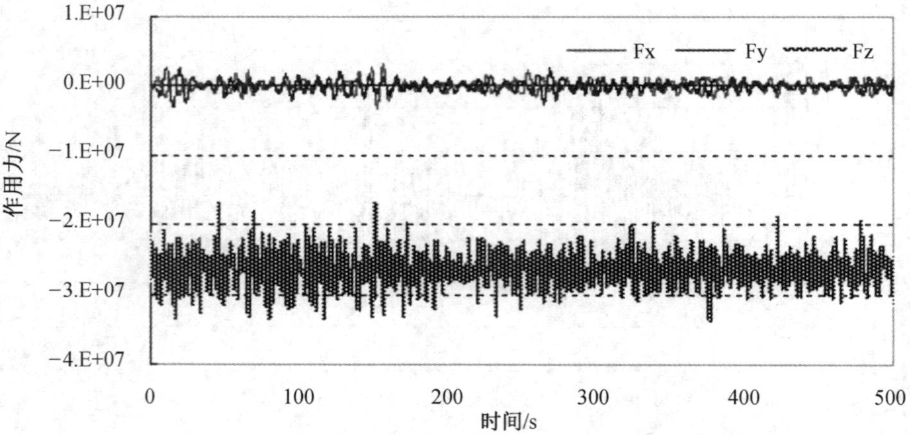

(a)

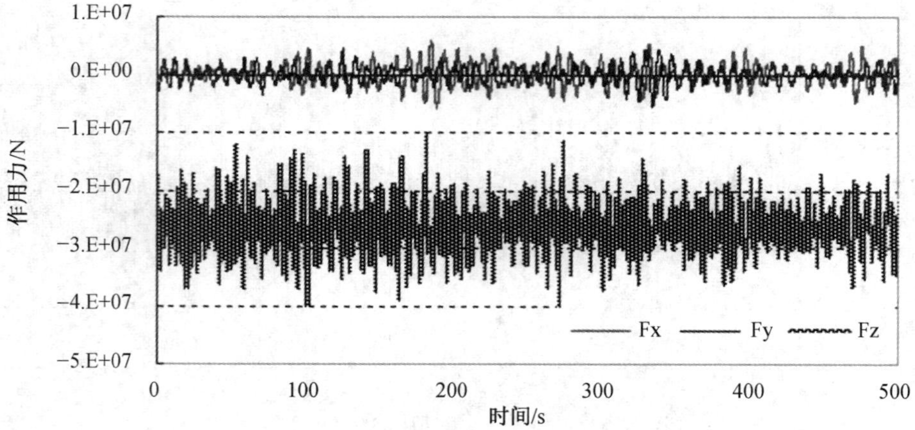

(b)

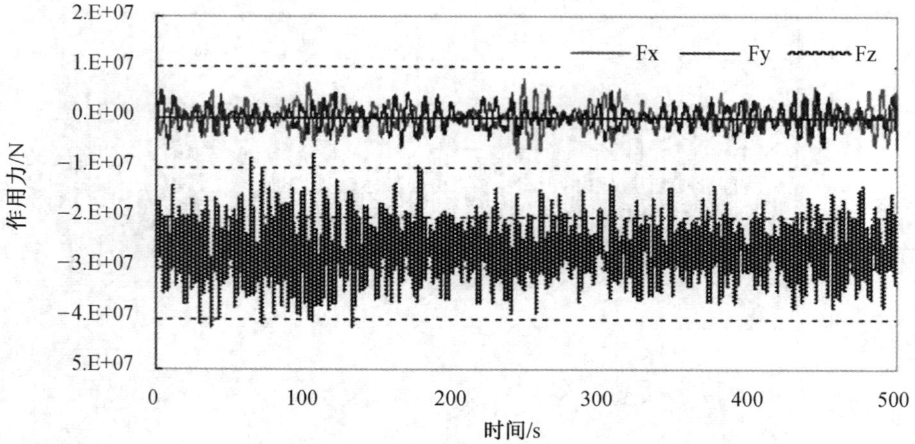

(c)

图 7－34　起重作业对船体的作用力随时间的变化曲线图

(a)海况 1；(b)海况 2；(c)海况 3

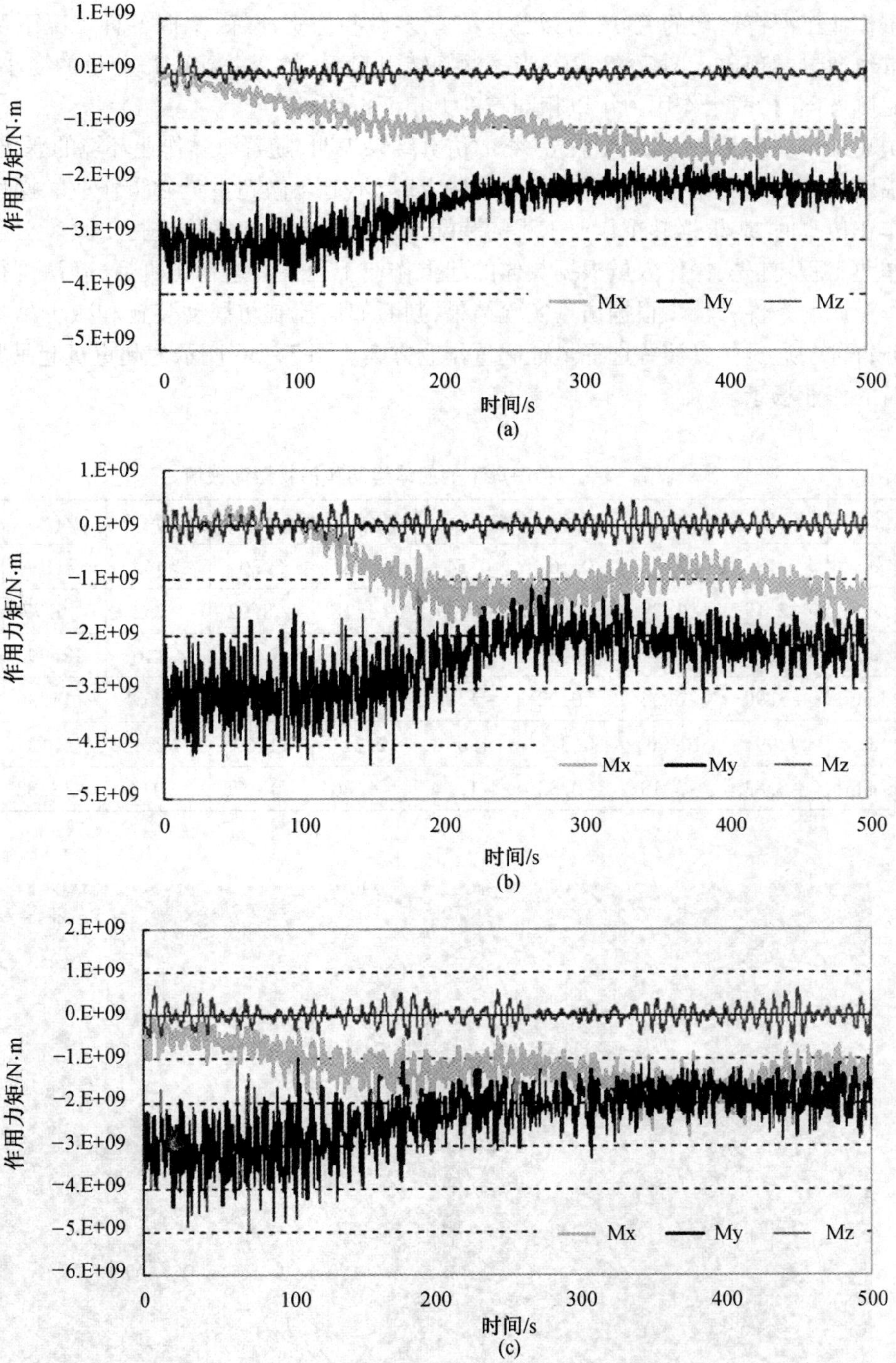

图 7－35　起重作业对船体的作用力矩随时间的变化曲线图

(a)海况 1;(b)海况 2;(c)海况 3

图 7 - 34 中,作用力主要是 F_z,而其他作用力只是在零作用力为基准振荡。这些趋势跟起重作业工况有密切的关联,所以为了安全多做些仿真演练,掌握各种工况下可能出现的起重作业异常现象。图 7 - 35 中,当吊臂旋转引起 M_x 的变大,而 M_y 分量的变小,当吊臂位于船侧方向时,两个作用力矩以相同基准力矩而振荡。

仿真结果如表 7 - 4 所示。表 7 - 4 的仿真结果表明,随着海洋作业环境的恶化,吊物的摆动幅度也变大。当起重作业海况在 3 级以上时,不适合做超重量起重作业。操作人员在海上作业仿真时,应根据起重作业工程的装配或卸货要求制定案例进行仿真。对于实际的起重作业工程:首先,操作人员根据具体的起重作业工程条件进行仿真后,确认可行的实际起重作业海况条件;其次,根据仿真实验结果,判断如何控制防摆动装置和减少吊物摆动完成任务;再次,通过仿真演练选择最佳起重作业方案。图 7 - 36 所示为起重机起吊驳客船上吊物时的作业场景。

表 7 - 4　多种海况下的船体运动和吊物摆动极值

		ξ_1/m	ξ_2/m	ξ_3/m	ξ_4/(°)	ξ_5/(°)	ξ_6/(°)	T/t	θ/(°)	φ/(°)
1	max	0.58	2.14	0.16	0.54	1.08	5.20	3 443	7.19	5.81
	min	-2.19	-1.28	-0.18	-0.57	-1.18	-8.02	1 752	-5.77	-6.77
2	max	2.22	6.42	0.23	1.28	1.47	6.85	4 116	12.99	9.70
	min	-3.90	-6.34	-0.22	-1.12	-1.59	-8.56	1 069	-11.36	-10.15
3	max	4.99	10.96	0.31	1.05	2.71	11.69	4 291	15.12	11.87
	min	-3.83	-3.18	-0.33	-1.14	-1.80	-13.75	797	-13.88	-11.25

图 7 - 36　起重机起吊驳客船上吊物时的作业场景

7.2　300 t 钢桩安装作业仿真算例

7.2.1　选择正常作业方式

作业方式分为正常作业和后背绳作业,选择作业方式示窗图如图 7 – 37 所示。

根据作业工况选择正常作业方式。点选灰色空圆点,被选择的作业方式灰色圆点会变成黄色。

图 7 – 37　选择作业方式

7.2.2　起重台驾驶员选择主吊钩作业模式

拨动起重机开关键锁开关(21),起重机开始运转。起重机开关键指示灯(22)亮起,如图 7 – 38 所示。

图 7 – 38　起重机开关键指示灯(22)亮起

操作吊臂控制杆(2),如图 7 – 39 所示,摇杆有四个方向,即两个自由度,通过摇杆控制吊臂的上升或下降和旋转台的左右转动,进行吊臂起升动作。初始要动作缓慢,观察到各个钢丝绳都处于受力状态后再逐渐提升起升速度。

调整吊臂的位置,如图 7 – 40 所示,可以根据作业需要在起升吊臂的同时进行同步的放钩动作。

在驾驶员旋转操作吊机过程中,教练员工位辅助人员可以加速吊钩和吊臂的运动倍数以加速仿真。

确定吊起目标,降低吊臂,启动主吊钩,按下 MAIN / AUX / WHIP HOIST 1 控制器按键指示灯(111),灯亮起,如图 7 – 41 所示。

图 7-39 操纵吊臂控制杆(2)

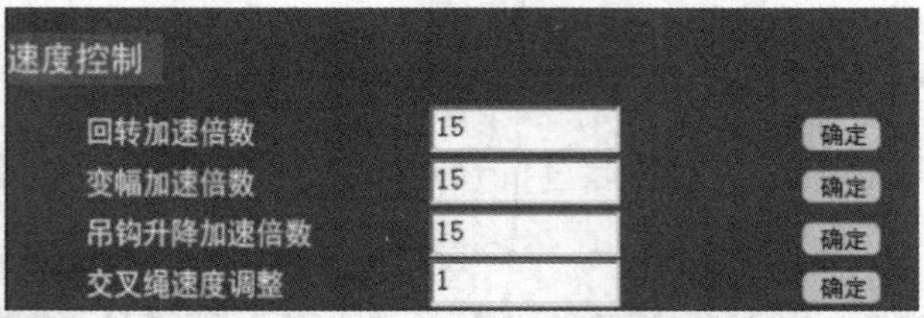

图 7-40 调整吊臂位置

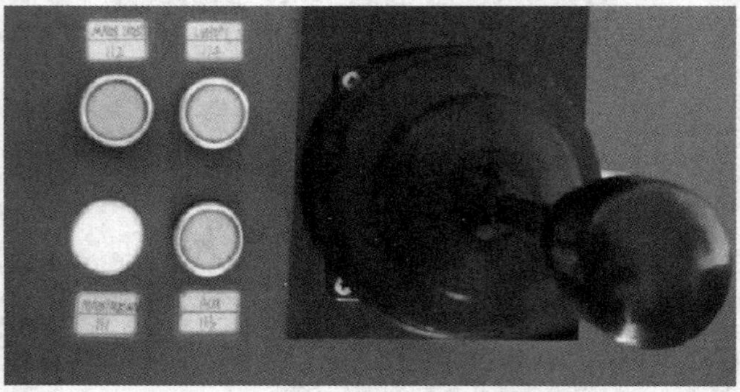

图 7-41 控制器按键指示灯(111)亮起

开启 AUX 小吊钩,首先按下 MAIN/AUX/WHIP HOIST 1 控制器按键指示灯(111),灯亮起,再按下按钮 AUX HOIST 控制器按键,如图 7-42 所示指示灯(113),灯亮起,表明可以对 AUX HOIST 小吊钩进行进一步操作。

再按下按钮(113),按钮(113)弹起时,灯灭掉,主吊钩停止升降,关闭按钮(111)。

7.2.3 驳船靠泊

驳船于“海洋石油 201”侧面停靠,进行缆绳连接。需要连接缆绳的有起重船与驳船。点选右侧对应的灰色圆点,灰色圆点变为黄色,表示连接成功,否则表示连接失败,如图 7-43(a)所示,视景中会有相应显示,驳船靠泊视景图如图 7-43(b)所示,起重船与驳船缆绳连接视景图如图 7-43(c)所示。

图7－42　指示灯(113)亮起

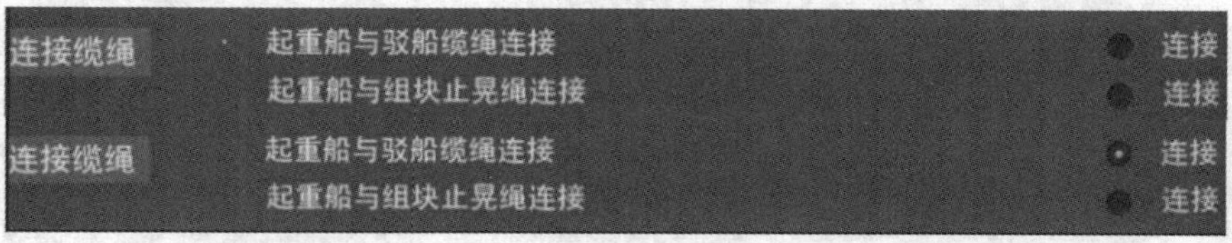

(a)

(b)

(c)

图7－43　驳船靠泊

(a)驳船靠泊示窗图;(b)驳船靠泊视景图;(c)起重船与驳船缆绳连接视景图

7.2.4 起重机操作

操作操纵杆(2)将吊臂缓慢落到支架上或变幅到安全角度(60°~65°),旋转吊机至“海洋石油201”船侧面方向。吊机操作如图7-44所示,下放吊钩操作如图7-45所示。

图7-44 吊机操作示意图

图7-45 下放吊钩操作示意图

7.2.5 移桩

挂吊钩,切除固定装置,通过吊机操作将桩移到起桩通道,位置准确后,点击放桩,会将钢桩放置到起桩通道,然后进行卸吊钩,移桩操作如图7-46所示。

桩放置在起桩通道上,通过平吊使桩腿伸出驳船船尾预先设定距离。

图 7-46　移桩操作示意图

7.2.6　挂扁嘴钩

点击挂扁嘴钩，视景中自动连接扁嘴钩与钢桩，连接完毕后缆绳处于松弛状态，如图7-47所示。

图 7-47　挂扁嘴钩示意图

7.2.7　扁嘴钩拉紧

扁嘴钩连接完毕，缆绳处于松弛状态，由绞车将外部钢丝拉紧，止链器卡紧锚链，挂扁嘴钩完毕。然后等待下一步的吊机作业，如图7-48所示。

图7-48　扁嘴钩拉紧示意图

7.2.8　起桩

挂吊钩(如图7-49)吊钩与起桩器连接,利用翻桩系统[扁嘴钩、止链器、锚链、滑轮组(3,5柄滑轮)、10 t绞车、翻板],通过吊机操作起桩翻转钢桩。

图7-49　挂吊钩示意图

7.2.9　桩体扶正

桩腿起吊扶正过程中(图7-50),吊机扁嘴钩逐渐加力,钩力大概在130 t左右。此过程因为预调载已经能够满足起吊力矩要求,船舶仍然处于右倾状态,因而无需再进行调载。

桩在扶正后期,吊机扁嘴钩继续逐渐加力,直达到300 t左右,桩吊起如图7-51所示。

7.2.10　桩下水安装

主吊钩上升,桩下端扁嘴钩脱离。通过吊机操作将桩旋转或变幅到指定安装位置。由ROV进行水下监测,吊机微调,将钢桩引导至裙桩套筒喇叭口处。其具体过程如图7-52和图7-53所示。

图7-50　桩体扶正示意图

图7-51　桩吊起示意图

图7-52　吊机回转示意图

图 7－53　移桩至裙口示意图

7.2.11　下放吊钩

桩靠自身重力自由入泥。吊装器泄压、移走。由打桩锤将桩打到设计入泥深度。完成钢桩安装，如图 7－54 所示。

图 7－54　桩下放入泥示意图

第 8 章　铺管作业仿真系统关键技术

8.1　铺管仿真系统集成

8.1.1　子系统间海量数据传输研究

1. 子系统间存在的问题

深水铺管仿真系统运行时，子系统模块间存在大量的数据交换，铺管仿真系统内部数据流如图 8－1 所示。可以看出，主控系统与 DP 系统、张紧器系统、视景系统存在实时数据交换，本节主要针对主控系统与视景模块间数据传输存在的问题进行研究。

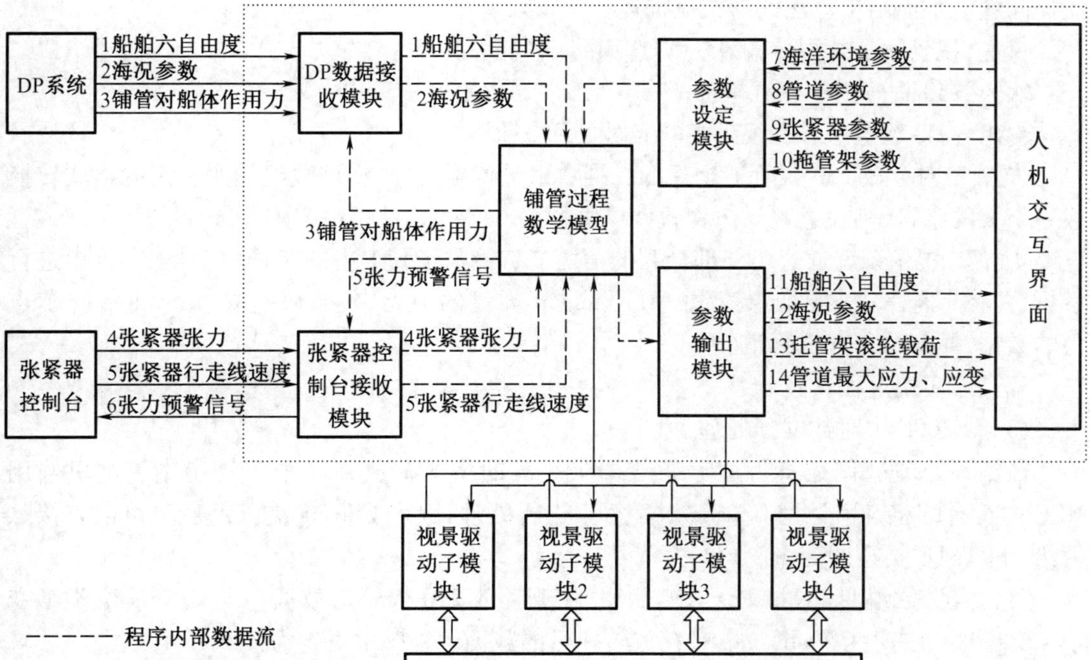

图 8－1　铺管仿真系统内部数据流

数学模型在仿真过程中负责计算铺管过程中管线形态及相关力，然后主控系统通过网络将计算结果发送给视景驱动程序，视景驱动程序再将数据传给视景显示系统。铺管作业中，每根管道 12.2 m，对于 3 000 m 水深 S 型铺管，大概需要 250 根管道，即 251 个点。主控系统 30 ms 给视景系统发送一次数据，每个点信息由 x, y, z 坐标构成，因此，每秒钟主控系统发送给视景系统数据量相当庞大（＞25 000 个/秒）。使用视景平台控件提供的接口函数 Set Channel Value( ) 发送 Float HewValue 类型数据，传输 250 根管道的数据给视景平台的

Ctrl41 控件,当发送管道数据给视景系统时,视景系统会出现“假死”的现象,即视景画面无法切换视角。

2. 解决办法

针对于主控系统与视景系统间存在的数据传输问题,提出几种解决办法。第一种方法是,通过创建新线程的方法来解决问题。但接口函数 Set Channel Value( )每次调用只能传递一个数据,导致传输效率较低,无法满足仿真需求。第二种方法是,降低视景模块显示频率。当显示频率降低到 1s 左右的时候,“假死”现象消失,但随之而来的卡顿现象比较严重。第三种方法是,对数学模型计算结果进行处理,减少数据传输,例如挠度变化相对小的中间段选用两根或三根为一段。这种方法能减少 1/2 的数据,但其只适用于铺管过程静态计算,当考虑管线动态时,段数减少会无法真实地反映铺管形态。

通过认真分析和研究视景平台的接口模块,发现其提供接口中的 Set Channel Text( )函数可以传递 LPCTSTR new Text 类型的数据。LPCTSTR 是 MFC 自身特有的数据类型,可以解释为 const char * 数据类型。这就表明,我们可以将很多的数据压缩在 LPCTSTR 类型的变量中进行传递。从最后的试验结果来看,这种传递数据的效率非常高,能够从根本上解决该问题。下面给出算法的形式化描述。

算法:视景海量数据传输算法 VDT Method( )。

输入:250 根管道的三维坐标。

输出:海底管道形态在视景中的实时显示效果。

步骤 1:对存放 250 根管道坐标的二维数组进行预处理,将该数组按照一定的格式转换成一个长的字符串,通过视景仿真软件提供的接口,将该字符串发送给视景系统。

步骤 2:视景系统通过与外部交互的信道节点接收步骤 1 中的字符串,对该字符串进行解析,并将字符串中的数据转存到 Array Import 类型的节点中,循环读取 Array Import 节点中的数据,赋值给每一根管道。

3. 具体实现过程

(1)VS2005 中对数据预处理

数据预处理过程是将管道形态数据按一定的格式存放在一个字符串中。这里选用 MFC 中特有的字符串类型 CString 对字符串进行处理,因为 CString 类型的变量可以直接赋值给 LPCTSTR 类型的变量。

首先定义数组变量 PipePos[250][3],用于存放 250 根管道数据。定义 CString 类型变量 strPipePos、临时变量 strTemp 来存放转换后的数据。程序中语句为:

```
strTemp.Format(_T("%lf,%lf,%lf\r\n"),PipePos[i][0],PipePos[i][1],PipePos[i][2]);
strPipePos = strPipePos + strTemp;
```

循环调用上述语句,完成对管道数据的处理。然后就可以将字符串变量 strPipePos 作为 SetChannelText( )函数的其中一个参数传递数据。

(2)视景平台中对数据解析

对于系统中的内置 Text 文本,首先通过视景平台系统中的 Array Import 将其转换为数组,这样就可以读出数组中的数值,将数值按照顺序依次赋给管道,这样管道的动态实时性得以保证。

为了测试改进后的数据交互方式效果,对新旧两种方法进行实验对比,实验采用惠普 Z800 图形工作站,操作系统为 Windows XP 系统,在视景平台仿真软件里采用特定的信道节点分别对它们的帧速进行采集,采集的时间步长为 100 ms,采集样本数为 6 000 个,新旧传输方式帧速对比如图 8 -2 所示。横坐标表示采集到数据的样本个数,通过对比分析可知,旧的传输方式帧速波动较大,卡顿现象严重。新的传输方式平均帧速在 40 f/s 左右,上下波动较小,能够满足视景仿真需求,实际铺管仿真作业过程中,视景显示效果流畅。

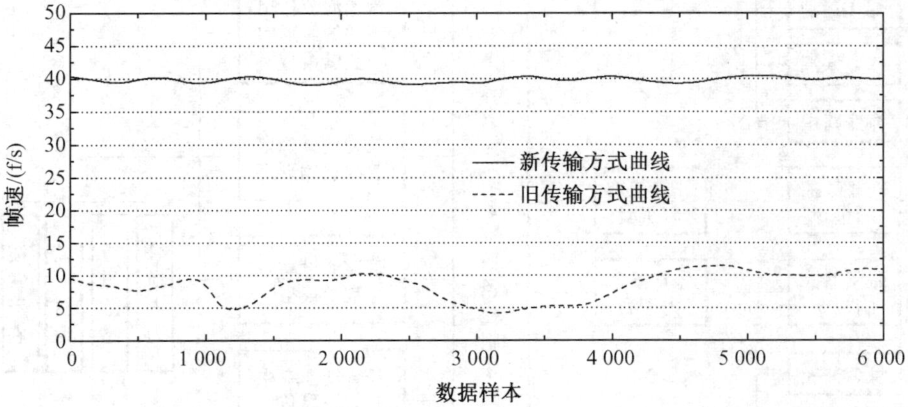

图 8 -2　新旧传输方式帧速对比

8.1.2　铺管数学模型的程序实现

铺管数学模型是铺管仿真系统的核心,数学模型系统根据外界输入的环境参数进行仿真计算,铺管模拟仿真系统管道形态计算逻辑如图 8 -3 所示。主要分为三部分,即根据“海洋石油 201”实际铺管作业工艺,进行缆索拉力测试,确定缆索长度及管道初始形态;计算常值海流作用下管道形态;根据管道与缆索的横向振动分析确定管道与缆索动态形态。管道与缆索的最终形态由三部分叠加组成。

数学模型程序实现是仿真系统的关键,良好的程序结构及优化的程序逻辑将大大简化仿真系统的计算量与运行时间,也为系统的后续开发带来方便。

铺管数学模型总体上分为起始铺管数学模型、正常铺管数学模型、弃管数学模型和收管数学模型四个部分,我们建立了四个类,具体为 CStartPMModel 类、CNormalPMModel 类、CAbandonPMModel 类和 CPickUpPMModel 类,其类结构如图 8 -4 所示。对数学模型的架构采用简单工厂设计模式,该模式是一种基于对象创建的设计模式,它适用于创建的对象不是很复杂或者对象的数量不是太多的情况。简单工厂模式由抽象产品类、实现抽象产品的具体类和具体工厂类三部分组成。简单工厂模式的优点是只要简单地调用具体工厂类里面的静态方法就可以创建对象,既减轻了自身的负担,又提高了效率。缺点是具体工厂类里面的方法是静态的,因为静态方法是不能够被继承的,所以也就无法扩展,如果使用具体工厂类创建大量的对象,则以后的维护和修改会很不方便。由于该数学模型创建的对象只有起始铺管、正常铺管、弃管和收管等有限的几个对象,所以完全可以避免该设计模式的缺点,充分利用其优点。

由图 8 -4 类结构图可以看出,该模型定义了一个抽象产品类 CPipelayingMModel,该类封装了计算数学模型所需要的参数类,包括海洋环境类 CSeaEnvironmentInfo、管道参数类 CPipeParaInfo、托管架参数类 CStingInfo、张紧器参数类 CTensionerInfo、管道形态参数类

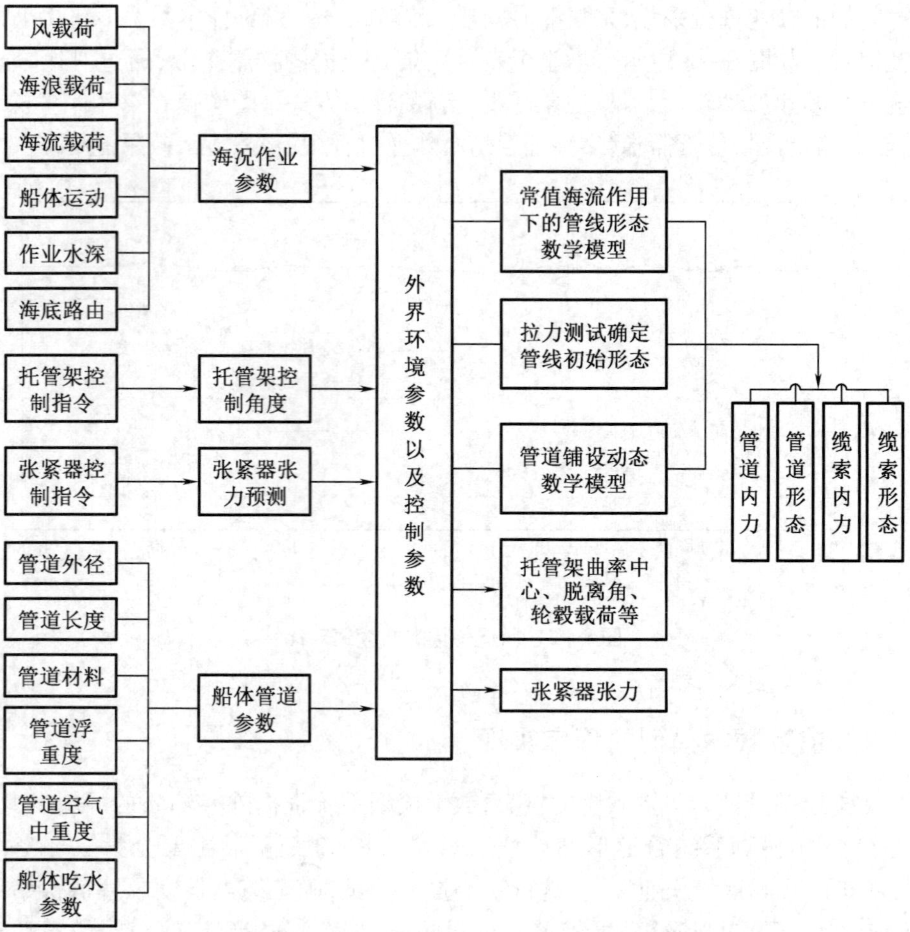

图 8-3 管道形态计算逻辑图

CPipeShapeInfo、缆绳参数类 CMooringRopeInfo、船体参数类 CShipParaInfo。另外该类还封装了计算管道形态所使用的一系列方法，主要包括计算管道静态形态的自然悬链线函数 NaturalCatenaryMethod()和计算上弯段的函数 UpperCurvedSectionPipe()，常值海流影响下，管道形态的计算函数 ConstantCurrentCauseDeflection()，海浪运动引起的管道形态变化 SeaWaveCausePipeShapeChange()，以及其他的一些辅助计算函数，如二分法求解一元线性微分方程的函数 Dichotomy()等。

实现抽象产品类的具体类有 CStartPMModel 类、CNormalPMModel 类、CAbandonPMModel 类和 CPickUpPMModel 类，分别代表起始铺管数学模型类、正常铺管数学模型类、弃管数学模型类和收管数学模型类。这四个类是抽象产品类 CPipelayingMModel 的派生类，它们分别实现了基类中的虚函数，并在基类已有的成员变量和成员函数的基础之上扩展自身的成员。具体工厂类是 CPipelayingFactory 类，它里面有一个静态方法 CreatePipelayingFactory()负责数学模型对象的创建，该方法能够根据用户的选择动态地创建用户所需要的数学模型类对象。

通过 CPipelayingMModel 类的计算，可以求出特定海况下管道形态、管道内力、张紧器张力等参数，再经过主控程序、DP 系统、张紧器系统，仿真操作者就可以完成整个铺管作业过程。为了验证数学模型算法满足仿真计算程序需求，对仿真系统数学模型运算时间进行实验。仿真系统运行过程中，采用 C++ 中的计时函数 clock()来检测数学模型系统运行时间。

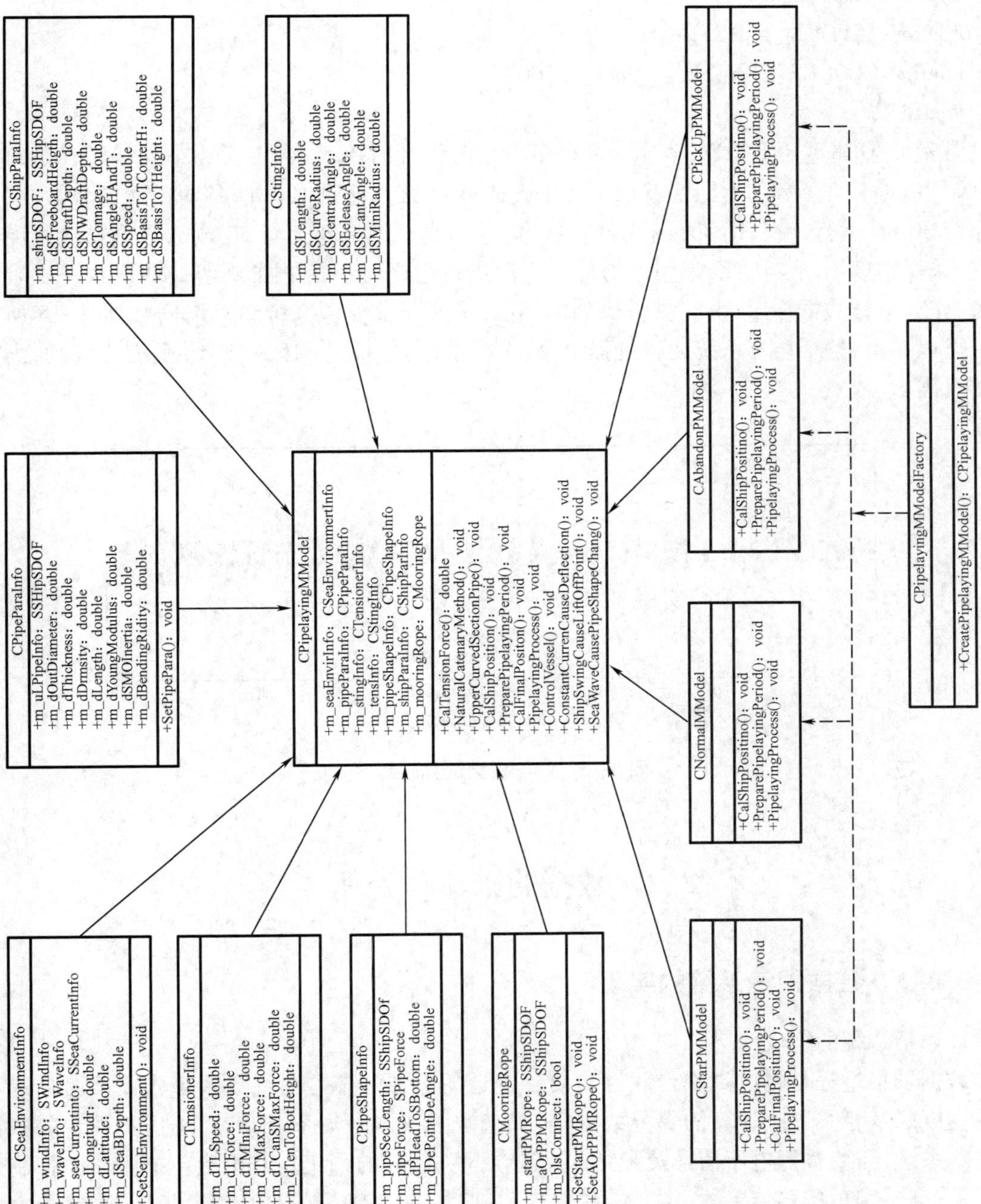

图8-4　铺管数学模型类结构图

clock 函数定义如下：

```
clock_t clock(void);
```

其中 clock_t 是保存时间的长整形数据，在 time. h 头文件中，它的定义如下：

```
#ifndef _CLOCK_T_DEFINED
Typedef long clock_t;
#define _CLOCK_T_DEFINED
#define CLOCKS_PER_SEC (clock_t)1000)
#endif
```

常量 CLOCKS_PER_SEC 表示 1 s 有多少个时钟计时单元，当定义为 1000 时，表示每 1 ms调用 clock( )函数的返回值就加 1。由于 clock( )函数记录 100 ms 级时的误差较大，主控系统 30 ms 运行一次，即 30 ms 采样一次，如果仿真系统操作运行 50 min，数据量会很庞大，且采样精度不高。因此，采用平均值的方法进行采样，将 6 s 内的运算 200 次取一次平均值，作为采样数据输出，由此测量得到的 50 min 内数学模型系统运算时间如图 8 - 5 所示。可以看出，整个仿真系统运行过程中，数学模型运算时间在 15 ~ 18 ms 范围内波动，满足仿真需求。

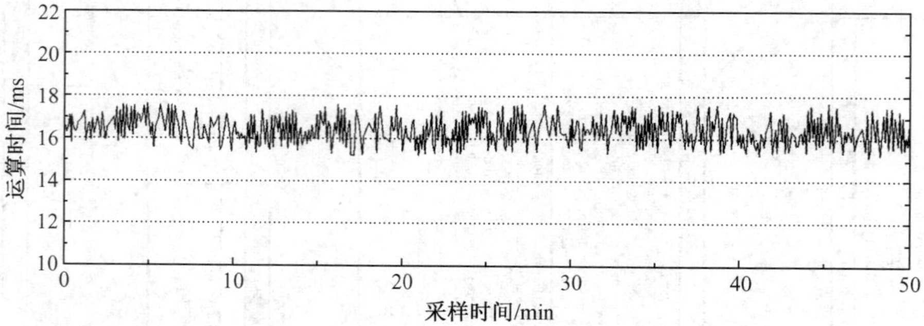

图 8 - 5　数学模型运算时间

8.2　数据的采集与处理

8.2.1　数据采集系统的实现

1. 采集系统的组成

数据采集过程是将仿真平台软件与硬件连通的重要环节。而视景系统张紧器履带运行的速度以及管线形态计算的部分数据等，都来源于数据采集系统，针对本仿真平台的数据采集系统，需要进行电压信号及张紧器控制台开关信号的采集。其组成包括张紧器控制台开关、高精密角位移传感器、D/I 采集卡 PCI - 1751 和 A/D 采集卡 PCI - 1711、张紧器主控服务器和采集测试软件 LabVIEW。对于电压信号，其数据采集过程为经调理后的模拟信号通过接线端子进入 PCI - 1711 数据采集卡中，并通过 PCI 总线进行 A/D 转换传输至张紧器主控服务器，原始采样值经过数据处理进入预先建立的数学模型中得出控制信息。仿真平台数据采集系统的原理图如图 8 - 6 所示。

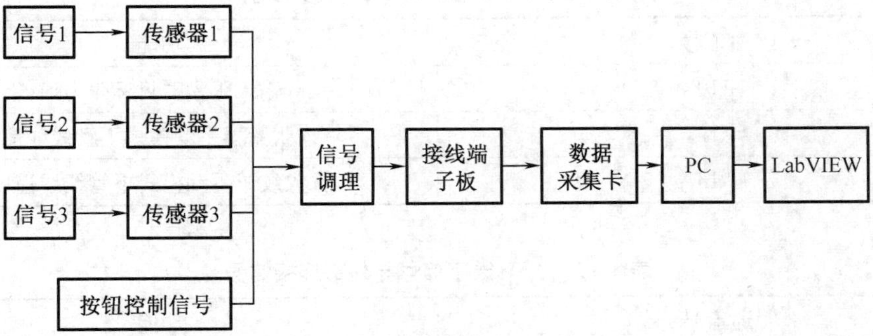

图 8－6　仿真平台数据采集原理图

2. 采集信号的类型

由于采样信号相异，系统的测量方式也会相异。按照输入信号的类型，可分为 AC、DC、数字开/关、数据计数/定时器和频率等。一般情况下，在具体工程领域常见的信号有模拟信号及数字信号。

模拟信号是指幅度和相位都连续的电信号。该信号可以被模拟电路用于进行各种运算，如放大、相加、相乘等，该信号的幅度、频率或相位会随时间连续变化。由于任何时间点都会有数值，因此在真实世界中只存在模拟信号；数字信号幅度的取值是离散的，幅值表示被限制在有限数值之内。

（1）开关数字量信号

开关量信号的值代表某个瞬时的量值，是不连续的信号。通常认为输入高电平为 2.0 ~ 5.0 V，输入低电平为 0 ~ 0.8 V。

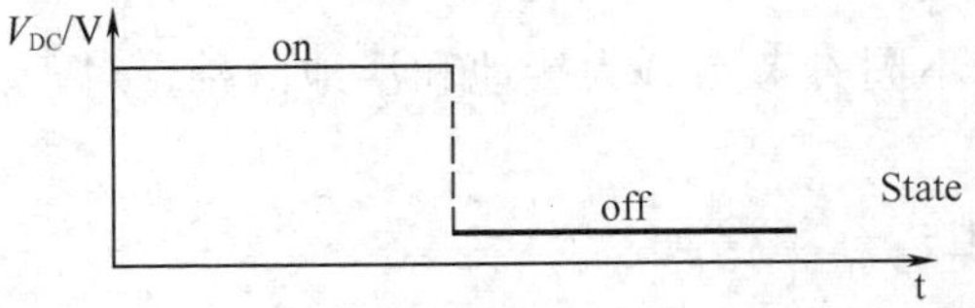

图 8－7　开关数字量信号

（2）模拟直流信号

V_{DC}为改变很慢或静止的模拟信号，如图 8－8 所示。对于本仿真平台的直流电压信号采集过程中，为了得到正确的测量信号电平，系统对精度的要求比较高。

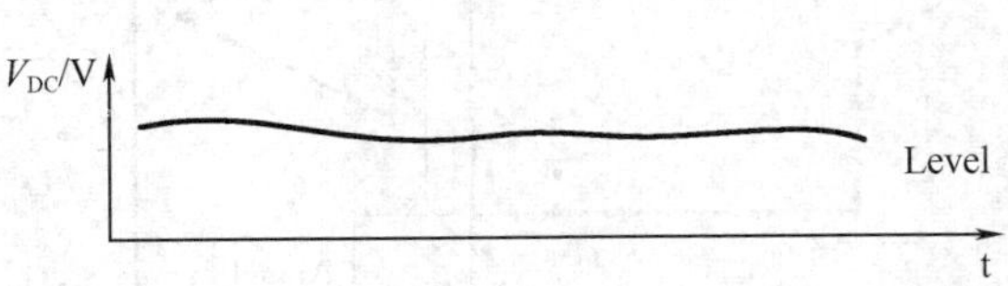

图 8－8　模拟直流信号

在本仿真平台中，信号的采集包括数字信号和直流电压信号。张紧器控制台与外部的连接信号如表 8－1 和表 8－2 所示。

表 8－1 A/D 模块与外部连接信号

通道号	功能
A10	输入张紧器目标张力值
A12	输入张紧器手动模式下管线线速度
A13	输入绞车手动模式下管线线速度

表 8－2 TTL 数字信号与外部连接信号

通道号	功能
A00/A01	张紧器 1 驱动开/关
A02/A03	张紧器 1 自动夹管启/停
A04/A05	张紧器 1 自动调节启/停
A06/A07	张紧器 1 自动模式启/停
A10/A11	张紧器 2 驱动开/关
A12/A13	张紧器 2 自动夹管启/停
A14/A15	张紧器 2 自动调节启/停
A16/A17	张紧器 2 自动模式启/停
A20/A21	绞车驱动开/关
A22/A23	张力转换启/停
A24/A25	张紧器/绞车工作

(3)输入信号连接方式

通常,输入信号根据不同参考点分为接地和浮地两种。对于大多数输入电路,信号接地一般有以下几类方式:

①有参考的单点接地;

②无参考的单点接地;

③差分方式。

本仿真平台选择有参考的单点接地方式,如图 8－9 所示。

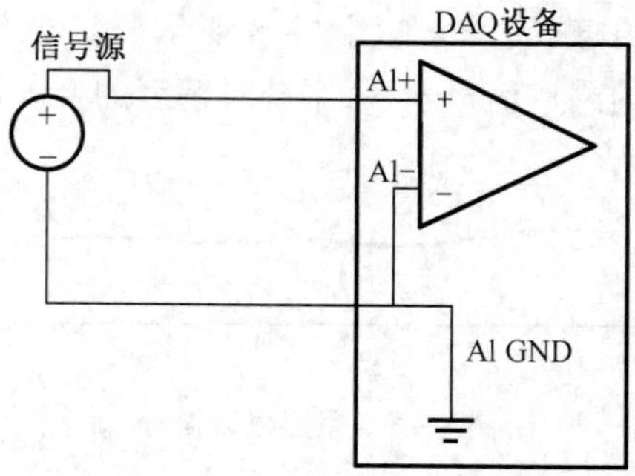

图 8－9 有参考的单点接地方式

(4)触发方式

触发即数据采集过程的起始信号,其状态可控制数据采集过程的启/停。触发分为以下两种形式。

①软件触发

软件中的信号直接作为触发源,例如前面板的布尔按钮。编程者能够清楚地控制所有 DAQ 操作;在 DAQ 的定时时间要求不是十分精确的情况下,可以使用此种类型的触发模式。

②硬件触发

通过 DAQ 设备的电路来管理触发信号。DAQ 时间定时要求非常精确,消耗小小的软件的 CPU 占用率;当模拟通道达到指定电平时输出一个脉冲信号,或者通过触发引脚,使用外部触发信号控制采集。

在铺管仿真作业过程中,由于工艺的需求,目标张力值在初始铺管中是阶段性变化的,使得数据采集过程具有不定时性,因此数据采集过程使用软件触发。

8.2.2　数字滤波处理

在仿真平台模拟量数据采集过程中,直流电压信号在毫伏数量级变化,因此它对干扰信号十分敏感,有时甚至不同材质的连接导线接触产生的温差热电偶也会引起传送中信号的幅值和相位发生畸变。因此,直接采集的原始数据不能在仿真作业中传递正确的信息。

在 LabVIEW 中,我们利用相应的算法对原始采样值采用平滑处理的方式,将干扰信号对数据采集过程的影响降到最低,实现滤除干扰信号的效果,达到提高本仿真平台的可靠性与准确性的目的。这种软件滤波技术也称为"数字滤波",其具有工作稳定、算法灵活、精度可控、受环境影响小等优点。

一般用到的软件滤波算法如图 8-10 所示。

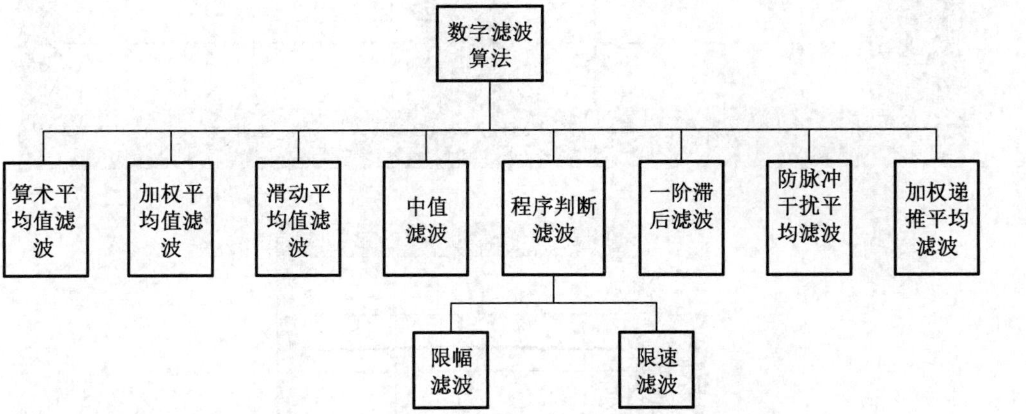

图 8-10　数字滤波算法分类

针对本仿真平台在进行电压信号采样时的实际情况:干扰信号在一个固定区域内上下变动,具有一个均值的特点,我们选用算数平均值滤波法来平滑处理采集到的电压值,实现滤除干扰信号的作用。

将被测电压连续采样到的 N 个电压值 X_i 求平均,该平均值成为最终的电压输出值 S。

其计算原理如图 8-11 所示。决定了信号的平滑度,未经过滤波的原始波形如图 8-12(a)所示,$N=10$,$N=20$ 时滤波后的波形分别如图 8-12(b),图 8-12(c)所示。最终本仿真平台选取 N 值为 20。

对比滤波前后的电压波形图 8-12(a),很明显可以看出,原始采样值很不稳定,由于某一固定频率的信号夹杂在正常信号中,原始电压值大约在 0.05 V 左右波动较大。而且只要电路存在,这种随机的干扰信号就无法消失。对于以毫伏数量级变化的本仿真平台而言,0.05 V 的电压变化量非常大,因此这样不稳定的采样值不能应用于本仿真平台,否则会造成系统的不稳定,甚至会影响视景画面的流畅性。相比较图 8-12(b),图 8-12(c)可知,经过算数平均值滤波后波形图与未滤波的原始波形图相比,电压采集数据的波形图明显变得平滑、稳定,综合信号的平滑度和灵敏度,通过多次实验比较得出,$N=20$ 时滤波效果最为理想,能够有效地抑制电压信号采集中的干扰现象,符合本仿真平台的要求。

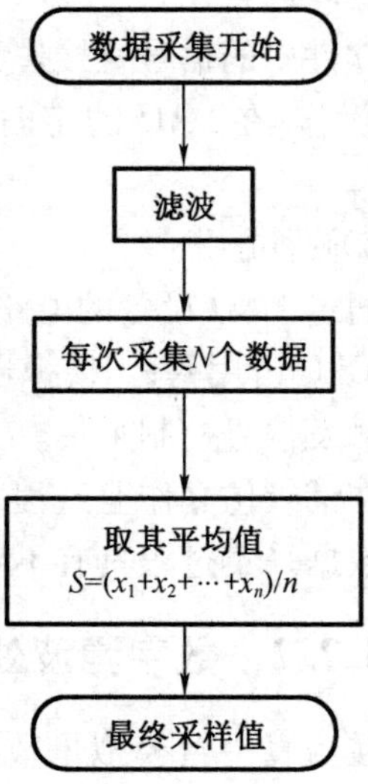

图 8-11　算数中值滤波算法计算原理

算数平均值滤波算法的程序设计如图 8-13 所示,并以子 VI 的形式应用于程序设计中,供主程序 VI 使用,使其简洁,可读性强。

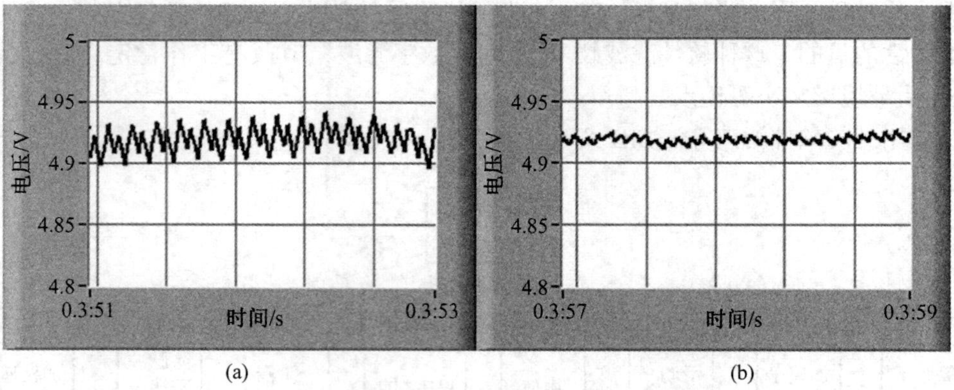

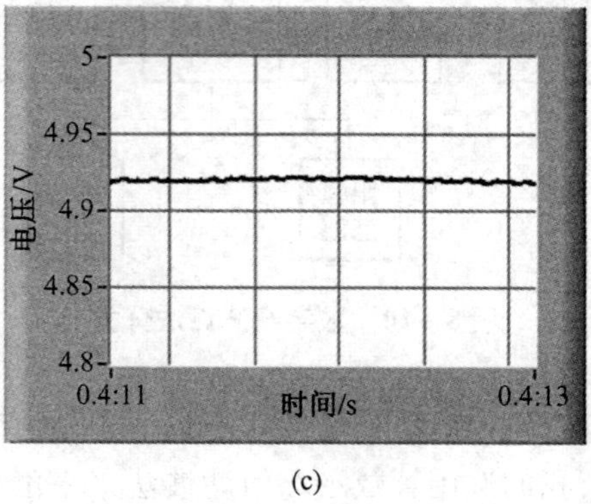

(c)

图 8-12　滤波前后波形对比图

(a)原始电压信号图;(b)$N=10$ 滤波后的电压信号图;(c)$N=20$ 滤波后的信号波形图

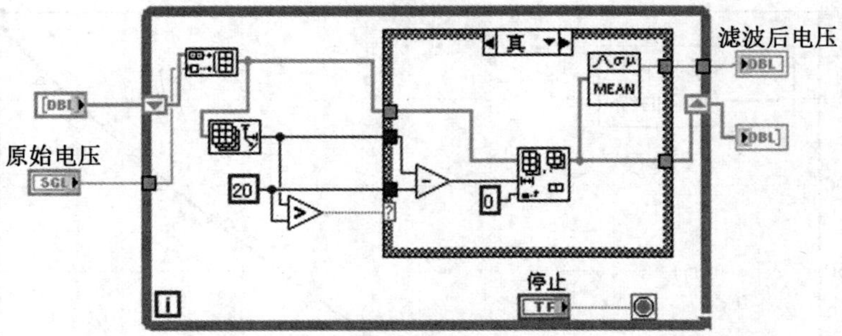

图 8－13　均值滤波算法的程序设计

8.2.3　曲线拟合

利用连续函数式来近似代替一组离散点组成的函数关系，这种方法称为“曲线拟合”。在本仿真平台中，为了将角位移传感器输出的电压值与人机交互界面中相应显示控件的量程相匹配，根据数据采集系统的采样值拟合出随着角位移传感器角度变化而变化的曲线，并通过 LabVIEW 公式节点输入拟合后的曲线函数表达式。

以原始电压采样值作为拟合曲线的 X 轴，人机交互界面中目标张力值显示控件/线速度显示控件值为拟合曲线的 Y 轴，通过最小二乘法将两组输出曲线进行拟合使之形成确定的数学表达式，为仿真平台所利用。

具体的实验数据分别如表 8－3（刻度盘拟合数据）和表 8－4（操纵杆拟合数据）所示。

表 8－3　刻度盘拟合数据

电压值/V	0.27	1.50	2.80	3.98	5.06
读数值/V	40	80	120	160	200
电压值/V	6.20	7.45	8.65	9.81	10
读数值/V	240	280	320	360	400

根据表 8－3 中的测量数据，拟合出的函数如图 8－14(a)所示。

拟合曲线的函数表达式为

$$y_1 = a_1x^3 + b_1x^2 + c_1x + d_1$$

式中，$a_1 = 0.1064$，$b_1 = -1.1375$，$c_1 = 0.1064$，$d_1 = 28.6675$。

表 8－4　操纵杆拟合数据

电压值/V	10	9.44	8.86	8.11	6.51	5.12	3.28	2.22	1.68	0.99	0
读数值/V	−40	−32	−24	−16	−8	0	8	16	24	32	40

根据表 8－4 中的实验数据，拟合出的曲线如图 8－14(b)所示。

拟合曲线的函数表达式为

$$y_2 = a_2x^3 + b_2x^2 + c_2x + d_2$$

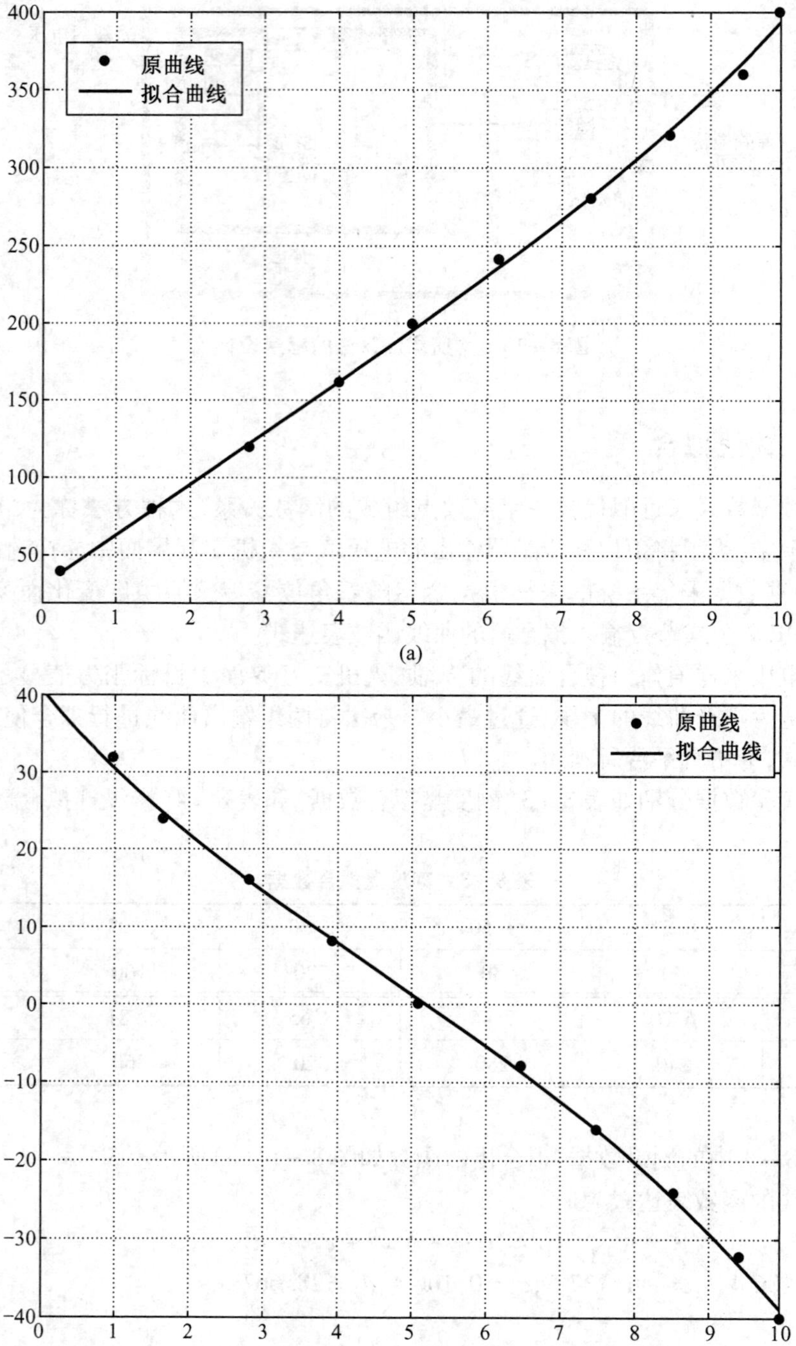

图 8-14 拟合曲线

(a)刻度盘数据拟合曲线;(b)操纵杆数据拟合曲线

式中,$a_2=-0.0672$,$b_2=0.9838$,$c_2=-11.1028$,$d_2=40.7059$。

以刻度盘拟合函数为例,利用“公式节点”读入拟合曲线数据,如图 8-15 所示。

图 8-15　曲线拟合数据

8.3　张紧器子系统数据通信的实现

8.3.1　仿真平台软硬件之间的通信

本仿真平台中需要连接 LabVIEW 与数据采集卡,这部分称之为设备驱动程序部分。电压信号采集过程中 LabVIEW 的开发环境只能识别 NI 生产的板卡,却无法链接非 NI 厂商生产的数据采集卡,即第三方数据采集卡。为了使其能够发挥作用,可通过在 Windows 底层调用 API 函数来实现。现在很多板卡制造公司会给用户提供底层动态链接库(DLL)驱动程序,提供模拟量输入、模拟量输出、数字量输入、数字量输出、计数等功能。程序设计者通过直接利用子 VI 形式的 DLL 函数来达到对第三方板卡的应用。设备驱动逻辑图如图 8-16 所示。

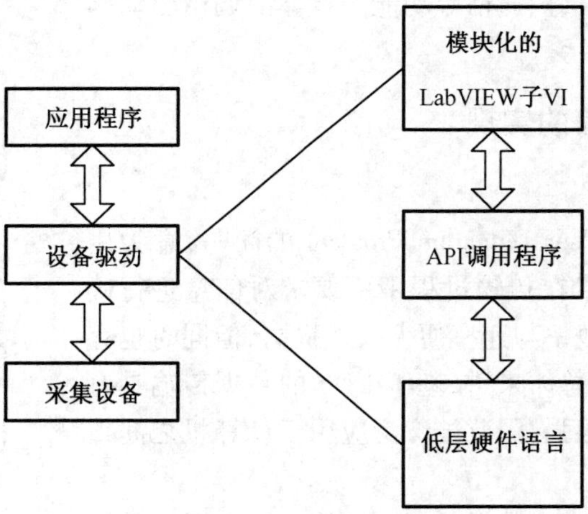

图 8-16　设备驱动逻辑图

该 32 位 DLL 驱动提供了一个调用 32 位 DLL 驱动程序的接口,包括许多有效的编程函数,完成板卡的各项功能。此时,我们便可以利用 LabVIEW 软件开发平台,借助 32 位 DLL 驱动程序中提供的接口函数高效地开发出本仿真平台中的数据采集模块。

32 位动态链接库大致由十种函数及其相关的模块组成,具体如表 8-5 所示。

表 8-5

序号	函数	函数模块
1	Device Functions	设备函数
2	Analog Input Function Group	模拟量输入函数组
3	Analog Output Function Group	模拟量输出函数组
4	Digital Input/Output Function Group	数字量输入/输出函数组
5	Counter Function Group	计数器函数组
6	Temperature Measurement Function Group	温度测量函数组
7	Alarm Function Group	报警函数组
8	Port Function Group	端口函数组
9	Communication Function Group	通信函数组
10	Event Function Group	事件函数组

其中，第一种 VI"Device Functions"称为设备函数，其职责为获取板卡特性与开关硬件；除了第一种 VI 以外的均为操作函数，当设备函数获取硬件设备完成之后，操作函数便可以进行具体的数据采集、报警、通信等功能。具体的调用驱动函数的顺序如图 8-17 所示。

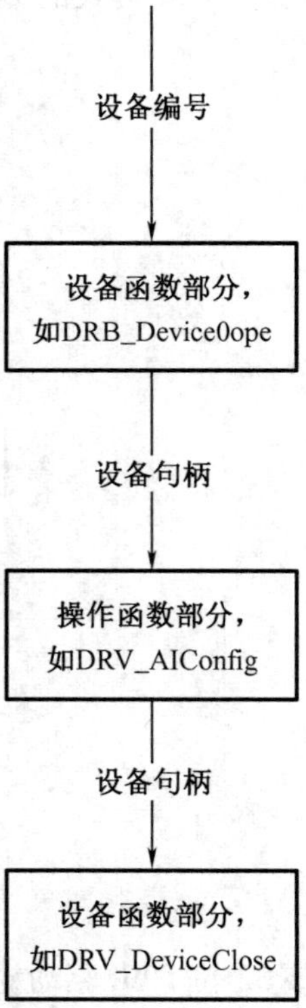

图 8-17 调用驱动函数的顺序

8.3.2 网络通信的实现

1. UDP 通信概述

UDP 通信协议为 User Datagram Protocol 的简写，意为用户数据包协议，通信技术在传输过程中不要求对信息进行确认和重发，这样其传输效率与速率便大大地提高，但同时也存在一定的数据丢失率。总体来讲，基于 UDP 的数据传输具有很高的效率，实用性也很强，因此被广泛应用于计算机之间传送数据的网络应用。

对于本仿真平台的实时数据是通过铺管仿真主系统传输至视景系统的，在此数据传输过程中要求数据快速传输且时间具有连续性。通信双方互为接收者和发送者，双方通过 SOCKET 的建立，并绑定到相同的本地端口，当对方 PC 机向此端口传输信息时，本机便能够接受信息了；当该套接字发送数据时，只需确定对方的 IP 地址即可。最终，在完成信息传输后，两台计算机只需关闭套接字即可。这里提到的套接字(SOCKET)是应用层到传输层的一种网络应用程序接口，先启动的一端即服务端我们称之为发送端，发送数据的一端即客户端称之为接收端。发送和接收通信过程分别如图 8-18 和图 8-19 所示。

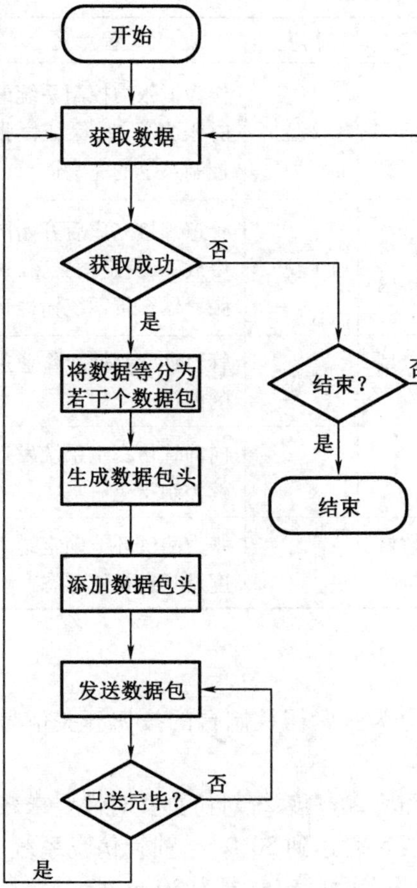

图8-18 服务端数据发送的实现程序图

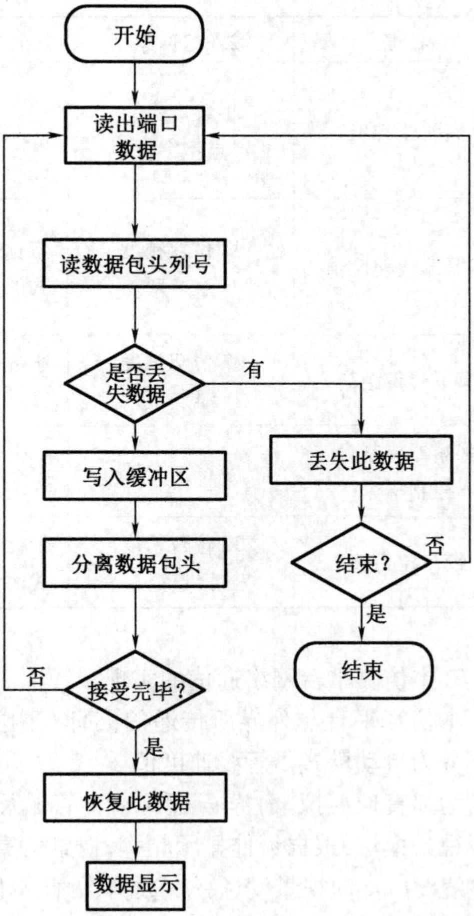

图8-19 客户端数据接收的实现程序图

2. 仿真作业数据流

海管铺设仿真作业中,网络通信过程为:手动模式下,仿真平台通过角位移传感器输出相应的电压信号至铺管仿真主系统;自动模式下,铺管作业仿真系统实时解算出管道的张力值,并将其通过UDP通信协议传递至张紧器仿真系统,作为恒张力控制数学模型的输入值。同时,张紧器仿真系统根据此张力值计算出管线线速度值,并将此张力值和相关按钮信号传输至铺管作业仿真系统,因此,仿真平台与铺管主系统循环地发生着信息通信过程。最终,利用视景画面来实现模拟张紧器的作业流程。

基于UDP网络协议下的数据是以字符串形式进行通信的。同时,由于通信过程中格式化字符串和解析字符串操作十分频繁,且字符串长度可变,字符串处理的好坏也直接影响着程序的运行效率,因此,数值与字符串之间的转化是一个很关键的环节。LabVIEW的数据类型包括标量数据类型,如整数型、布尔量、双精度浮点数等,也包括复杂的数据类型,如数组、簇、波形数据等,下面列出UDP通信过程中的传输数据的名称与类型,如表8-6所示。

表 8-6 仿真数据名称和类型

名称	输入数据类型	输出数据类型	精度	工程意义
实时张力值	小数格式的浮点型字符串	双精度浮点型	2 位	作为恒张力控制系统的实时张力反馈,保证恒张力控制系统的完整性
张紧器线速度值	32 位双精度浮点型	带标识符的小数格式的浮点型字符串	1 位	管道焊接完成后开始向海中放管,管道被夹紧,通过张紧器履带系统输送管道
上下履带距离	32 位双精度浮点型	小数格式的浮点型字符串	1 位	管道夹紧是铺管作业进行的前提
张紧器控制台控制指令	字符串常量	字符串常量	无	向铺管仿真主系统发送有效控制指令
绞车拉力值	32 位双精度浮点型	带标识符的小数格式的浮点型字符串	2 位	张力测试环节确定缆索长度及管道初始形态

3. 本仿真平台网络通信的实现

本仿真平台与外界所传递的信息有两类:一部分为张紧器控制台的按钮开关信号;另一部分为自动模式下管线速度值。

为逼真地模拟“海洋石油 201”铺管船及其作业环境,仿真系统对仿真实时性要求较高。对于视景模块,根据最佳显示频率,视景仿真系统需要定时达到 30 f/s。铺管仿真系统中主控系统 30 ms 向视景发送一次数据,因此本仿真平台设置时间定时器为 30 ms。

经张紧器仿真模块产生的有效数据发送至铺管仿真主系统的程序框图如图 8-20 所示。

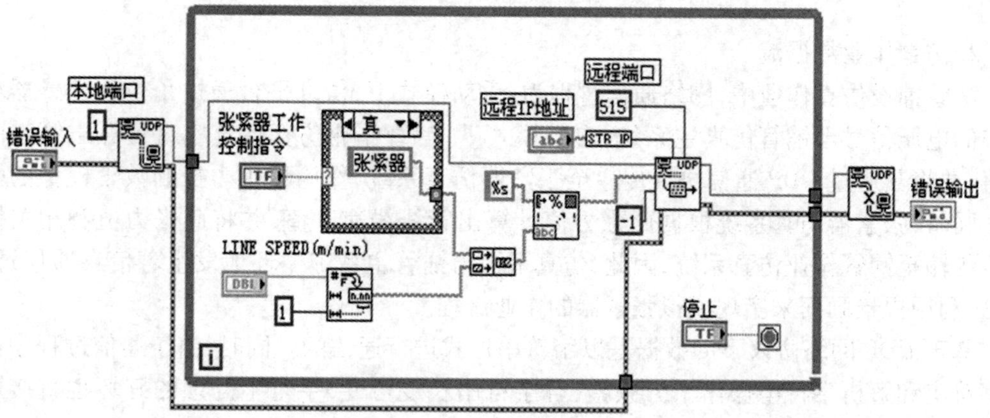

图 8-20 线速度发送程序框图

由于按钮指令的发送是不定时且非一次性的,因此在控制指令发送程序中,需要引入一个“中间变量”,当一次指令发送成功后,利用“中间变量”使得 case 结构置假,程序不再进行指令发送,对应地后面板设计框图如图 8-21 所示。

UDP 通信过程中,若本机未接收到远程机发送的数据,则会一直处于等待接收数据的

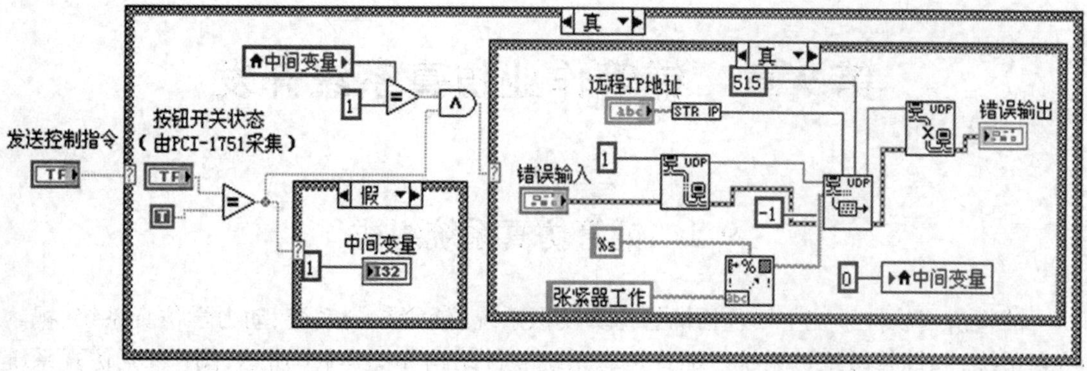

图 8－21　线速度后面板设计框图

状态，这样 LabVIEW 数据流将停止处于等待数据接收的状态，不执行其他的数据流动。因此，我们利用 LabVIEW 的条件结构来解决这一问题，即当进行 UDP 通信时，判断接收到的字符串个数是否为零。若为零则真，则“读取 UDP 函数”读取一个空字符串常量；若不为零，表示远程机正在发送数据，此时“读取 UDP 函数”读取数据。这样不论远程机是否发送数据，UDP 接收数据模块将不会出现“卡死”状态，总程序流便可以正常流动。信息接收的后面板程序框图如图 8－22 所示。

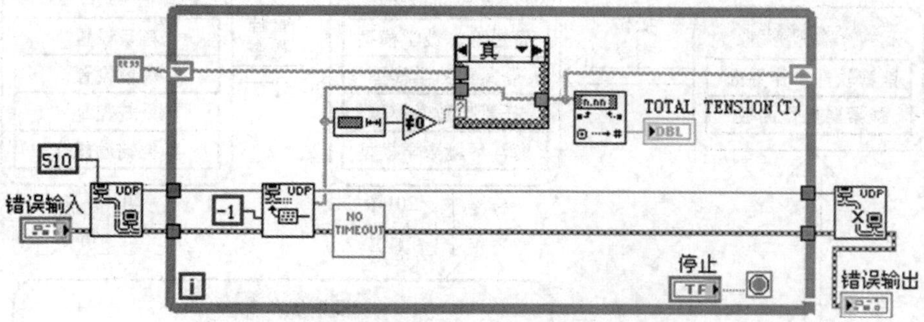

图 8－22　数据接收后面板程序框图

第9章 铺管作业仿真系统开发

9.1 铺管仿真系统组成

铺管仿真软件系统主要包括铺管仿真模拟系统(铺管控制系统、动力学仿真系统、视景仿真系统)和铺管教练员系统。铺管仿真系统软件结构如图9－1所示,图中DP仿真系统由第三方提供。

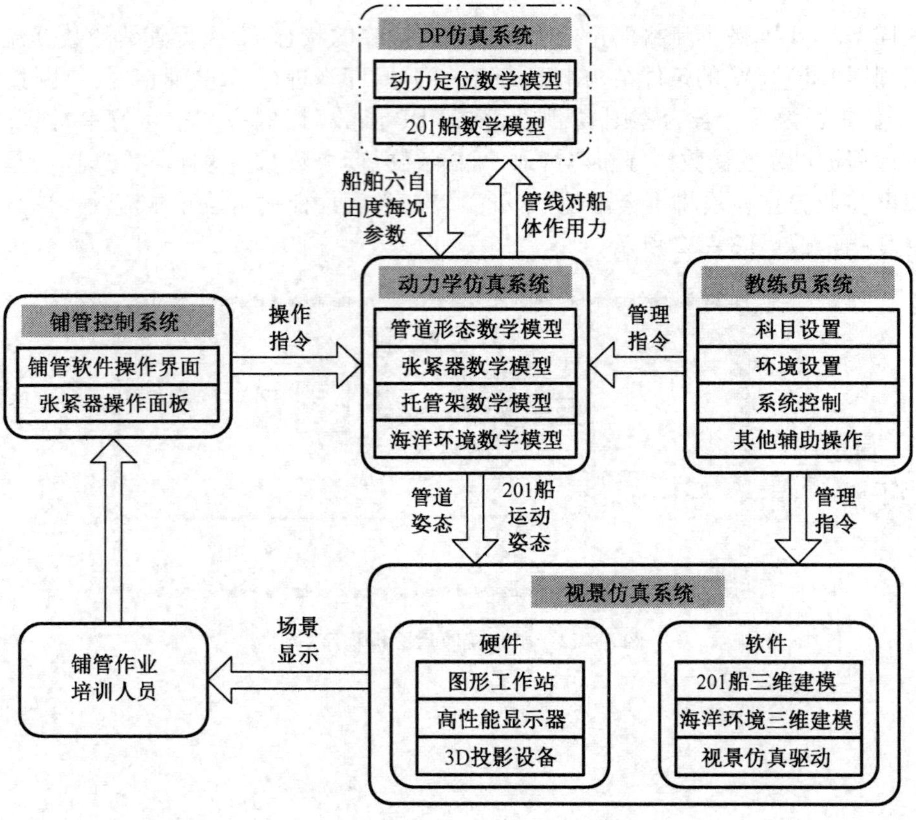

图9－1 铺管仿真系统软件结构图

仿真系统的硬件主要包括5台主机,分别对应1台主服务器、2台视景服务器、1台甲板工位服务器、一台教练员服务器;12台显示器,分别对应软件操作界面、8台监控工位视景显示、1台甲板工位视景显示、教练员操作界面、教练员辅助操作界面;张紧器操作台;另外还包括第三方的DP控制台。铺管模拟子系统硬件布局图如图9－2所示。

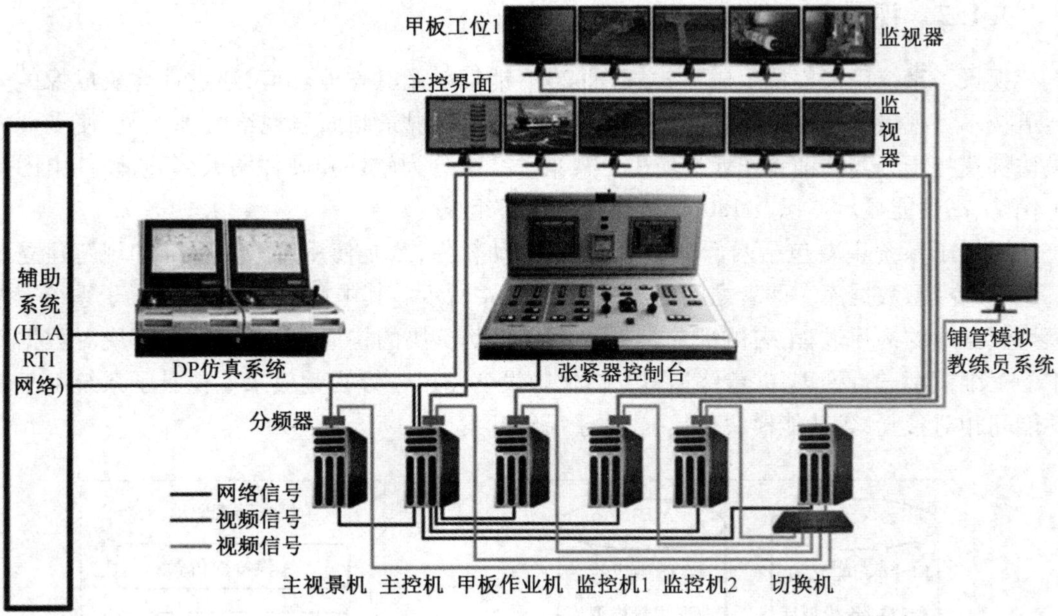

图9-2　铺管模拟子系统硬件布局图

9.1.1　铺管控制系统

铺管控制子系统由铺管主控系统、张紧器系统和DP控制系统三部分组成。其中，DP控制系统由第三方开发，张紧器系统有自身独立的软硬件系统。铺管主控系统是整个仿真系统的核心控制系统，它提供了与培训人员进行人机交互的软件界面，负责与其他分系统的交互以及内部数据流的走向，并对整个系统的仿真过程进行实时的控制和监测。

反馈给用户。通过接口模块完成与DP系统和张紧器系统的信息交互，通过核心调度模块实现对内部数据流走向的实时控制，通过周期性调用数学模型模块输出仿真计算的结果，并发送给视景子系统。主控系统结构如图9-3所示。

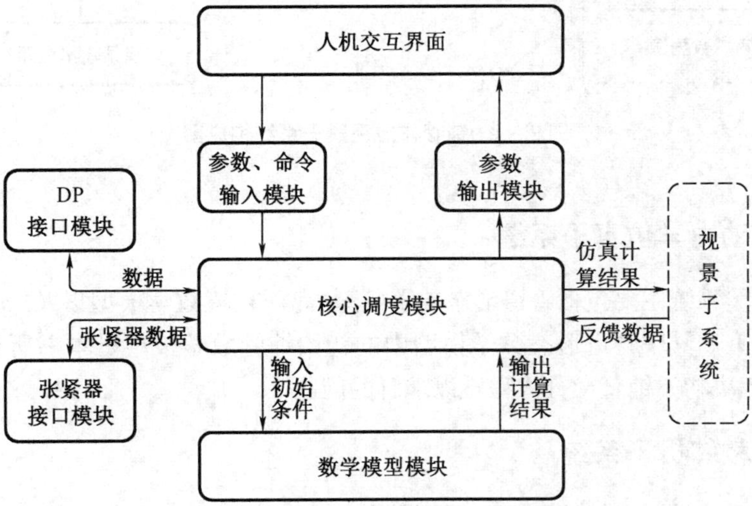

图9-3　主控系统结构

9.1.2 视景子系统

视景子系统用来模拟生成“海洋石油 201”铺管船及其作业环境,通过计算机成像的多通道技术将视景画面投射到环幕或折屏上,将逼真的视景画面呈现给受训人员,使受训人员仿佛置身于真实的铺管作业环境中。视景子系统分为软件和硬件两大部分,硬件由图形工作站、高性能显示器以及 180°的环幕投影设备组成。

视景子系统主要包括两部分,一是视景驱动软件,二是使用统一的标准和规范建立统一的三维模型数据库。两者之间的关系如图 9 -4 所示。其中,左侧部分是视景子系统三维模型数据库的构建过程,右侧部分是视景仿真驱动模块的构成,由视景驱动模块对数据库中的三维模型进行处理,并最终通过立体投影设备输出三维视觉效果。视景子系统由于其功能间相对独立,各功能模块化较强,便于后续开发。

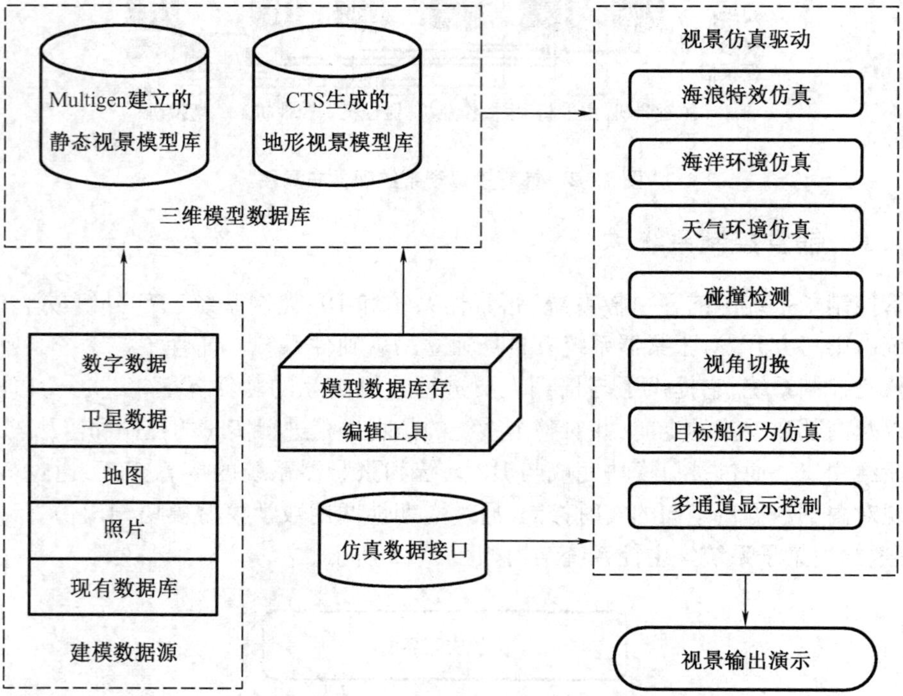

图 9 -4 铺管作业视景子系统构成图

9.1.3 动力学仿真子系统

运动仿真子系统主要包括管道形态数学模型、海洋环境数学模型以及“海洋石油 201”船运动数学模型。其中管道形态数学模型中的初始铺管数学模型是本书所要研究的主要内容,本书将解决初始铺管微分方程难以求解的问题。

9.1.4 教练员子系统

教练员子系统是深水铺管作业视景系统的一个关键功能模块。教练员子系统的开发对于整个仿真系统来说意义重大,教练员子系统的性能以及它所能提供的功能直接影响了整个系统的质量。通过教练员子系统,教练员方便对受训人员进行培训和教学。功能完善的教练员子系统能够在很大程度上减轻教练员的工作强度,通过对培训过程进行监控、回放以及讲解和评估,更有利于提高受训人员的培训效果。

教练员子系统的开发目前还没有完成,对其功能规划主要包括以下几个方面。

1. 教练员子系统的访问控制

教练员子系统的访问控制,包括登录、退出等操作。教练员子系统连接着后台数据库系统,存储着培训人员每次训练的数据信息,以及各种用户的身份信息,所以对于每次来访的用户,需要其提供密码验证,从而保证数据库的信息不被泄露。另外,系统也需要对不同的用户设置不同的访问级别,例如,培训人员、管理人员和教练员所能够访问和处理的数据内容都是不同的。

2. 训练科目设置

根据实际铺管作业的特点,铺管作业的训练科目设置主要有以下内容:不同作业状态下的张紧器操作训练,铺管作业设计人员铺管方案预演训练,铺管作业现场指挥人员调度训练,各种工况下(初始铺管、正常铺管、结束铺管、弃管、收管)各工位的协同作业训练,铺管作业的同时 DP 操作员对船舶的控位、移船操作训练。

3. 仿真系统参数设置

仿真系统参数设置主要有本船参数设置,包括船舶的初始位置、张紧器和托管架等参数设置;海况参数设置,包括风海流等参数设置;大气环境设置,包括晴天、阴天、黄昏以及雨雪天气设置。

4. 实时监控、数据记录以及场景回放功能

对仿真过程中产生的仿真计算结果以及操作过程中产生的数据进行实时监控和记录。根据不同的人员、不同的训练案例对已训练的科目提供场景的回放和讲解。

5. 铺管仿真系统运行过程的控制

通过教练员子系统对整个仿真系统的运行过程进行控制,例如向主控系统发布命令,控制仿真系统开始运行、结束运行、暂停和继续运行等。

9.2　铺管仿真系统开发

9.2.1　软件开发工具

深水铺管作业仿真系统是一套有人参与其中的半物理仿真系统,通过动力学仿真与视景仿真的结合,模拟铺管作业过程。仿真系统开发包括以下几个方面,即视景仿真系统开发、数学模型系统开发、人机交互系统开发、张紧器控制台系统及 DP 系统,其中,DP 系统由第三方提供。

1. 视景仿真系统

其目的主要是建立一套逼真的三维训练视景仿真系统,包括船体及船甲板工艺所需三维模型、海浪等自然环境模拟及海底地形环境模拟。三维建模软件选用 3DMAX 软件。

2. 数学模型系统与人机交互系统

通过对船舶、管道、缆索在风和波浪等海洋环境作用下动力学建模,准确地反映出真实

的铺管作业过程，数学模型系统主要是完成动力学模型的解算。人机交互系统主要是用户界面的开发。

仿真系统主服务器的操作系统为 Windows XP sp3，软件主体由 Visual Studio 2005 开发，内存应用为4G。软件编程主要应用的是 MFC 创建用户界面，数学模型程序代码以类形式嵌入主控程序中。

MFC(Microsoft Foundation Class)是一个建立在 Windows API 之上的 C++类库，使 Windows 程序设计过程更有效率，更符合面向对象的精神。同时，MFC 支持对底层 API 的直接调用。

3. 张紧器控制台系统

张紧器控制台是铺管作业中的核心组成，主要的功能是为管线提供张力及控制放管速度。张紧器控制台软件界面逻辑关系复杂，开发软件选用 LabVIEW 软件。与 C 和 BASIC 一样，LabVIEW 也是通用的编程系统，有一个完成任何编程任务的庞大函数库，同时 LabVIEW 提供很多外观与传统仪器(如示波器、万用表)类似的控件，可用来方便地创建用户界面。

9.2.2 系统开发流程

为便于仿真系统开发、集成及功能扩展，使得该仿真系统具有很强的开放性、继承性和重用性，采用模块化设计方法。根据深水铺管船铺管作业特点，仿真系统软件开发流程如图9-5所示。

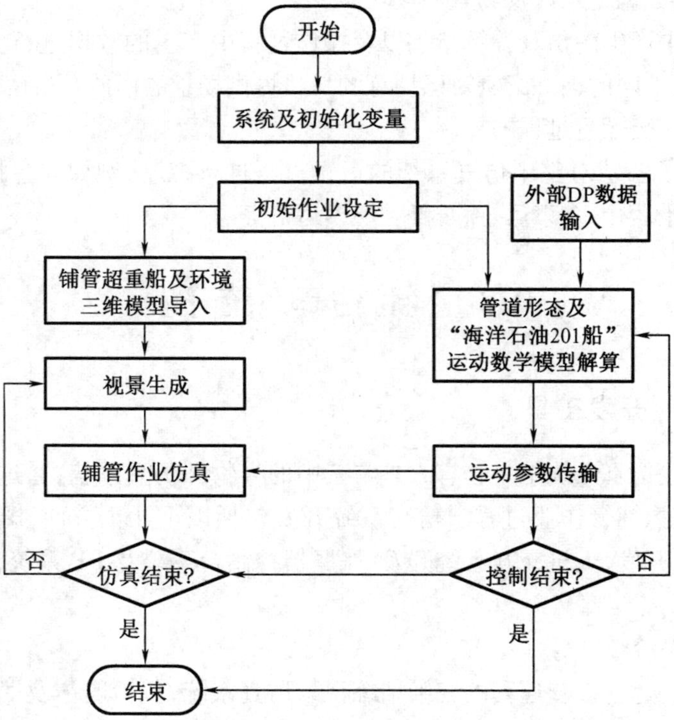

图9-5 铺管作业仿真系统软件开发流程图

铺管仿真系统包括视景系统、数学模型系统、主控系统、张紧器系统以及 DP 系统。由于 DP 系统结构比较复杂,它作为单独的子系统,由第三方科研单位独立开发。各个分系统的开发工作同步进行,最后主控系统负责最终的集成工作。

铺管仿真系统运行时,系统内部首先进行变量的初始化设定,各系统之间进行连接,仿真系统开始。根据不同的作业案例设定相关工况参数,具体包括天气、海况、船体参数托管架参数及管道物理参数。数学模型系统根据外界输入的环境参数进行仿真计算。主控系统将数学模型系统计算结果实时地传递给视景系统、界面及 DP 系统,相应的视景系统将在投影屏幕上实时显示出整个仿真过程,主界面将会输出相应的监测曲线及参数,DP 系统接收管道对船体作用力等参数作为 DP 系统的输入。

9.3　铺管视景仿真系统可视化模块的设计与开发

9.3.1　数据传输

数据传输问题是铺管作业视景仿真系统中最重要的问题之一,因为管道数量众多,管道位置又由外部输入赋值,所以传输数据量的实现实时传递便变得非常重要。

铺设的管道位置由外部数学模型实时计算赋值,由于管道数量多,传递数据量大,为保证效率最优,通过二次开发,在外部读取数据,并在视景平台中体现。

实际铺管过程中,3 000 m 水深需要 200 根管道,在仿真计算中按照 30 FPS 的帧率计算,数据量庞大(>36 000 个/秒)。用控件的 SetChannelValue( ) 函数发送 floatnewValue 类型数据,传输 200 根管道的数据给视景平台 Ctrl41 控件,视景仿真就会出现"假死"、窗体无法拖动、按钮无法响应的现象。为了解决大量数据传输问题,通过 ActiveX / Browser Data 读取视景平台视景中内置 Text 文本书件;在仿真系统中通过 Array Import 把 Text 值转换成数组,然后把数组中的 Value 值按列取出,赋值给管道,200 根管道实时动态响应的效果得以保证。

铺管作业仿真过程中的数据传输问题实现原理如图 9-6 所示。

管道铺设曾是个技术难题,主要因为管道数目多,传递的数据量大,在数据传输的时候很容易出现卡的现象。为了解决这个问题,尝试过许多方法,最后实现了数据的流畅传递。具体实现方式如下。

首先,在对外接口"ActiveX Data"上连接入"Text"节点,这样便可以接入视景平台外数据;然后,通过"Array Import"节点,接入到"Array Table"节点,从而读取外部数据。

通过"For Loop"节点对管道进行复制,通过"Array Value"节点,读取"Array Table"中的数据,并依次赋值给管道位置。

需要注意的是,每个涉及管道数量级位置的节点都需要设置循环,即点击节点,右键选择"General Properties"项, Update 项选择"Continuous"。逻辑关系如图 9-7 至图 9-10 所示。

管道的位置是由外部输入的,但是管道的角度是在视景平台软件内自动生成的,具体实现方式是利用"Motion"节点的"Look At Matrix"功能,使前后管道自动看齐。

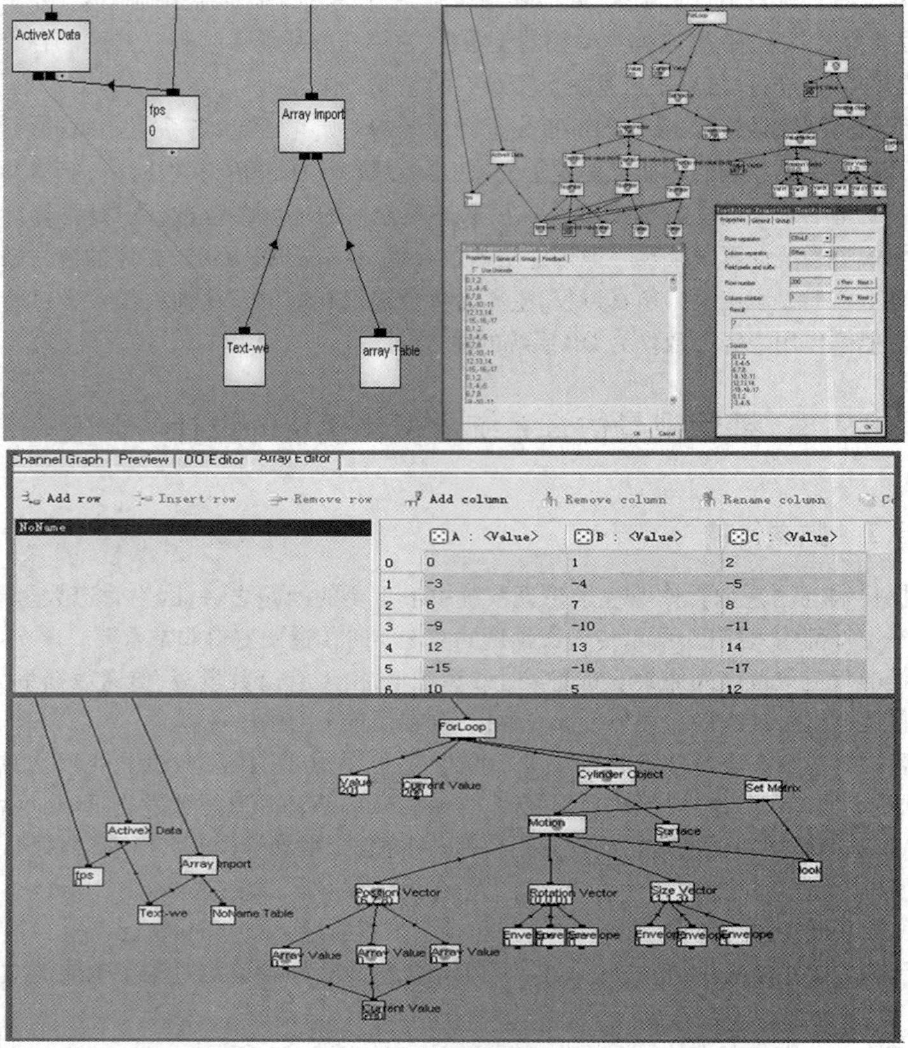

图 9-6 铺管作业仿真过程中的数据传输问题实现原理

9.3.2 托管架滚轮的选择与调整

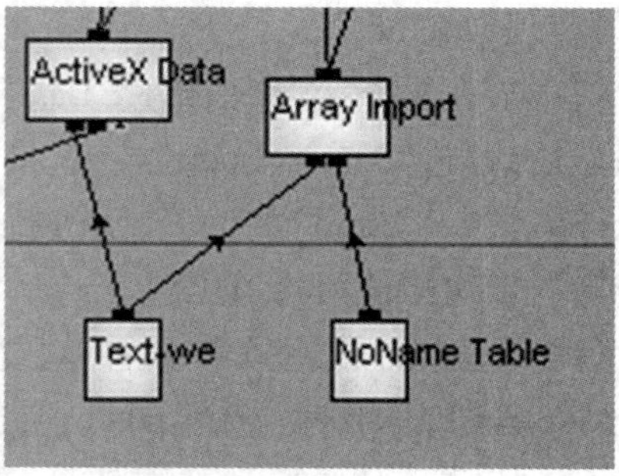

图 9-7 逻辑关系(一)

托管架有多个滚轮,滚轮的位置在铺管前要进行调整,实现上下移动和沿铺管轴旋转的功能。

托管架滚轮采用多层级绑定方法,使其跟随父物体托管架一起运动,多层级绑定方法能使其运动过程更加简单明朗。当鼠标单击托管架滚轮时,其颜色变成绿色随之进入调整状态,托管架滚轮可以旋转与移动,对其移动范围采用 Expression Value 节点对其进行限制。

托管架滚轮选择及调整的三维视景实现如图 9-11 所示。

鼠标左键点击滚轮,滚轮颜色有所变化,键盘上下左右箭头可调节其位置,即上下箭头

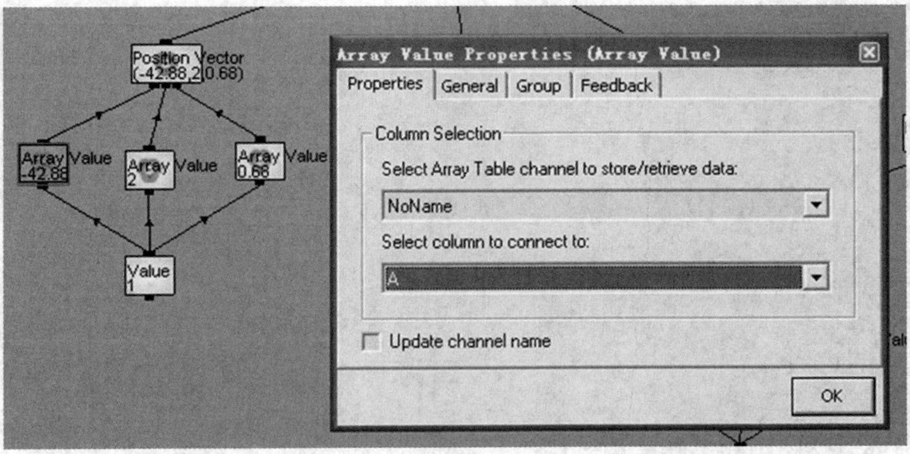

图9-8　逻辑关系(二)

调节滚轮上下位置,左右箭头调整滚轮绕轴双向旋转;再次点击滚轮,滚轮颜色恢复,键盘上下左右箭头失效。

首先,逻辑上,颜色的变化需要两个条件同时具备,即鼠标左键点击操作和鼠标检测到光标位置在滚轮模型上。而滚轮位置可调与不可调是通过滚轮颜色变化状态调节的,当滚轮颜色变化时,滚轮位置可调,当颜色恢复时,滚轮位置不可调。滚轮上下可调和双向旋转可调主要通过表达式来实现。

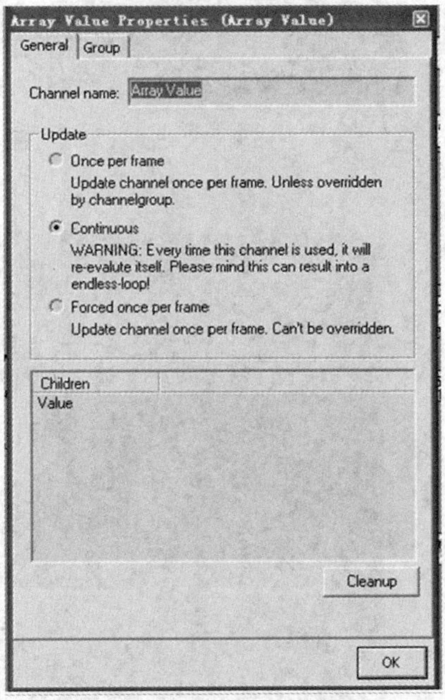

图9-9　逻辑关系(三)

滚轮颜色变化实现过程"Detect Mouse Collision"节点连接滚轮模型,然后"Detect Mouse Collision"节点和"User Input"节点一起连接到"Expression Value"节点,"Expression Value"表达式为"a&b",然后"Expression Value"节点连接到"Value Operator"节点,再利用"Set Value"节点,把其赋给新值。把新值作为滚轮颜色参数值。其中,"Value Operator"节点选择"Toggle/Flip Flop triggered(value)"这一项。滚轮上下可调和双向旋转可调主要是通过"Vector Operator"节点和"Expression Value"节点实现的。把新值传递给表达式"Expression Value"节点,然后经过一定变换,传递给"Value Operator"节点,"Value Operator"节点选择"Add Two Vectors (vector,vector)"这一项。滚轮调整逻辑图如图9-12所示。

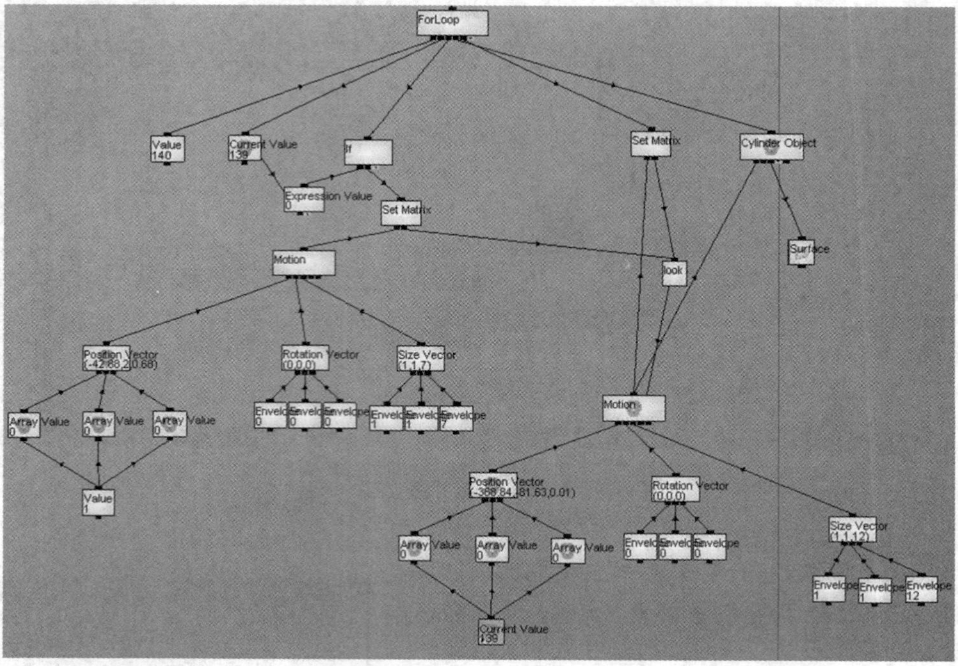

图 9－10　逻辑关系(四)

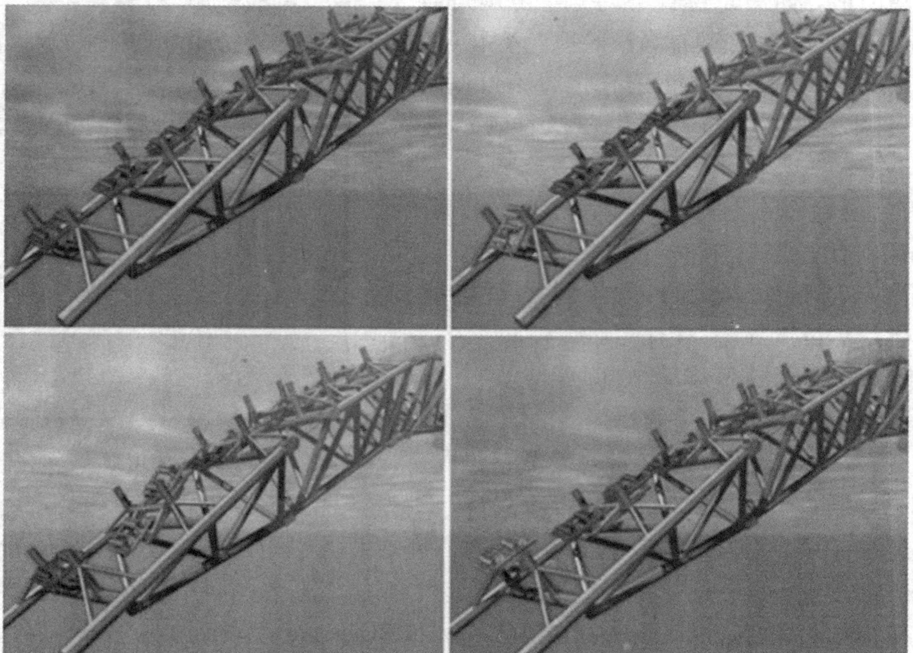

图 9－11　托管架滚轮选择及调整的三维视景实现

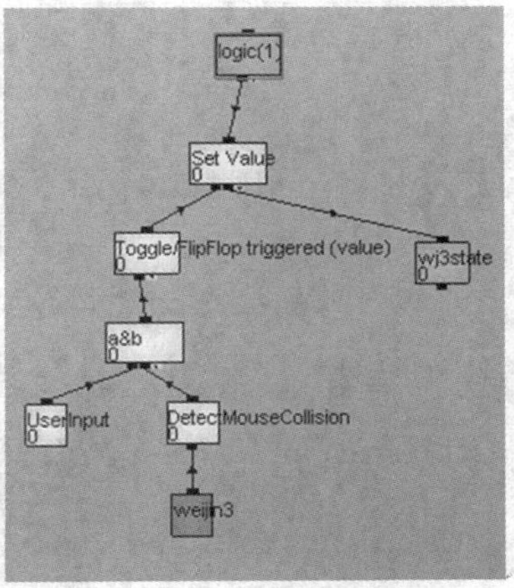

(a)

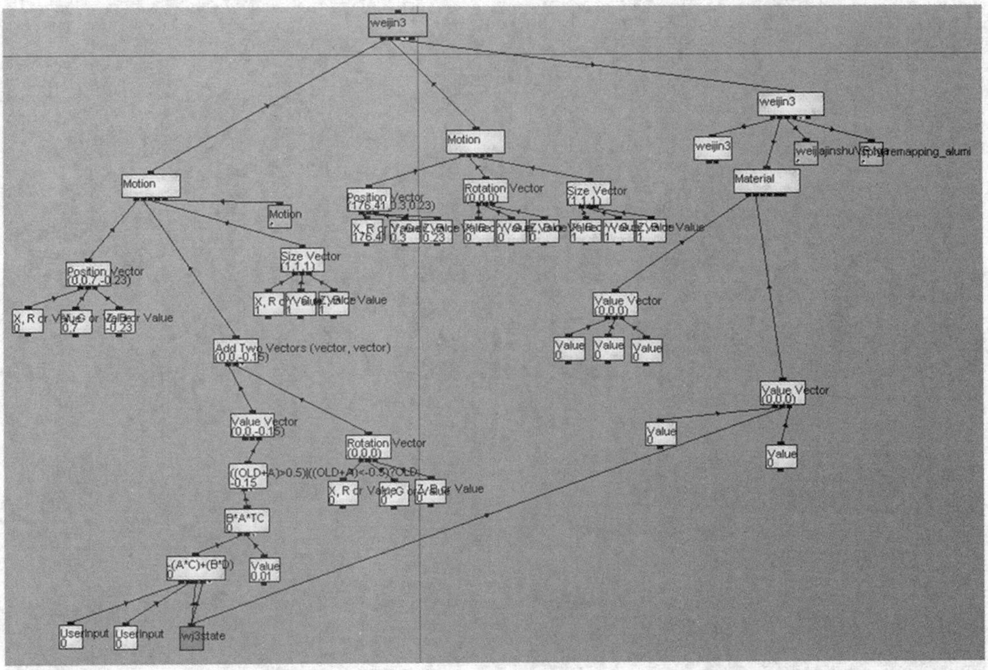

(b)

图 9－12　滚轮调整逻辑图

9.3.2　托管架曲率半径调整

托管架共三段，曲率半径（三段围成的圆的半径）事先调整，其范围在 73～360 m 之间。托管架的曲率半径是铺管过程中托管架的一个重要参数，对铺管过程具有重大作用及意义。托管架曲率半径调整的三维视景实现如图 9－13 所示。

1. 曲率半径的设置

托管架曲率半径的大小是通过托管架各节间的夹角体现出来的。通过调节各夹角设置曲率半径。我们人为地把托管架分为三段，最下面一段（下）设为第一段，中下面两段（中＋下）

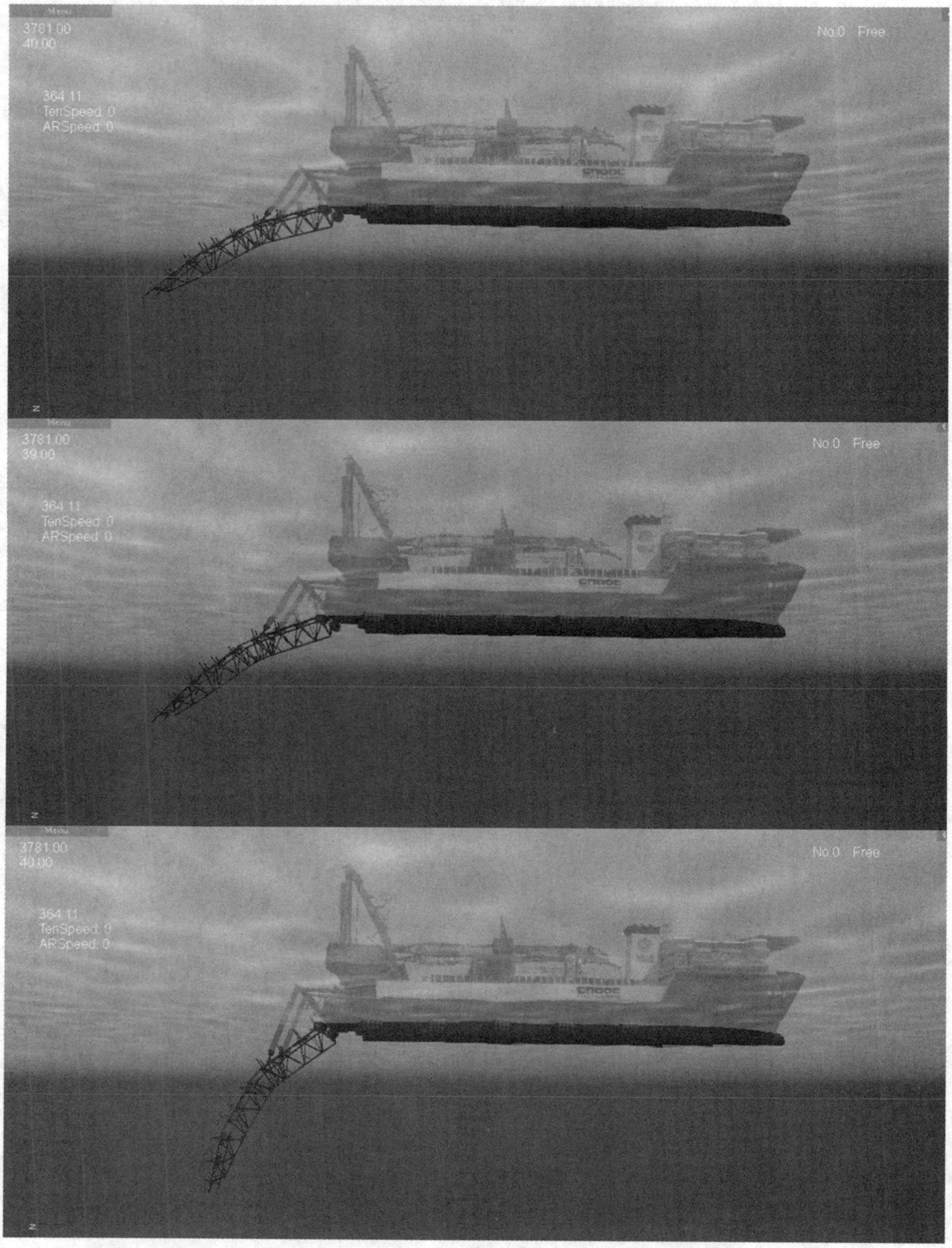

图 9 – 13　托管架曲率半径调整的三维视景实现

设为第二段,三段(上 + 中 + 下)设为第三段。脚本中公式如图 9 – 14 所示;a,b,c 分别为第一段、第二段、第三段的角度值。

在开发托管架曲率半径调整其中涉及两个问题。

第一个问题是轴向问题:在 3DMAX 中把三段架子的轴都设在顶端,并把三段架子位置归零,分别导入到视景平台中,再把三段架子位置调节到正确位置。

第二个问题是分组问题:因为在 3DMAX 中的分组视景平台并不识别,所以分组需要在

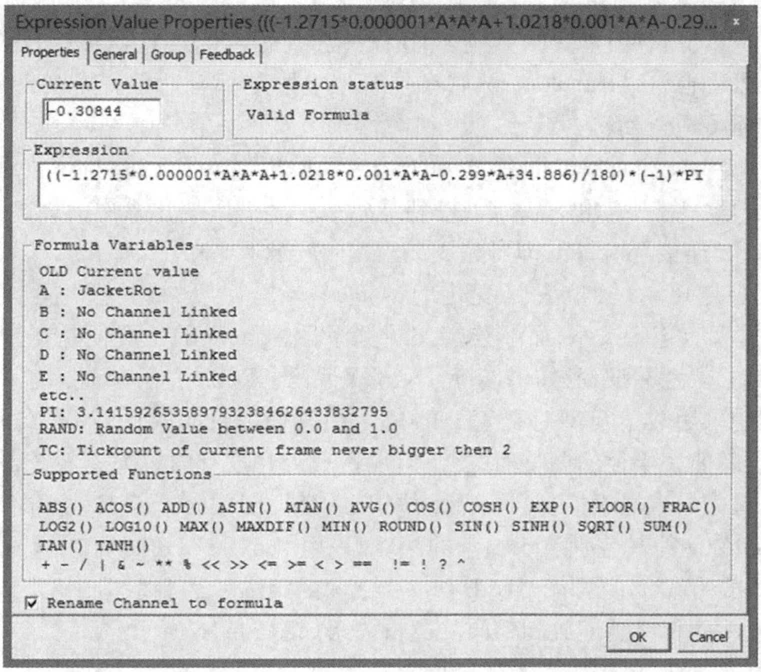

图 9-14　脚本中公式

视景平台再进行设置。而 Motion 信道下面有一个 Parent Matrix 可实现父子连接,即 3DMAX 中的分组。把下段的 Motion 的 Parent Matrix 连接至中段,把中段的 Motion 的 Parent Matrix 连接至上段如图 9-15 所示的 Motion 节点。

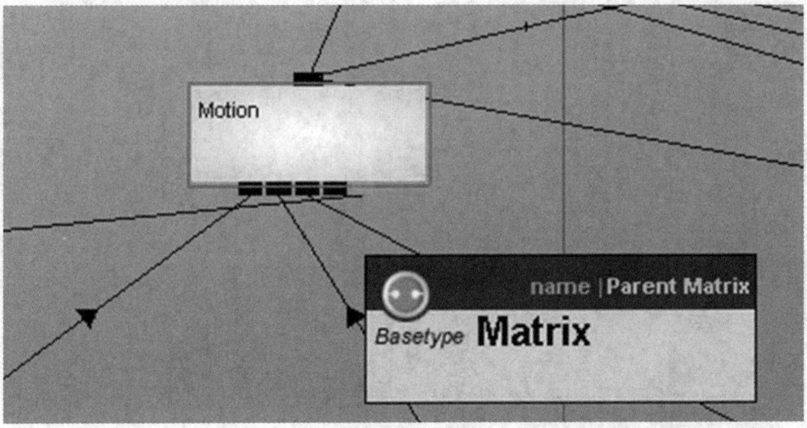

图 9-15　Motion 节点

2. 绳索的缩放和朝向

托管架与船之间,托管架三段之间的连接均为绳索。绳索需要实现自动伸长和缩短和自动改变朝向问题。

由于在视景平台中导入的模型的轴的方向不可调,所以需要把绳索连接一个父物体,而父物体为视景平台自带模型 box(自带模型的轴向可调),调节这个父物体的轴向(绳索轴向也跟着变),使绳索 Z 轴朝向托管架上段尾部。

由于计算绳索的长度,需要测量绳索两端的距离,而托管架上段轴心不在其尾部,所以设置了一个视景平台自带球 sphere 放置在托管架上段尾部合适位置。视景平台自带球的放置同时也方便了绳索朝向。

理论上,计算 box 和 sphere 两者之间的距离,再除以绳索原长度,即绳索缩放系数,再考虑到绳索放置角度,利用三角函数即可得到绳索 x,y,z 各值变化系数。而把 box motion 下的 Look At Matrix 连接至 sphere 即可完成绳索朝向问题。

由于托管架是转动的,位置是变化的,sphere 与托管架的相对位置是不变的,所以 sphere 要与托管架有连带关系,而在连接父子关系后,sphere 的位置便是托管架的位置,而托管架只是转动,位置并没变,如果连接了父子关系,绳索长度的计算是固定值,导致错误。

最终方案是采用数学模型对托管架的角度和位置进行实时计算,因在曲率半径调整时,绳索长度会随曲率半径的调整而改变,但视景平台并没有内置绳索系统,对此问题进行了深入研究。首先导入绳索模型需要调整位置,使其长度方向沿着 Y 轴方向。其次创建两个 NULL Object 物体使其分别位于绳索的两端,采用 Look at Matrix 端口,实现方向调整,应用 Vector Operator 节点计算两个 NULL Object 之间的距离。最后根据比例因子实时缩放绳索,以实现绳索功能。绳子缩放和朝向的逻辑关系如图 9-16 所示。

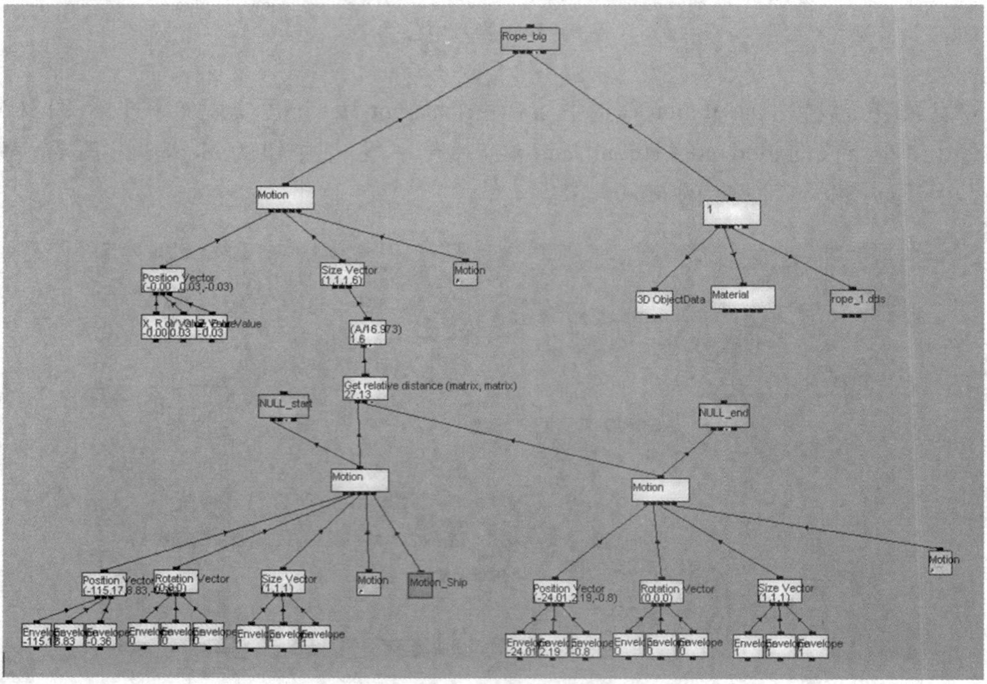

图 9-16　绳子缩放和朝向的逻辑关系

9.3.4　张紧器行走线速度

张紧器行走线速度关系着铺管速度,所以张紧器行走线速度的设置也是铺管作业仿真系统中非常重要的一项功能。通过研究,我们发现如果采用实体模型表现方式,虽然视觉效果更加逼真,但由于履带块数过多,极大地占用了 CUP 和内存的使用率,影响场景运行速度。如果采用贴图方式，虽然在视觉效果上稍逊一些，但是场景运行流畅。

履带的视觉效果通过贴图来体现，只需要一张履带贴图（图 9－17），贴在第二层贴图通道上，通过转换 3×3 矩阵节点调整贴图的 UV 信息，来体现张紧器行走线速度，其中 3D ObjectData 的 UV 信息是通过其子节点接口 Texture Matrix Set 1 来设定，其逻辑关系分别如图 9－18 和图 9－19 所示。

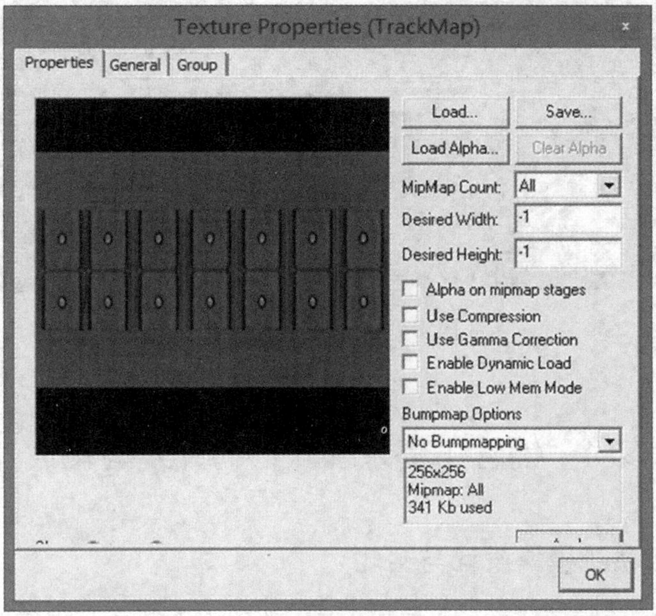

图 9－17　履带贴图的视觉效果

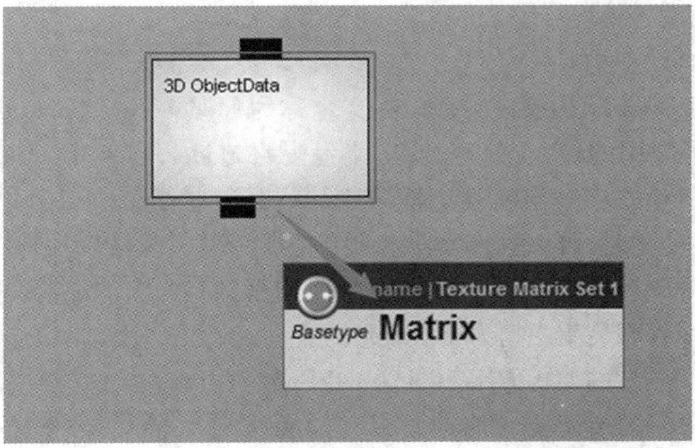

图 9－18　逻辑关系(一)

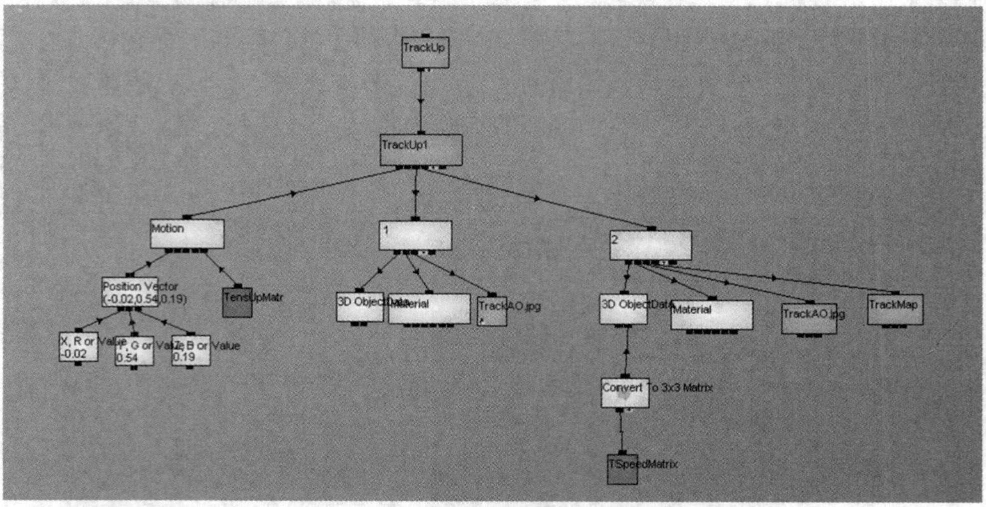

图 9-19　逻辑关系(二)

9.4　铺管仿真系统软件的开发与集成

9.4.1　主控系统模块设计与实现

主控系统是整个仿真系统的核心控制系统,它提供给培训人员进行人机交互的软件界面,负责与其他分系统的交互以及内部数据流的走向,并对整个系统的仿真过程进行实时的控制和监测。主控系统包括人机交互界面、DP 接口模块、张紧器接口模块、参数输入输出模块以及核心调度等模块。

1. 主控系统 MVC 架构

主控系统采用 MVC 架构模式,MVC 英文全称为 Model-View-Controller(模型—视图—控制器),即把一个应用的输入、处理、输出流程按照 Model,View,Controller 的方式进行分离。使用 MVC 架构模式在一定程度上能减少代码的维护量,有利于软件的修改和维护。当系统的模型发生变化时,可以只修改发生改变的那一层,其他层不做修改,这样既减少了工程量,又提高了效率。使用 MVC 模式使开发时间得到相当大的缩减,它使程序员集中精力于业务逻辑,界面程序员集中精力于表现形式上。

主控系统采用 MVC 的架构方案如图 9-20 所示。

其中,View 视图主要包括系统启动面板、初始参数输入面板、数据监测面板、曲线图输出面板,它们的实现都是基于 MFC 应用程序框架,视景系统的实现基于视景平台仿真平台。

这里 View 视图主要是指系统的人机交互界面。人机交互界面是仿真系统的一个重要组成部分,它是系统与培训人员进行交互的主要方式。根据仿真系统的需求,该系统基于 MFC 应用程序框架提供的对话框面板和控件资源,已经完成了系统的登录界面、系统的主操作界面、视景机端软件界面等开发工作。为了使界面看起来更加美观大方,已通过加载外部位图资源的方式分别对各个界面的窗口客户区、非客户区、菜单栏和控件等进行了美化处理,取得了非常好的视觉效果和用户体验感。

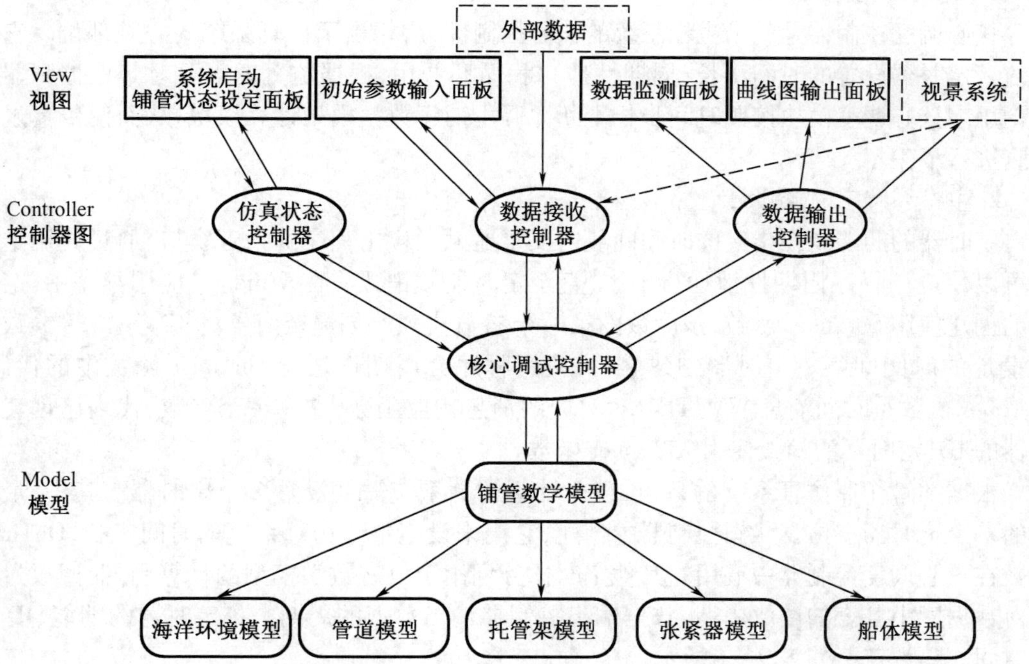

图 9－20　主控系统 MVC 架构方案图

主控系统的核心部分是 Controller 控制器，主要包括仿真状态控制器、数据接收控制器、数据输出控制器以及核心调度控制器。

(1)仿真状态控制器

仿真状态控制器主要是对仿真的过程进行控制，它的一个功能是可以控制仿真系统开始、暂停、继续以及结束等运行状态。仿真状态控制器之所以能做到这些，是因为它里面设置了一个仿真定时器，通过启动该定时器和销毁该定时器即可控制仿真系统运行或停止。不仅如此，通过该仿真定时器还可以设置仿真系统运行的时间步长，我们通常设置该时间步长为 50 ms。仿真状态控制器的另一个功能是可以控制铺管的四种状态，即起始铺管状态、正常铺管状态、弃管状态和收管状态。在仿真系统运行的开始阶段，可以通过仿真状态控制器选择进入任意一种铺管状态；在仿真系统运行的过程中，四种铺管状态之间可以相互进行转化。

(2)数据接收控制器

数据接收控制器接收的数据来源于四个方面，即人机交互界面输入的数据、DP 系统发送的数据、张紧器系统发送的数据以及视景系统发送的数据，其中，后三种数据来源于网络传输。数据接收控制器对数据接收的原理基于 Windows 消息响应机制，即当有数据输入或有数据发送过来时，操作系统会发送消息通知应用程序，应用程序再调用数据接收控制器接收数据，并对数据的有效性和完整性进行检查。

(3)数据输出控制器

数据输出控制器的作用是对数学模型的计算结果实时地进行输出，分别将计算的结果发送给数据监测面板、曲线图输出面板以及视景系统。数据输出控制器里也设置了定时器，它会根据不同的情况控制数据输出的速度。

(4)核心调度控制器

核心调度控制器是整个主控系统的核心控制部分,相当于仿真系统的心脏部位。它根据仿真定时器设置的时间步长,周期性地自我循环调用,根据仿真的需要对其他控制器进行调用。核心调度模块按照时间步长不断地调用铺管数学模型计算模块,从而使仿真过程一直进行下去。

2. 主控系统定时器设计

定时器的功能是在指定的时间间隔内反复地触发应用程序的指定窗口,通过使用定时器可以使应用程序周期性地运行下去,直至定时器被销毁。在 Windows 应用程序中,定时器的创建使用 SetTimer 函数,该函数的第一个参数代表所创建定时器的 ID,第二个参数表示设定的时间间隔。定时器创建之后,应用程序会周期性运行 OnTimer 函数中的代码,OnTimer 函数是时间消息 WM_TIMER 对应的消息响应函数,它有一个参数,代表已创建定时器的 ID,定时器的销毁使用 KillTimer 函数。

根据铺管作业仿真系统的特点,整个铺管仿真系统需要设置多个定时器。其中,最关键的一个定时器在仿真状态控制器中创建,它用来设定整个仿真系统的时间步长,OnTimer 函数在核心调度控制器中调用。其他定时器分别用于设定数学模型的计算周期、回放过程中对数据库中各表的读取周期,数据输出控制器输出数据的周期。各定时器的功能、ID 及其时间间隔设定值如表 9-1 所示。

表 9-1　铺管仿真系统中的各定时器

定时器功能	定时器 ID	时间间隔/ms
设定系统仿真的时间步长	ID_TIMER_SYSTEM	50
设定数学模型计算周期	ID_TIMER_MATH_CALCULATE	50
读取 DP 数据表周期	ID_TIMER_READ_DP	100
读取张紧器数据表周期	ID_TIMER_READ_TENSIONER	50
向监测面板输出数据的周期	ID_TIMER_MONITOR	100
向曲线图输出数据的周期	ID_TIMER_CURVE_GRAPH	100
向视景输出数据的周期	ID_TIMER_VIEW	50

9.4.2　铺管仿真系统界面设计

1. 指挥员系统界面

指挥员系统界面如图 9-21 所示,主要分为三大模块,即铺管仿真启动区、铺管仿真数据监测区、铺管仿真操作区。铺管仿真系统数据监测区如图 9-22 所示。

数据的实时监测是仿真系统的重要功能,通过数据监测面板,指挥人员能够实时地观察到仿真计算的结果。在该仿真系统运行的过程中,仿真系统需要实时显示船舶的仿真数据。数据监测面板的作用是实时显示仿真计算的结果。其面板主体主要分为以下几部分:船舶运动(x,y,z,h,p,r)的纵荡、横荡、垂荡、横摇、纵摇和艏摇,数据来源于动力定位系统;管道最大应力点位置(x,y,z)、管道最大应力;张紧器行走线速度;管道头离海底的距离;托

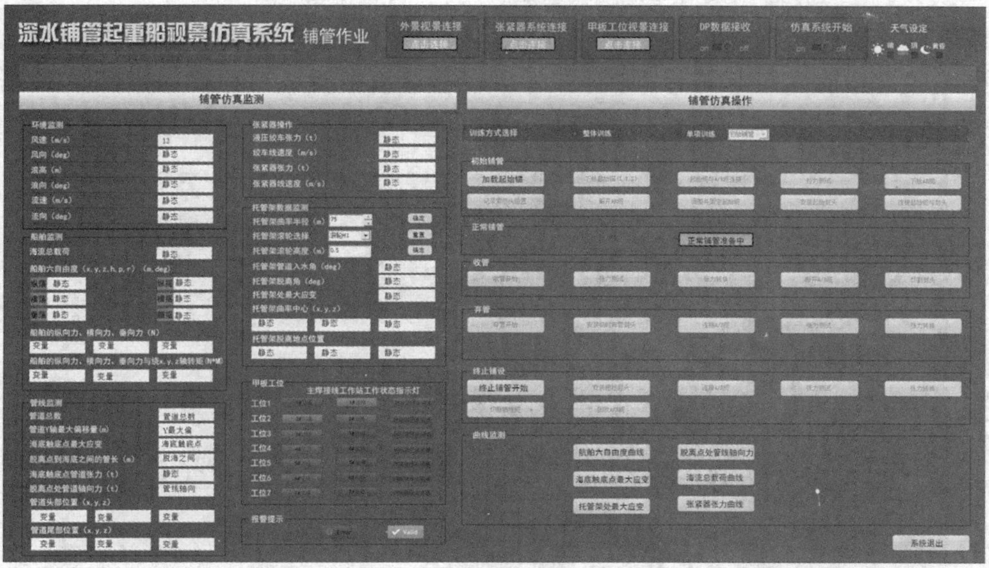

图 9－21　指挥员系统主界面

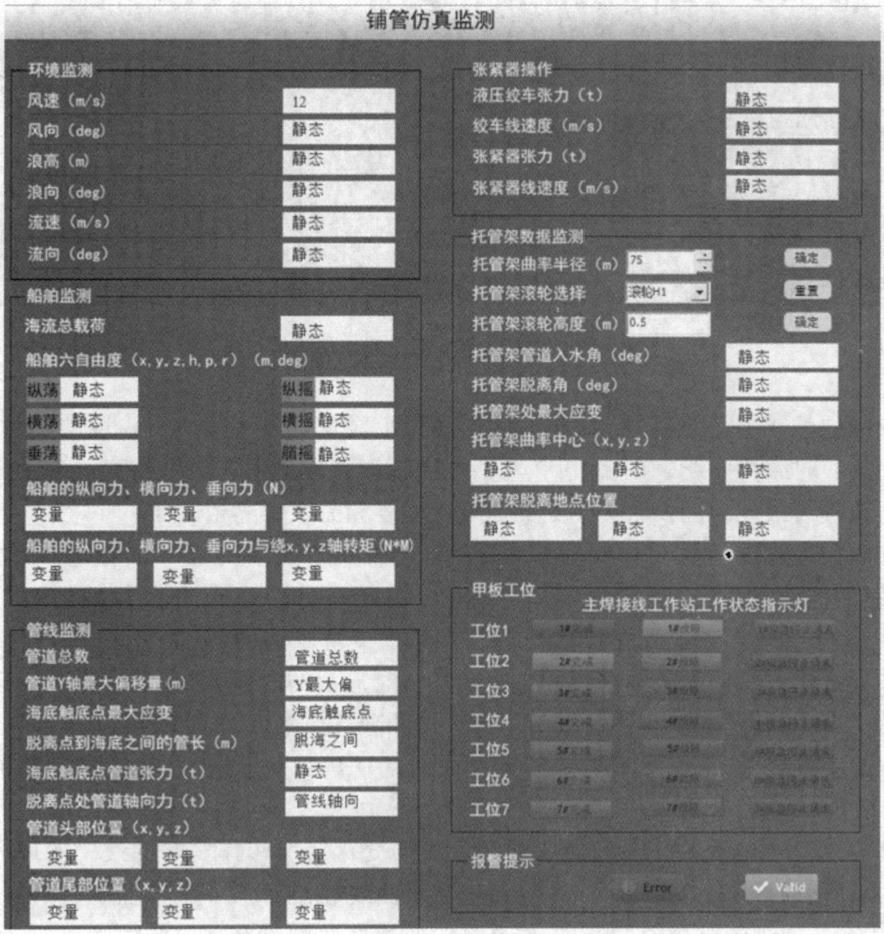

图 9－22　指挥员系统界面数据监测区

管架各滚轮载荷以及海洋环境参数输出；甲板工位完成情况等。

指挥员系统仿真操作区如图 9 – 23 所示。其中训练方式包括整体训练和单项训练，单项训练包括初始铺管、正常铺管、收管、弃管、终止铺管五个操作工艺，通过点击操作区按钮实现每个工艺流程。

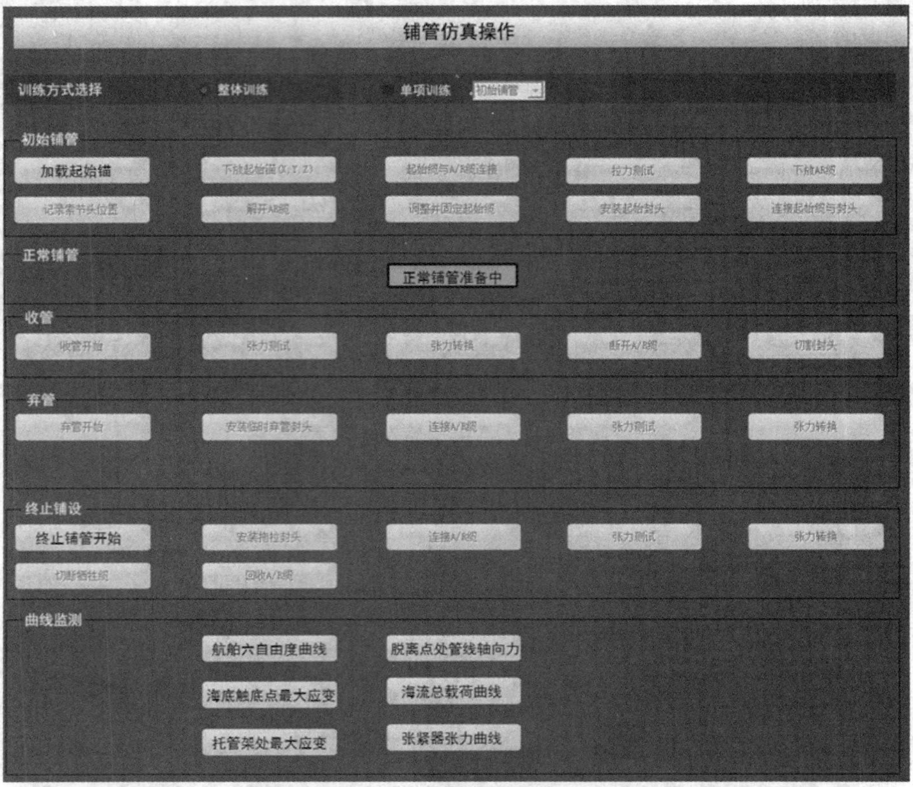

图 9 – 23　铺管作业指挥员系统仿真操作区

作业曲线输出对话框面板，在该对话框面板上显示船舶运动六自由度的实时曲线、辊轮一至十的实时载荷曲线；作业评价在对话框面板以百分比形式显示仿真过程中铺设的海底管道的轨迹与最佳的铺设轨迹之间的曲线相似度和曲线距离相似度。

监测面板的实现是基于 MFC 应用程序的对话框类实现，为了使界面看起来更加美观大方，这里对话框的背景设置为一张图片。该界面上有多个文本输出框使用的是 MFC 的静态文本框控件，虽然可以通过程序设置使静态文本框的背景透明，从而可以使控件上的文字以图片作为背景，但是，当文本框中的文字动态实时显示的时候，文字的背景会出现闪烁的想象。为了避免这种状况出现，这里使用自定义的静态文本框类 CMyStatic。除了自定义静态文本框的实现之外，其编程难点在于监测曲线的输出部分，该仿真系统的监测曲线面板如图 9 – 24 所示。

通过曲线实时显示一个或多个数据对象值的变化情况叫作实时曲线。实现方法主要有两种：一种是通过 VC 中的 MsChart 控件来显示曲线，由于其实时性方面较差，数据显示过快时，图像容易出现闪烁现象，所以本仿真系统监测曲线图没有采取此方法；另一种是在界面中直接使用 API 函数绘制，该仿真系统采用的就是此种绘制方法。

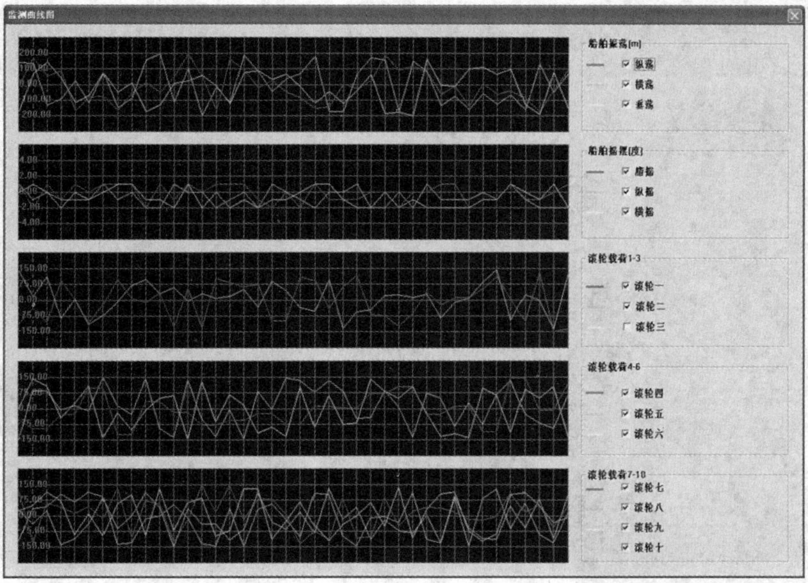

图 9－24　监测曲线面板

监测曲线图设计界面主要用到了静态文本框控件(Static Text)、图像控件(Picture)、复选框控件(Check Box)和组合框控件(Combo Box)。数据显示通过静态文本框控件显示;曲线颜色使用图像控件表示,分为红、绿、黄、蓝 4 种颜色,即 RGB(255,0,0)、RGB(0,255,0)、RGB(255,255,0)、RGB(0,255,255)。图像控件(Picture)中显示曲线,曲线的绘制区域同图像控件显示区域是一致的。在图像控件上进行网格划分,5 根横线 39 根竖线将图像控件显示区域划分为 7 行 41 列,刻度标在 5 根横线的最左端;通过点击复选框控件,用户可以查看每条监测曲线的显示情况;组合框控件的使用使整体界面更加美观且多样化,给使用者一个整洁大方的外观。

画线方法主要有 3 种,即利用 CDC 类、CClientDC 类、CWindowDC 类来完成曲线图的绘制。本项目利用 CClientDC 类完成曲线图的绘制。CClientDC 类派生于 CDC 类,GetDC 函数在构造时被调用,ReleaseDC 函数在析构时被调用。CClientDC 类定义 DC 对象,当该对象生命周期结束时,对象会自动释放其所占用的设备资源。

2. 教练员系统界面设计

教练员系统界面如图 9－25 所示,教练员主界面包括系统启动区、数据监测区、数据设定区和系统操作区,其中系统启动区、数据监测区和系统操作区与指挥员系统相同。数据设定区如图 9－26 所示,主要是铺管作业条件参数设定、管道参数设定以及缆绳系统参数设定等。

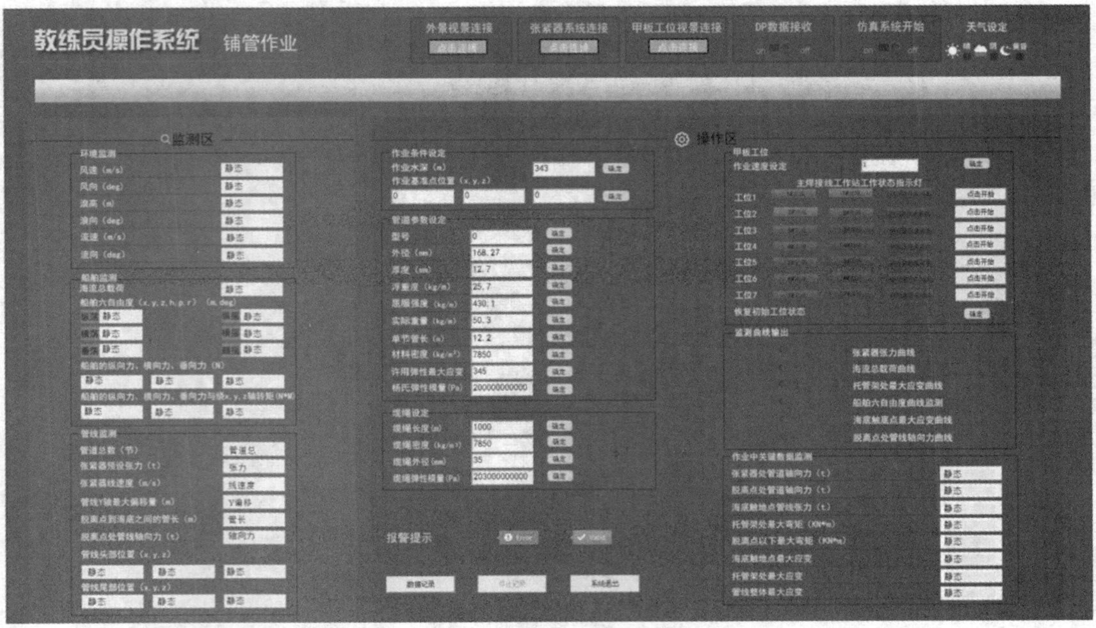

图 9－25　教练员主界面

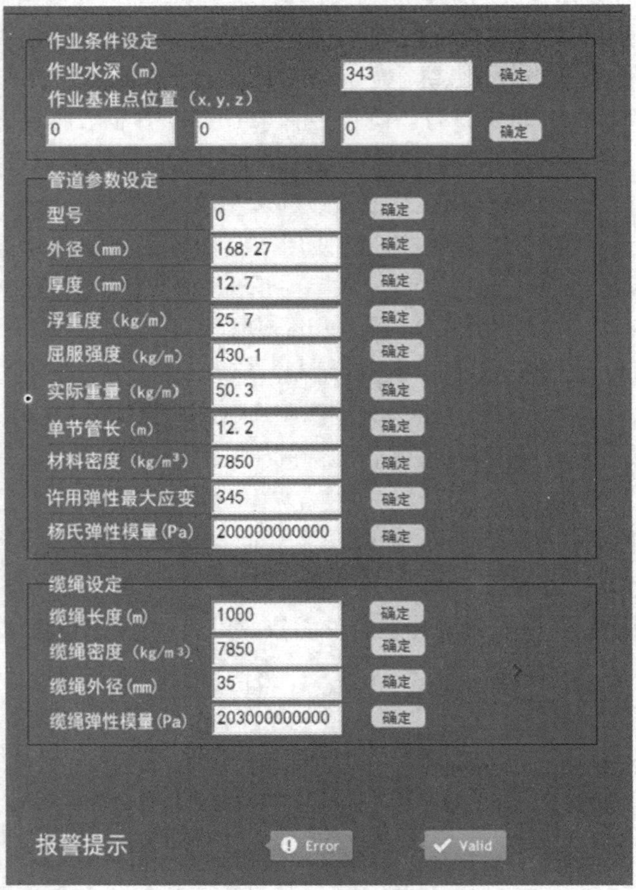

图 9－26　教练员系统数据设定区

9.5　张紧器子系统开发

9.5.1　仿真平台硬件设计

张紧器半物理仿真平台主要用于模拟“海洋石油201”船用张紧器的实际作业情况，以达到对张紧器操作员的培训功能。操作者通过张紧器控制台手动发出控制信号来控制和管理软件程序进程，张紧器主控服务器控制相应的数据采集卡采集信号，并将采集的信号进行处理再通过仿真模型模块运算，最后由实时仿真服务器进行数据的实时传输。最终实现在管道铺设作业中，张紧器的重要作用。

本仿真平台硬件主要由张紧器控制台、张紧器仿真服务器、实时服务器、数据采集卡、角位移传感器、信号调理单元构建，仿真平台硬件结构原理如图9－27所示。

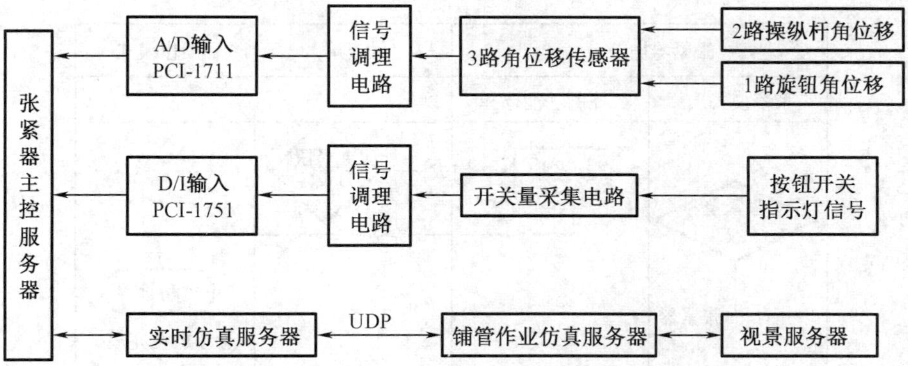

图9－27　仿真平台硬件结构原理

1. 张紧器控制台台体

张紧器控制台是本半物理仿真平台中重要组成部分，它是连接张紧器主控服务器与外围的仿真设备，向铺管仿真作业发送控制命令和管理张紧器动态行为的重要设备，从而保证管道铺设过程的正常运行。由于铺管作业中，需要张紧器和绞车共同配合完成作业，因此张紧器控制台也具有对绞车的控制作用。

张紧器控制台通过控制面板和触摸屏共同下达控制指令，来决定张紧器/绞车发生何种动态行为；移动操纵杆，角位移传感器输出相应的电压信号给计算机，经过数据处理模块的运算得到相对应的线速度值来驱动张紧器/绞车运动；转动刻度盘，利用角位移传感器信号的旋转运动产生线性输出信号，从而模拟目标张力值的改变，以此作为内部恒张力数学模型的输入条件。张紧器控制台控制面板如图9－28所示。

在铺管仿真作业中，张紧器控制台操作流程如图9－29。

2. 数据采集卡

数据采集卡将外部信息输入至PC机并被其利用。本仿真平台需要采集张紧器控制台控制面板上的22路按钮数字信号和三路电压模拟量信号。对于被检的直流电压信号，下面来简单介绍下如何合理地选择数据采集卡。

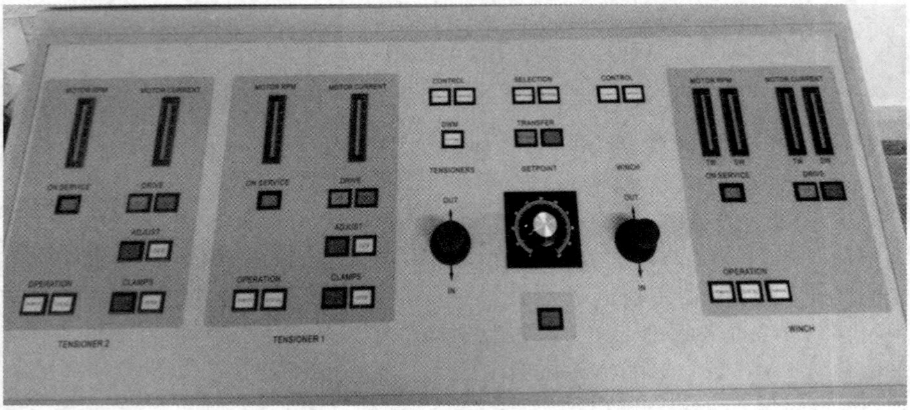

图 9－28　张紧器控制台控制面板图

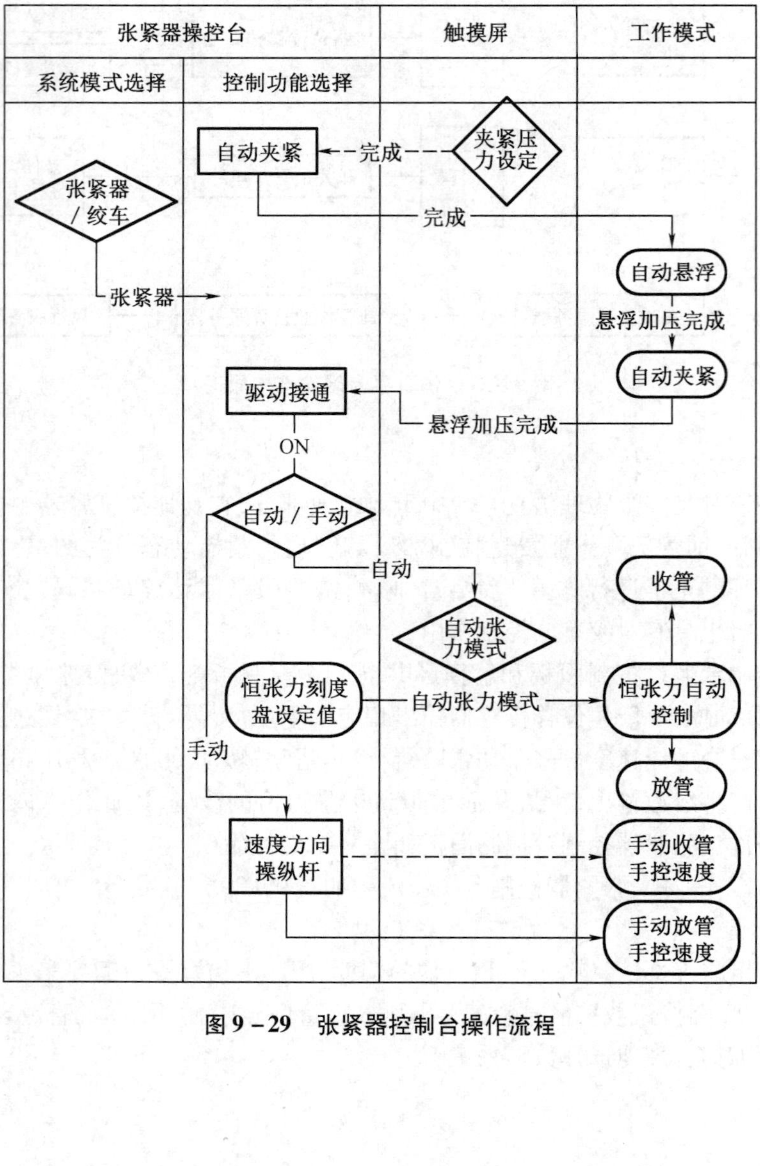

图 9－29　张紧器控制台操作流程

(1)首先选择总线类型

表 9－2 总结了五类总线的特性。

表 9－2　五类常用总线特性比较

总线类型	USB	PCI	IEEE 1394	GPIB	PXI
总线宽度	32 位	32/64 位	32 位	8 位	32/64 位
峰值传输速度	480 Mb/s	132/512 Mb/s	400 Mb/s	1 Mb/s	132/512 Mb/s
是否模块化	是	是	是	否	是
体积	小	小	小	中	小
价格	较低	较低	适中	昂贵	适中

一般来说对于精度要求不是很高,且采样频率较低时,PCI 和 USB 总线的数据采集卡都可以满足要求,但 USB 总线在数据流通的可靠性和速率方面则不及 PCI 总线类型。由于 PCI 总线类型采集卡发展成熟,因此最终确定采用 PCI 总线。

(2)确定 I/O 通道数

通道数代表了外界信号最多能够被采集卡采集的通道数。信号有两种输入方式,即单端输入和差分输入。两种输入方式的特点和应用场合,如表 9－3 所示。

表 9－3　差分输入与单端输入比较

序号	差分输入	单端输入
1	两端信号浮地	一端信号接地
2	较强的抗干扰性	较弱的抗干扰性
3	测量通道减半	测量通道正常
4	输入电压 >1 V	输入电压 <1 V
5	信号源和设备间距 <3 m	信号源和设备间距 >3 m
6	环境温和	环境嘈杂

本仿真平台中的张紧器模拟控制台共有 22 路数字信号和 3 路电压输入信号,且各种条件满足单端输入的条件,因此采用单端输入方式采集数字信号和模拟信号。

(3)考虑数据采集的精度及分辨率

在本仿真平台中,被检信号量程为 10 V,一般的数据采集卡的输入范围能满足此要求。通过计算,在 10 V 的量程下,12 位 A/D 的分辨率为 2. 44 mV,能满足本仿真平台要求的输入信号最小变化量 2. 5 mV,因此 12 位的 A/D 分辨率能够满足要求。

最终,我们选取研华公司的数据采集卡 PCI－1751 和 PCI－1711 分别来采集控制台数字信号和电压模拟信号。

需要注意的是,由于本仿真平台中张紧器远程控制台有 20 路带有灯泡的开关,而数据采集卡的电压或电流是通过计算机总线取得的,其驱动能力不足,因此本仿真平台需要外加的电源来驱动设备。

在本仿真平台中,电源的原始输入信号与 PCI－1711 数据采集卡的输入电压范围并不匹配,且由于电源自身因素以及周围环境的影响,原始输入电压中无法避免地会存在噪声与干扰源,从而不利于输入信号的准确性。

3. 张紧器主控服务器

张紧器主控服务器是整个仿真平台最核心的部分,其主要功能在 LabVIEW 开发环境下开发出一套能够模拟张紧器作业且能反映其动态行为的应用软件。它不仅提供了可供培训人员进行人机交互的软件界面,而且负责对角位移传感器信号和开关按钮信号的采集、处理以及内部数学模型解算等功能,是软件设计的硬件平台。

在铺管仿真作业中,张紧器主控服务器应在规定的时间内完成数据采集、处理与计算以及将有效数据传输,使得张紧器作出相应的动态行为,并将仿真过程中的有用信息通过软件界面反馈给用户。

本仿真平台最终选用研华工控机 IPC－610－L,采用 Windows XP 操作系统。工控机(IPC)开放性、兼容性高,且拥有普通 PC 机的所有能力,与普通 PC 机相比 IPC 有如下特点:

(1)机箱采用钢结构,可以有效地减少电磁干扰;

(2)机箱上具备专门底板,底板上有可以安装多块采集卡的 PCI 插槽;

(3)具备较强(抗干扰力)的专用电源;

(4)具备长时间工作的能力。

4. 实时仿真服务器

实时仿真服务器是将本仿真平台与铺管作业仿真主系统连接的桥梁,用于两个系统之间传递有用信息,例如:张紧器控制台控制指令信号、管线实时张力、管线的线速度、管道半径等,并对作业过程中的有效数据进行历史数据存储。根据需要本仿真平台选用的实时仿真服务器为宏碁(acer)AT7－N93 高性能计算机,8GB 内存,Windows XP 操作系统。

9.5.2 仿真平台软件设计

1. 软件总体设计

张紧器半物理仿真平台软件包括人机交互界面部分、数据接口部分、张紧器仿真部分、数据采集与处理部分、数据存储部分。仿真平台软件结构如图 9－30 所示。

(1)人机交互界面模块

人机交互界面包含了程序运行中的某些控制命令,如程序的启动或停止、相关控制指令的发送或停止等,这些命令都是利用 LabVIEW 前面板丰富的图形开关实现的;进行各种参数设置;显示管线线速度、张力、履带行程等数据,还应该包括显示协同控制所需要的 A&R 绞车的状态及相关数据,对于这些数据采用数值与图形显示并存的形式。

(2)张紧器仿真模块

张紧器仿真模块是整个半物理仿真平台软件中最核心的部分,此模块实现了张紧器在铺管作业中的运动规律和操纵品质。张紧器具备两种作业方式,即手动模式与恒张力自动模式。当处于手动模式时,利用操纵杆并可以达到铺管和收管的调试;自动模式建立了张紧器恒张力双闭环控制系统数学模型,其中包括电机数学模型、履带数学模型等。

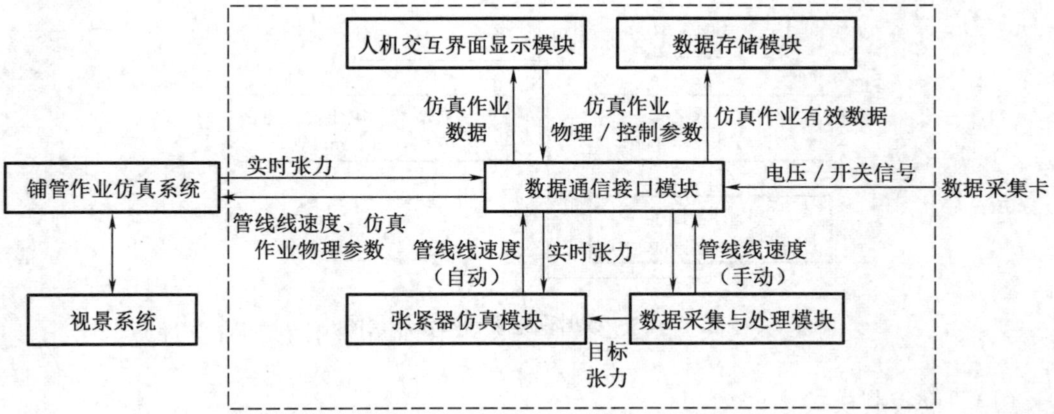

图 9－30　仿真平台软件结构图

(3)数据采集与处理模块

数据采集系统在采集传感器数据时,往往会叠加噪声信号,因此需要通过软件对采样数据进行处理,使得采样值更加稳定、准确。由于传感器的实际输出曲线对于本仿真平台没有价值,因此需要通过曲线拟合的方式得到本仿真平台需要的输入输出特性曲线。因此,经过数据处理后的采样值才是能被仿真平台所利用的有效值。

(4)数据通信接口

数据通信模块是仿真平台的中心,它包括两类信息传递,即软硬件之间的数据传递以及网络通信,具体体现为仿真平台软件系统与数据采集卡、仿真平台软件系统与铺管主系统之间的网络数据连接模块。

(5)数据存储模块

数据存储模块就是在存储铺管作业中计算出的有效信息,例如,管线线速度值、实时张力值、预设张立值等有效数据,并将其以电子表格的形式保存,以供后面对记录数据的分析。

2. 初始化模块

程序启动之后将进入等待用户命令的状态,然后在主页面中选择“开始运行”命令,则程序进入运行状态,程序运行的第一步便是对人机交互界面中所有控件进行初始化,将其还原至默认设置。例如:

(1)自动控制参数设定值;

(2)张紧器夹紧力输入值、管道半径输入值、管道实时张力值等;

(3)数据采集卡的默认信息。

这里利用属性节点获取需要进行初始化的前面板控件的属性,将其克隆至 While 循环结构之外,创建副本,并转换为读状态属性节点,即可实现在程序刚启动时初始化各个控件的值;进行电压信号采样前必须对两块板卡初设置初始化,具体有采样通道、触发模式、增益类型等,数据采集卡初始化流程图如图 9－31 所示。

3. 张紧器仿真模块

根据张紧器工作状态,仿真平台分为手动、自动、协同控制(自动和手动模式同时存在)三种工作模式,并由张紧器控制台控制指令管理各个模式间的逻辑关系。

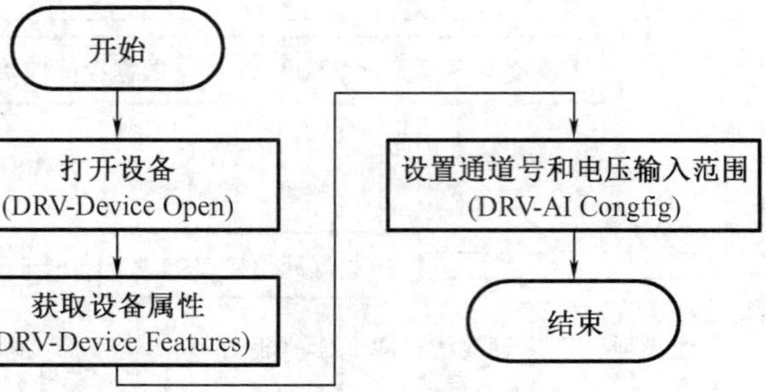

图 9－31　数据采集卡初始化流程图

(1)手动控制模式

在张紧器控制系统操纵台上,此时张紧器或绞车的运动速度可利用操纵台上的操纵手柄来手动控制。这里以角位移传感器电压值的变化来模拟手动控制模式下履带或滚筒的运动情况,操作人员移动操纵杆产生一个角位移,继而产生一个相应的电压信号,经数据采集卡给 PC 机,计算机通过数据处理模块输出一个相对应的线速度信号。手控模式下后面板逻辑程序框图如图 9－32 所示。

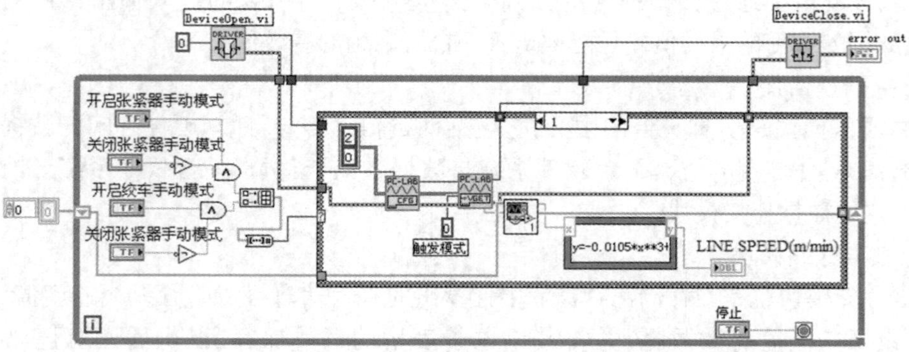

图 9－32　手动控制下后面板逻辑程序框图

(2)自动控制模式

自动模式是实现张紧器恒张力控制的工作模式,也是铺管作业中张紧器最常用的工作方式。在此模式下,通过张紧器控制台刻度盘输入一个目标张力值,目标张力与实际张力的偏差信号被用在一个控制器里,计算由于外界因素引起的张力波动的补偿,通过加速/减速管线,张力波动被最小化。恒张力控制系统仿真模型建立借助 LabVIEW 控制设计与仿真模块,使用内置函数编写恒张力控制系统模型,其后面板程序框图如图 9－33 所示。

程序中定时器的加入很大程度减小了 CPU 占用率:在 While 循环的条件端子上连接显示控件后分别测试未添加定时器和添加定时器后程序的循环次数,明显可以发现程序的循环次数大大减少,从而减小了对 CPU 的占用率。

4. 数据存储模块

当一次铺管作业结束后,需要把本次作业过程中有用的数据以文本形式存储起来,以供后续数据的分析与对比。针对本仿真平台而言,数据存储模块就是将仿真作业运算出的有效信息管线线速度值和张力值保存,以便分析速度、张力在张紧器工作过程的变化趋势。

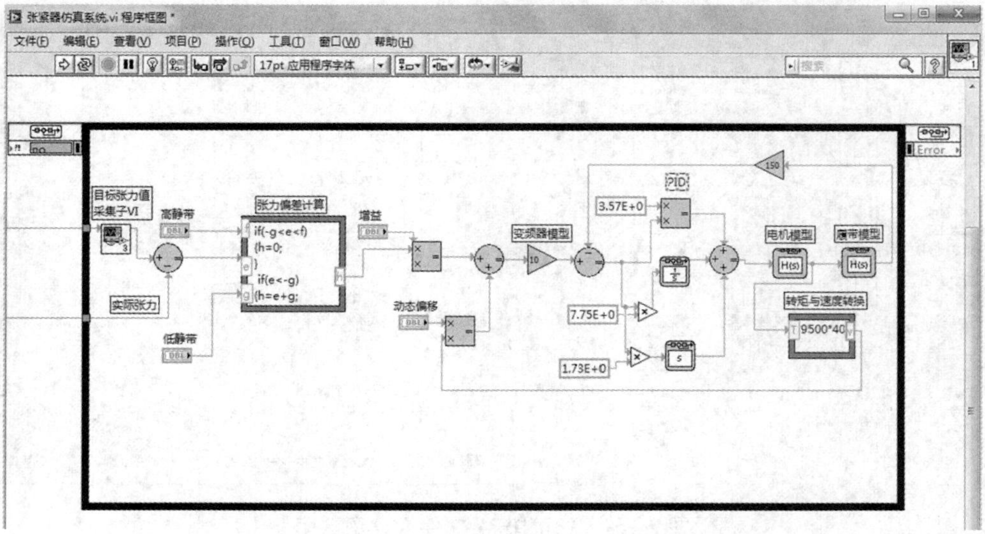

图9-33　自动控制模式后面板程序框图

(1)文件存储类型

LabVIEW 编程语言支持的储存文件通常分为文本书件、电子表格文件、二进制文件三类。

①文本书件

以 ASCII 码组成的文本数据流存成的文件格式。其通用性较高,存储信息可被 Word、Excel 以及记事本等软件识别,且最容易进行文件转换。

②电子表格文件

以 ASCII 码的形式保存文件,属于比较特别的文件类型,在格式中添加了空格、换行等特殊标记,方便被 Excel 这类电子表格软件读取,它以行列的方式存储信息。本仿真平台存储数据的类型为电子表格文件(或称作表单文件)以方便供其他程序访问数据。

③二进制文件

这种类型的文件其最大的优势是节省空间,且保存速度快。LabVIEW 文件 I/O 函数库如图 9-34 所示。

(2)属性节点

LabVIEW 中所有对象都有属性,例如该控件的值、颜色、可视性等信息。可以通过改变属性节点来达到改变对象状态的目的,也可以配置属性节点来访问多个属性,每个属性节点可以设置为读或写,使程序设计更加灵活、功能性更强。

“历史属性”用于读/写缓冲区中的数据,读“历史数据”属性时,返回缓存区里的全部数据;写“历史数据”属性时,写进缓存数据。波形图表内部用先入先出缓冲区记录最新数据,可以实现记录实时数据的功能。波形图表控件具有记录“历史数据”这一专用属性。

根据实际需求,本系统要求记录的历史数据为管道线速度、管道实时张力、管线目标张力值。将相应的显示控件的值赋予波形图表控件,并通过调用波形图表的“历史数据”属性节点,实现对仿真作业中的有效数据的记录。

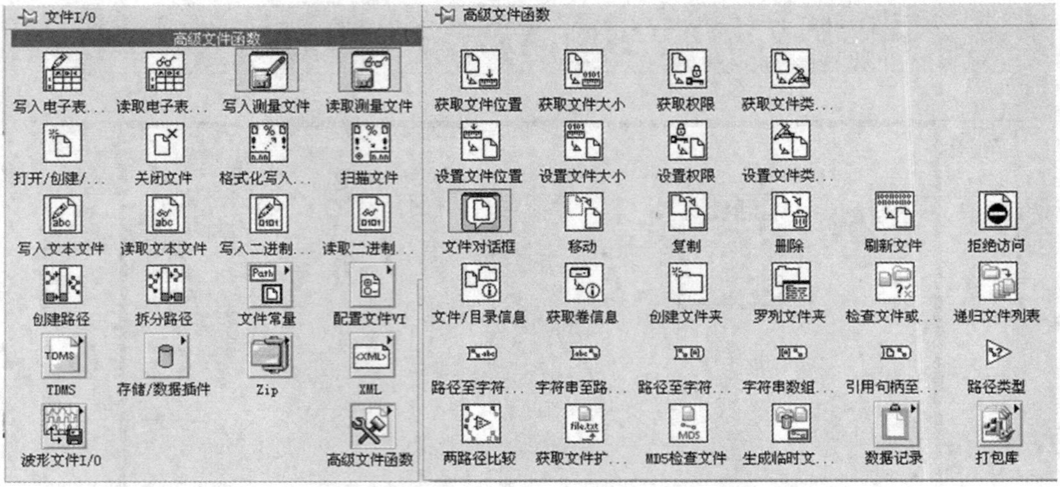

图 9－34　LabVIEW 文件 I/O 函数库

利用 LabVIEW 创建历史数据表格达到存储有效信息，历史数据存储程序设计框图如图 9－35 所示。

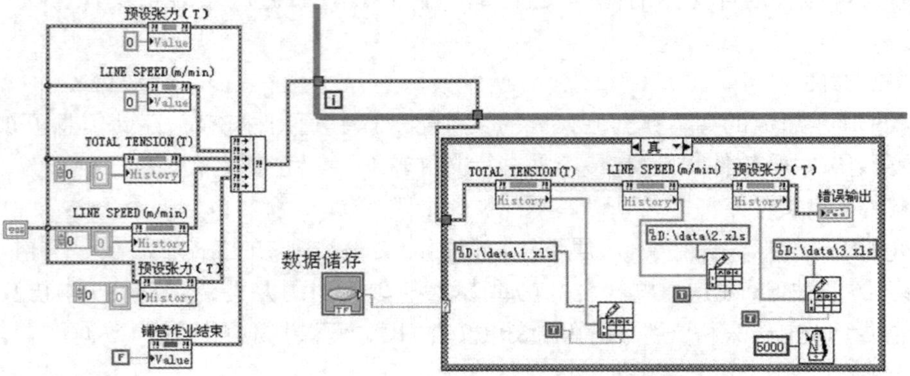

图 9－35　历史数据存储程序设计框图

当铺管仿真作业结束后，实时张力值、管线线速度值、目标张力值将被自动保存，以供后续对数据的分析研究。

5. 人机交互界面显示模块

本仿真平台的人机交互界面即前面板，是将操作者和仿真平台连接起来的一个交互界面，以达到对半物理仿真平台的控制作用以及仿真作业数据的显示监测作用。

前面板上包括启动/停止程序指令，设置自动控制系统的自动控制参数（如高低静带、动态偏移、增益等，铺管管径），上下履带间距等作业物理参数，操作者根据其实现对本仿真平台的控制，启动/停止开关信号的发送。

同时人机交互界面显示了张紧器仿真作业中所有的数据，包括张紧器或绞车控制下的管线状态参数（管线线速度、管线实时张力、管线目标张力值），自动控制参数等。利用选项卡控件对仿真平台中大量的数据显示控件进行归类管理，由于选项卡的每个页面都可以单独设置属性，通过属性节点取得相关页面的引用句柄，进而控制相应控件的属性。

根据实船张紧器控制台显示设备仪表的特点进行人机交互界面的开发，其中已经开发完成的显示面板如下。

(1)主菜单 MAIN

MAIN 页面用来显示张紧器控制系统的基本信息，例如张紧器/绞车张力值、管线实时线速度和报警级别，此界面在整个铺管仿真作业过程中需要实时监测，主页面如图9－36所示。

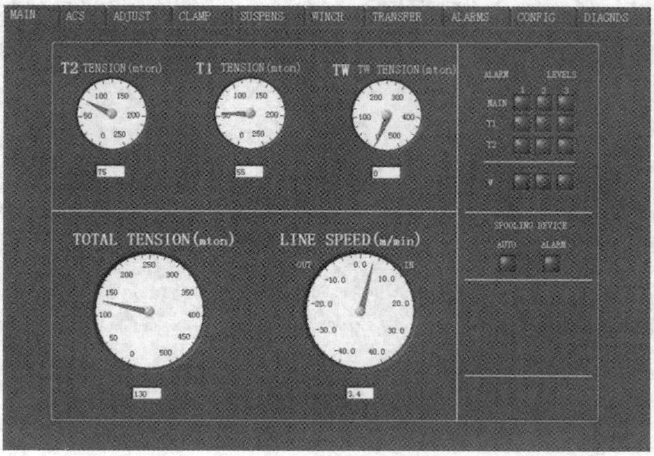

图9－36　主页面 MAIN

(2)自动控制系统 ACS

如图9－37所示为自动控制页面，该页面为张紧器自动控制系统页面，用来阅读张紧器控制系统操纵台上的刻度盘(角位移传感器)设定的张力或扭力值。选择 AUTO TENSION (自动张力)或 AUTO TORQUE(自动扭力)模式来决定自动控制系统处于自动张力或扭力模式。自动扭力模式与自动张力模式的操作步骤与原理是一样的，它是自动张力模式的备用模式，根据铺管仿真作业的需要，例如在浅水铺管操作时，需要启用该模式。

在自动张力模式中，这些参数作为恒张力闭环控制系统的输入参数，用于控制张紧器或绞车的动作。实时响应动态张紧力和设置张紧力之间的差别。如果差别大，张紧器或绞车将进行收管或放管作业。

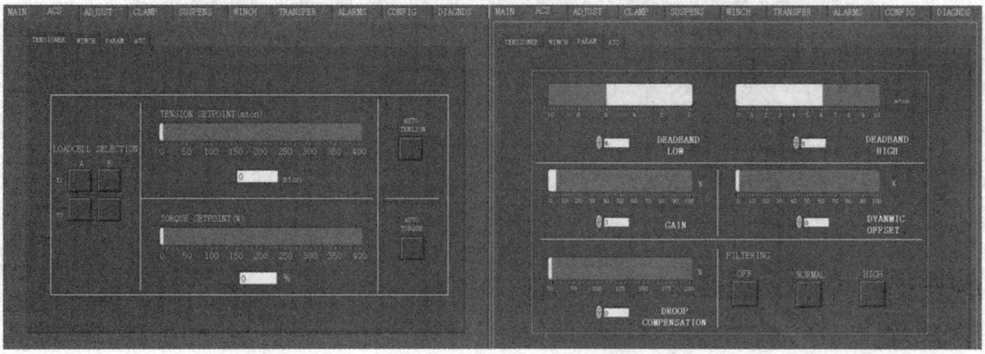

(a)　　　　(b)

图9－37　自动控制页面

(a)目标张力设定页面；(b)控制参数设定页面

(3)夹管 CLAMP

当在张紧器控制系统操纵台上按下 CLAMPS 按钮,张紧器开始进行自动夹管操作,在这里需要设定张紧器上下履带的间距值。在悬挂页面可以实时监测悬挂力的大小,夹管页面如图 9－38 所示。

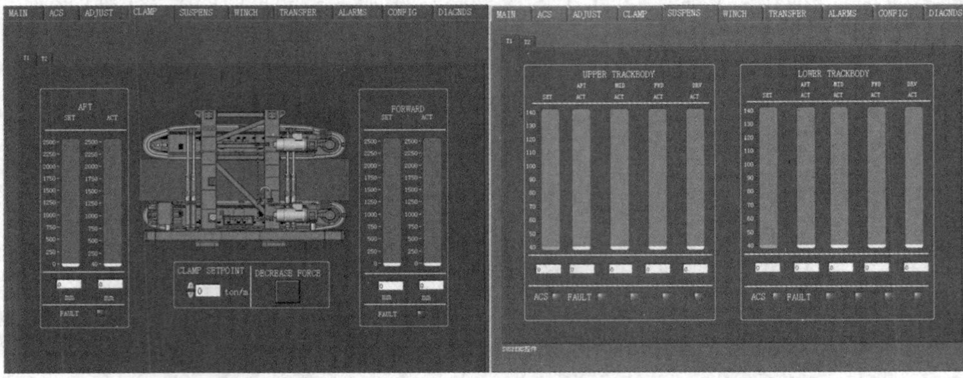

(a)　　(b)

图 9－38　夹管页面

(a)夹管数据显示页面;(b)悬挂监测页面

(4)传递 TRANSFER

该页面用于显示在所有状态下,增加或去掉一个张紧器。例如,在自动张力模式期间,若设置张力值大于一个张紧器最大张力(200 t)时,需要通过该页面增加一个张紧器;在张力转换模式下,通过进度条显示张紧器和绞车张力转换的进程,张力转换页面如图 9－39 所示。

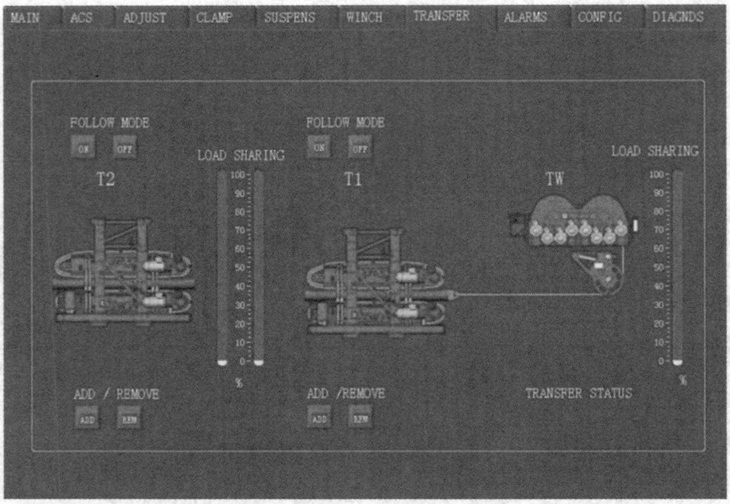

图 9－39　张力转换页面

第 10 章　铺管作业仿真案例开发

10.1　概　　述

铺管作业包括初始铺管、正常铺管、弃管、收管等 4 个子作业过程。为了提高仿真系统的实用性和有效性,采用管线 - 缆索动力线性偏微分方程的通式,建立了 4 个子过程合一的仿真系统。在理论上,本章的仿真系统结构和数学模型,可应用于铺管作业整个过程。为了验证第 5 章的数学模型的可行性,本章以正常铺管为例开发了铺管船铺管作业实时仿真系统和静态铺管铺设形态计算软件。

在仿真系统的设计上,为了提高系统的实用性,各种参数均考虑了“海洋石油 201”船铺管作业实际控制,如:张紧器张力、初始船体位置设定、绞车绳索收放速度、托管架曲率半径设定等工程参数

10.2　静态铺设管线形态及张紧器张力预测

10.2.1　S 型铺管船结构模型

以海底管线底触点为原点 O,船的航向为 X 轴方向,船体左舷为 Y 轴方向、垂直向上为 Z 轴方向,建立直角坐标系 $OXYZ$。自然悬链线理论可用来表示远离两个管端的管子悬空段,亦即远离海床处的离地点 O 和靠近托管架的上部管线升离点 P_{d} 之间的管子悬空段,S 型管道铺管船铺管形态结构如图 10 - 1 所示。

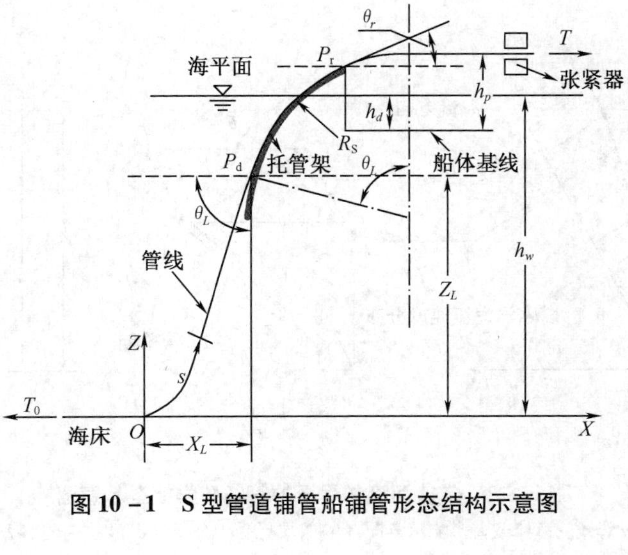

图 10 - 1　S 型管道铺管船铺管形态结构示意图

10.2.2 常值海流作用下的管线形态数学模型

一般来说,海流可以分为风流、梯度流、波浪流和潮流几种。由于海流可近似地看作一种稳定的平面流动,因此单位长度上的管线所受的海流拖曳力为

$$F = \frac{A_P \rho_s C_D V_C^2}{2} \tag{10-1}$$

式中 ρ_s——海水密度;

C_D——拖曳力系数;

A_P——构件迎流投影面积;

V_C——海流的最大可能速度。

如图 10-2 所示为常值海流作用下的管线数学模型示意图。根据图 10-2(b)的受力分析,可推导出管元所受的海流拖曳力 F 的各项分力为

$$F_y = F\sin\beta \tag{10-2}$$

$$F_{xt} = F\cos\beta\cos\theta \tag{10-3}$$

$$F_{xn} = F\cos\beta\sin\theta \tag{10-4}$$

式中 F_y——海流拖曳力 F 的 Y 轴向力;

F_{xn}——海流拖曳力 F 的 X 轴向分力的管线轴向力;

F_{xt}——海流拖曳力 F 的 X 轴向分力的管线法向力;

β——海流方向。

铺管船在深水工作区作业时,铺设管线受海流载荷影响分析如图 10-2(a)所示。为了简化铺管形态计算数学模型,根据深水铺设管线形态在水下大部分接近直线、管线升离点角度接近 90°、管线曲率高的海底部受海流载荷影响较小等特点,将管线形状简化成两端受力的直线形欧拉-伯努力简支梁(如图 10-2(c)所示),并设定管道与海底之间采用刚性地基接触,即约束所有自由度。对于托管架上的管线只允许沿着铺管船铺管轨道移动。

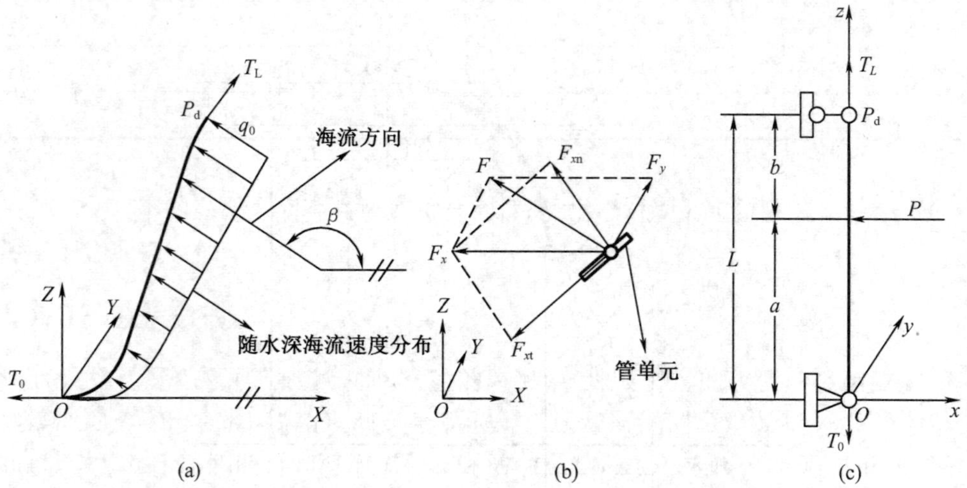

图 10-2 常值海流作用下的管线数学模型示意图

(a)铺设管线受海流载荷影响示意图;(b)管单元受力分析;(c)欧拉-伯努力简支梁

图 10－2(c)中坐标系 $Oxyz$ 的原点 O 位于升离点 P_d 垂直向下的海底管线底触点,x 轴方向是船的航向,y 轴方向是船体左舷方向,z 方向为垂直向上,点 P_d 是管线脱离托管架的升离点,T_L 为管线在升离点 P_d 处的管线轴向应力。

当管线在各水深处的海流载荷分布没有具体数学模型时,利用积分法计算管线所受的等效集中载荷和等效作用点后,根据如图 10－2(c)所示两端受力的简支梁数学模型计算挠度 $\omega(z)$。其挠度计算公式为

$$\omega(z) = \frac{P}{EIk^3}\left\{\frac{\sinh(kb)}{\sinh(kL)}\sinh(kz) - \left(1 - \frac{a}{L}\right)kz - e(a)\left[\sinh(kz - ka) - k(z - a)\right]\right\} \tag{10-5}$$

式中,当 $z \leqslant a$ 时,$e(a)=0$;当 $z > a$ 时,$e(a)=1$; $k=\sqrt{T_L/(EI)}$; $P=\int_0^L F(s)\,\mathrm{d}s$,L 为原点 O 到升离点 P_d 之间的弧长。

当两端受力的简支梁受随水深均匀分布的海流载荷时挠度 $\omega(x)$ 可表示为

$$\omega(x) = \frac{q}{k^4EI}\left[\frac{\cosh kx}{\cosh\dfrac{kL}{2}} - 1 + \frac{k^2L^2 - 4k^2x^2}{8}\right] \tag{10-6}$$

式中,$x \in \left[-\frac{L}{2}, \frac{L}{2}\right]$。

当两端受力的简支梁受随水深线性分布的海流载荷时挠度 $\omega(x)$ 可表示为

$$\omega(z) = \frac{qL^2}{k^2EI}\left[\frac{kL\sinh kx - kx\sinh kL}{(kL)^3\sinh kL} + \frac{x}{6L}\left(1 - \frac{x^2}{L^2}\right)\right] \tag{10-7}$$

式中,$x \in [0, L]$。

L 为原点 O 到升离点 P_d 之间的弧长。

10.2.3　张紧器张力预测数学模型

根据工程力学分析得到张紧器张力为

$$T = T_0 + wH_w + w_Ah_0 - \frac{EI}{2R_s^2} \tag{10-8}$$

深水作业时,铺管船的升离点离海底的深度 Z_L 可近似地看成工作海域的水深,即 $Z_L \approx H_w$,并带入公式(10－8)后,即

$$T_0 = \frac{H_w w\left[1 + \sqrt{1 + (\tan\theta_L)^2}\right]}{(\tan\theta_L)^2} \tag{10-9}$$

在铺管区域为深水区时,$T_0 \gg \frac{EI}{2R_s^2} - w_Ah_0$,所以从式(10－8)和式(10－9)中可推导出张紧器张力近似计算公式为

$$T \approx \frac{H_w w\left[1 + \sqrt{1 + (\tan\theta_L)^2}\right]}{(\tan\theta_L)^2} - wH_w \tag{10-10}$$

10.2.4　铺管船铺管形态算法

根据自然悬链线方程和船体几何关系,推导出托管架末端管线脱离角度计算方程为

$$\arctan\left\{\frac{w}{T_0}\sqrt{[H_w-R_s(1-\cos\theta_L)-h_p+h_d]^2+\frac{2T_0[H_w-R_s(1-\cos\theta_L)-h_p+h_d]}{w}}\right\}-\theta_L=0 \tag{10-11}$$

根据“海洋石油201号”铺管船铺管作业系统的几何结构特点(图10-1),利用静态铺管数学模型,开发了静态深水S型铺管形态算法1。

【算法1】

步骤1:根据式(10-10)计算海底触底处管线张力 T_0。

步骤2:求方程式(10-11)的解,即脱离角 θ_L。

为了利用Excel的规划求解功能解方程式(10-11),构建如下的目标函数为

$$f(\theta_L)=\arctan\left\{\frac{w}{T_0}\sqrt{[H_w-R_s(1-\cos\theta_L)-h_p+h_d]^2+\frac{2T_0[H_w-R_s(1-\cos\theta_L)-h_p+h_d]}{w}}\right\}-\theta_L$$

约束条件:$0° < \theta_L < 90°$。

步骤3:根据式(4-95)计算管线升离点的水平距离 X_L。

步骤4:计算托管架曲率中心:$x_s=X_L+R_s\sin\theta_L$,$z_s=Z_L+R_s\cos\theta_L$。

步骤5:根据式(4-88)、式(4-90)、式(4-94)、式(4-95)、式(4-96)以及式(4-97)计算管线形状和有关参量。

根据两端受力欧拉-伯努利简支梁简化数学模型,制定了常值海流载荷引起的管线挠度算法2。

【算法2】

步骤1:利用式(4-85)、式(4-93)、式(4-94)计算海流作用下的升离点管线张力 T_L。

步骤2:计算海流集合力 P 及受力点位置参数 a 和 b。

步骤3:利用式(10-5)、式(10-6)、式(10-7)计算海流载荷引起的管线挠度。

10.2.5 S型海洋管道铺管形态计算

1. Microsoft Excel软件简介

Excel是美国微软公司的一种办公系列软件,Excel有友好的用户界面、卓越的数据处理和数据分析能力,用户还可以自行编辑各种公式,或将各个函数组合使用,各种图标化的提示与仅用鼠标就可进行的操作使一般人可以很快掌握其基本操作,无须经过培训。方便的智能型复制功能,极大地减轻了计算工作量,并使大部分结果可以自动生成。

2. 海洋管道铺管形态的计算与分析

根据深水铺管起重船的实际几何结构特点,按照深水S型铺管船铺设形态计算逻辑关系,基于Microsoft Excel软件和Visual basic语言,开发了海洋管道铺管形态及管线轴向应力计算程序(简称SPLC)。

如图10-3所示为深水S型铺管船铺管形态、计算逻辑图,海洋管道铺管形态计算程序(简称SPLC)由5个分块组成:第一分块,输入管道参数、船体参数、海况等铺管作业有关参数;第二分块,根据算法1和算法2以及关联公式算出铺管形态数据和管道的力学数据;第三分块,计算铺管过程中具体管道的位置和关联力学数据;第四分块,根据式(10-10)计算可用张紧器张力;第五分块,输出铺管形状在 OXY 平面和 OYZ 平面的投影。

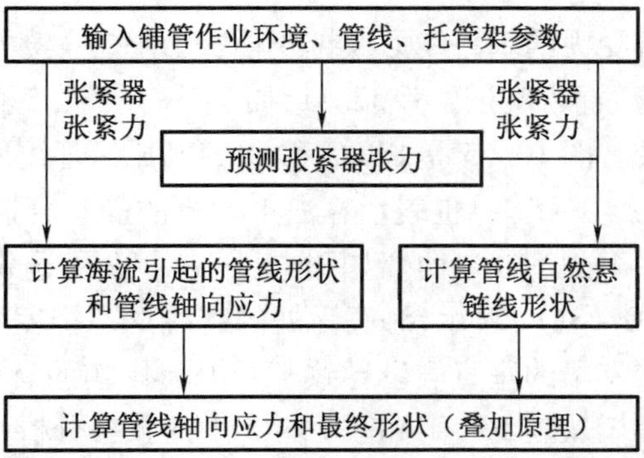

图 10－3　深水 S 型铺管船铺管形态计算逻辑图

用户根据铺管作业要求，首先，在第一分块里输入作业水深、海水密度、海流速度、船体吃水量、预定张紧器张力、船体首尾吃水差角度以及相关管道参数；其次，根据铺管作业所要求的管线脱离角的大小，在第四分块预测所需张紧器张力的大小，然后修改第一分块的张紧器张力输入值；最后，确认第四分块里的 Calculate 键完成铺管形态计算，并输出相关铺管形态数据（如图 10－4 所示）。

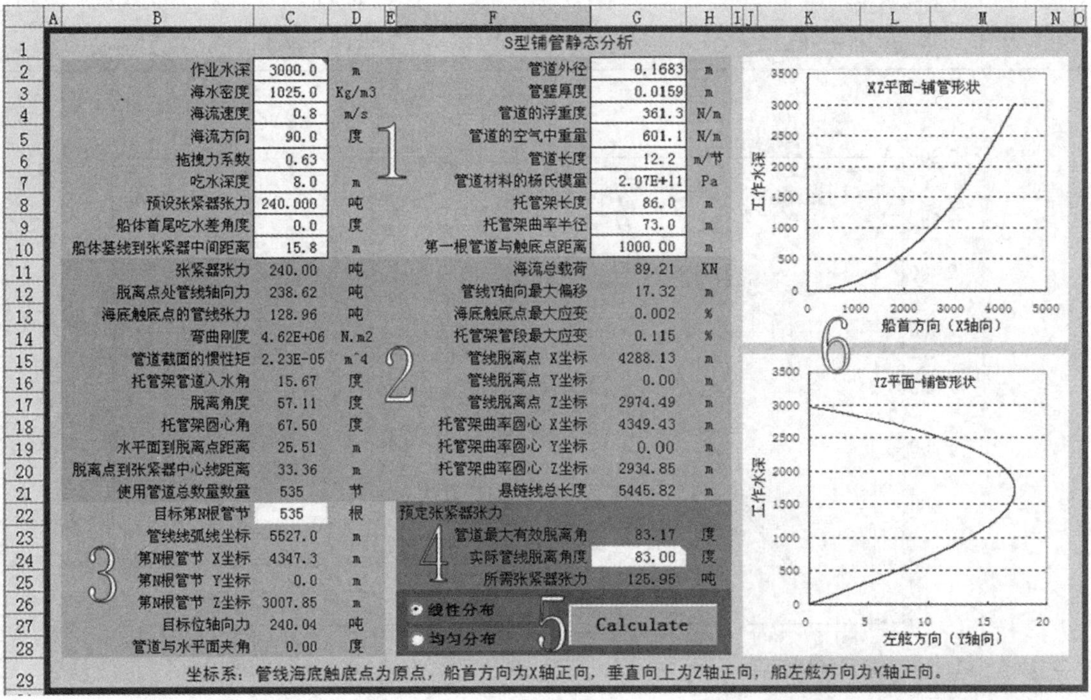

图 10－4　深水 S 型铺管船铺管形态计算电子表格

铺管铺设参数设定如下：海底条件平坦，作业水深为 3 000 m，吃水量为 8.0 m，海流速度为 0.8 m/s，海流方向为 90°，海流速度随水深线性分布，托管架曲率半径为 73 m，张紧器张力为 240 t，管道钢材型号为 APIX656inch，$E=2.07\times10^{11}$ Pa，$D=0.168\ 3$ m，$t=0.015\ 9$ m，屈服强度为 448.2 MPa，材料密度 7 850 kg/m^3，管道的空气中线密度 601.1 N/m，管道的浮重度 361.3 N/m。

为了检验管线的两端受力的垂直线形欧拉－伯努力简支梁数学模型，本算例设定张紧器张力为 240 t，此时的管线脱离角度为 57.11°而远小于 90°。表 10－1 所示为 SPLC 与 OFFPIPE 的运算结果比较。图 10－5 是 SPLC 和 OFFPIPE 的管线形态比较图。因为本算例的海流方向为 90°，所以图 10－5(a)也表示算法 1 计算的静态管道铺管形态，图 10－5(b)也表示海流载荷单独作用下的管线弯曲。如图 10－5(a)显示，悬链线法非常适用于静态的深水铺管形态计算。图 10－5(b)显示，海底深处的管线形态挠度数据小于 OFFPIPE 数据，其原因是欧拉－伯努利简支梁的垂直假设导致了受海流影响的有效长度的缩短，最终引起海底部的管线挠度的变小。从表 10－1 和图 10－5 中的数据分析可知，SPLC 的铺管形态计算方法接近商业软件 OFFPIPE 性能，即两者相差不超过 4%，符合一般工程设计要求。

表 10－1 SPLC 与 OFFPIPE 的运算结果比较

特征	OFFPIPE	SPLC	比较
管线水平跨度/m	4 424.18	4 287.93	3.08%
管线升离点脱离角/(°)	56.48	57.11	1.11%
Y 轴向最大挠度/m	17.02	16.90	0.71%
悬链线总长度/m	5 237.25	5 445.66	3.97%
着底点水平张力/kN	1 312.13	1 263.77	3.68%

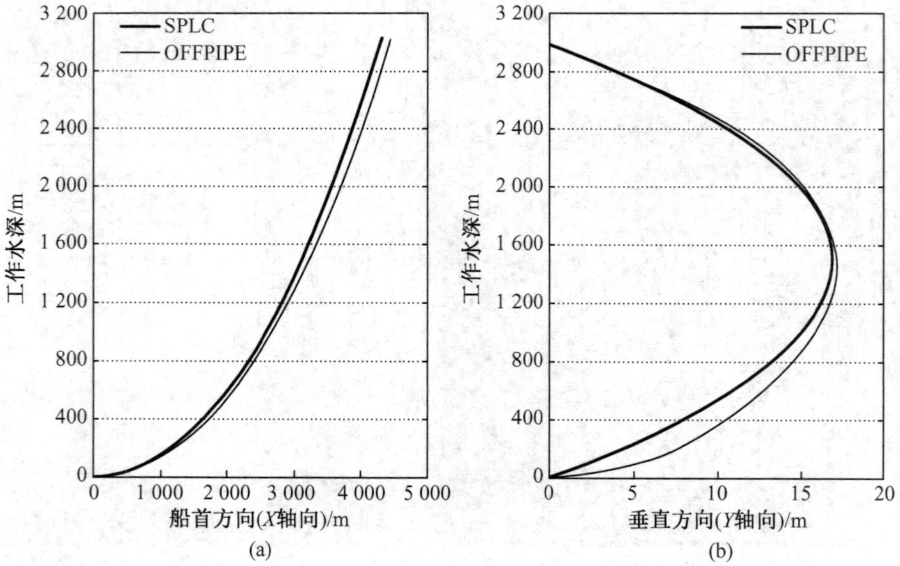

图 10－5 SPLC 与 OFFPIPE 管线形态比较图

(a)管线形态在 *OXY* 坐标平面投影示意图；(b)管线形态在 *OYZ* 坐标平面投影示意图

10.3　初始铺管作业案例分析

10.3.1　海况参数

本仿真算例以“海洋石油 201”在中国南海番禺项目为依据，具体数据由项目组提供。本次作业海工首次从真正意义上涉足深水项目，为中国海洋石油走向深水打下基础。“海洋石油 201”船体参数见表 10－2。

表 10－2　“海洋石油 201”船体参数

参数	参数值
主体尺寸	204.65 m×39.2 m×14.0 m
航　　速	12 km
动力定位	DP－2/3（铺管/起重）
铺管方式	J 型铺管
铺管速度	大约 5 km/d（可铺最大 48 in 钢管）
储管能力	9 000 t
铺管水深	15～3 000 m
铺管外径	6～60 in
主吊能力	4 000 t/3 500 t（尾吊模式/回转吊模式）
人员配置	380 人

此次作业铺设水深范围为 593～1 000 m，属于深水铺管作业，海况参数如表 10－3 所示。

表 10－3　铺管作业海况参数

风速	风向	浪高	浪向	海流速度	海流方向	谱峰周期
2.5 m/s	22.5°	2.5 m	22.5°	0.31 m/s	22.5°	8 s

10.3.2　管道物理参数及铺管作业控制参数

1. 管道及缆索物理参数

钢管的制造严格按照美国石油学会（API）的 API Spec 5L 规范，管道直径 323.9 mm（12.75 in），壁厚 15.9 mm（0.625 in）[136－138]。缆绳长度为 1 000 m，缆绳外径 0.108 m，密度 7 850 kg/m^3。

2. 铺管作业控制参数

铺管仿真系统中，世界坐标系原点为起始锚点，实际作业过程中起始锚位置由 GPS 定位，仿真系统中以视景模型原点为世界坐标系原点，起始锚位置由教练员设定在该点，水平

指向正东方向为 x 轴正方向，竖直向上方向为 z 轴正方向，其他坐标系根据 10.3.1 节确立。

张紧器初始张力为 180 kN。托管架长度和曲率半径分别为 87 m 和 85 m。图 10－6 所示为铺管船和托管架上的辊轮示意图。铺管船和托管架上的辊轮个数为 18 个。铺管准备工作中首先调整托管架角度，调整完毕后再根据预先计算进行辊轮高度调整。

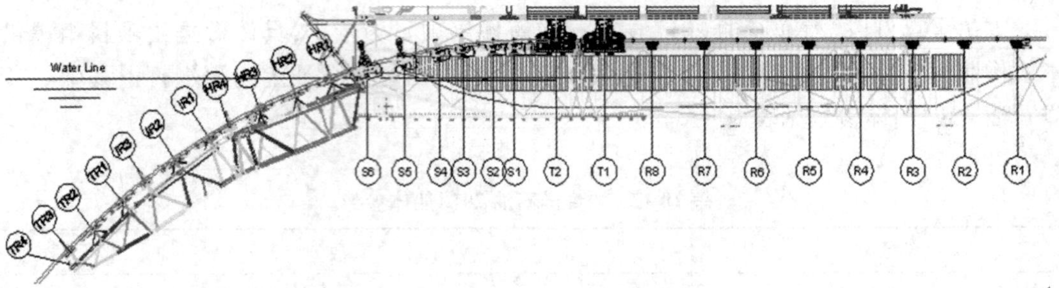

图 10－6　铺管船和托管架上的辊轮示意图

托管架调整属于铺管作业前准备工作，托管架调整角度如表 10－4 所示。辊轮的调整高度如表 10－5 表 10－6 所示。

表 10－4　托管架调整角度

名称	首段	中间段	尾端
角度/(°)	25.1	42.7	49.8

表 10－5　作业线辊轮调整高度

序号	T1	T2	S1	S2	S3	S4	S5	S6
高度/mm	2 500	2 500	2 400	2 450	2 700	3 025	3 522	3 533

表 10－6　托管架辊轮调整高度

序号	H1	H2	H3	H4	I1	I2	I3	T1	T2	T3
高度/mm	4 430	4 180	3 370	2 262	2 042	2 696	2 742	3 010	3 328	2 750

铺管仿真过程中，双节点预制管道为 24 m 一根，实际工程中，船舶航速为 12 m/min，张紧器线速度为 12 m/min，航向角为 0.0°；船体吃水量为 7.5 m。

10.3.3　初始铺管仿真作业步骤

起始铺设对应的步骤及管道长度如表 10－7 所示，表中提供了铺管过程中的六种状态对应的长度及张力。深水铺管仿真系统根据实际铺管作业工艺过程设定工况、管道物理参数及铺管作业过程控制参数，制定了铺管作业过程案例[139－141]，铺管仿真系统具体铺管作业步骤如下。

表 10－7　起始铺管步骤及管道长度

作业编号	管道长度/m	张力/kN
S1	200.0	180.0
S2	400.0	230.0
S3	600.0	290.0
S4	800.0	340.0
S5	1 000.0	360.0
S6	1 200.0	400.0

指挥员、DP 操作员、张紧器操作员都准备就绪后，就进入铺管状态。

指挥员设置托管架曲率半径和滚轮参数，设置参数示窗图如图 10－7 所示。

(a)

(b)

图 10－7　设置参数面板

(a)张紧器操作；(b)托管架数据监测

参数设置完毕，进行初始铺管工艺操作过程，初始铺管工艺操作过程视窗图如图 10－8 所示。

图 10－8　初始铺管工艺操作过程视窗图

1. 加载起始锚

点击加“加载初始锚”按钮，初始锚加载完毕后，给予起始锚一个特写镜头，初始锚加载如图 10－9 所示。设置起始锚的位置，弹出窗口视窗图如图 10－10 所示。

2. 连接起始缆与 A/R 缆

点击“起始缆与 A/R 缆连接”，连接状态可从监控视景中观看到，如图 10－11 所示。

图 10-9 初始锚加载示意图

图 10-10 弹出窗口视窗图

图 10-11 起始缆与 A/R 缆连接

3. 拉力测试

(1) DP 操作

DP 定位原点不动。

①进入上位机系统,通过动力定位操纵台,按下 Take 按钮获得主控;

②依次通过推进器使能按钮和位置参考系统使能按钮,将推进器和位置参考系统

使能；

③将操纵模式由 STANDBY 模式切换到 JOYSTICK 模式，然后再切换到 AUTO POSITION 模式；

④通过上位机 AutoPos 菜单下的 Position 按钮，进入定点设定 Position Setting 对话框，如图 10－12 所示。

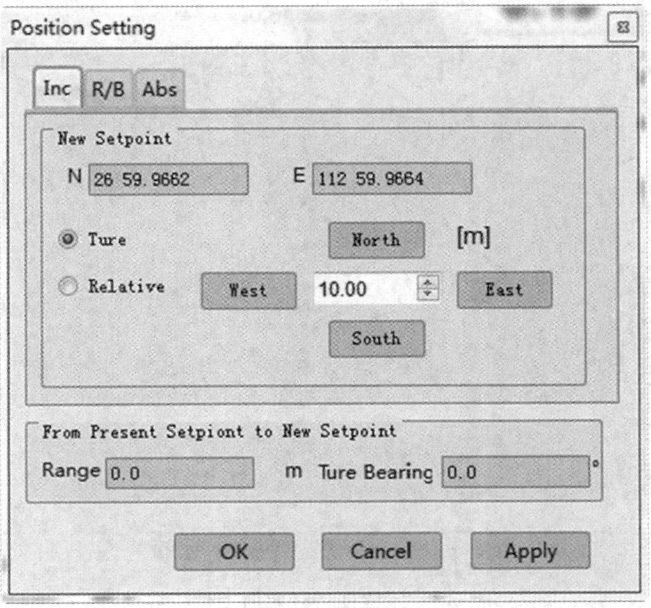

图 10－12　定位点设定 Position Setting 对话框

⑤等待动力定位系统实现动力定位功能。定位过程如图 10－13 和图 10－14 所示。

(2)张紧器操作

张力测试液压绞车相关操作。

拉力测试过程为 30 t 拉力下持续 30 min，拉力测试极限值为 40 t，超过极限值后，指挥员操作界面会有提示。绞车强力测试如图 10－15 至图 10－18 所示。

4. 下放 AR 缆

(1)张紧器操作

停止绞车工作模式，退出张力测试环节，进入绞车自动模式。

①选择 REMOTE 远程操作

在张紧器控制台上，按 REMOTE 远程控制键[图 10－19(a)]表示对张紧器进行远程操作。

②选择绞车模式

根据需要选择张紧器或绞车驱动模式，在选择 DRIVE ON 之前，必须选择绞车 WINCH 模式[图 10－19(b)]。

③选择自动模式

在触摸屏上选择 ACS－tensionr 页面。选择 AUTOMATIC[自动张力模式，图 10－19(c)]。

④设定工作张力值

在张紧器控制台设置到现在的绞车的张力。在 ACS-tensioner 页面中的刻度显示条及数字可以看到。如果需要的话，使用刻度盘重新调节张力设定值。

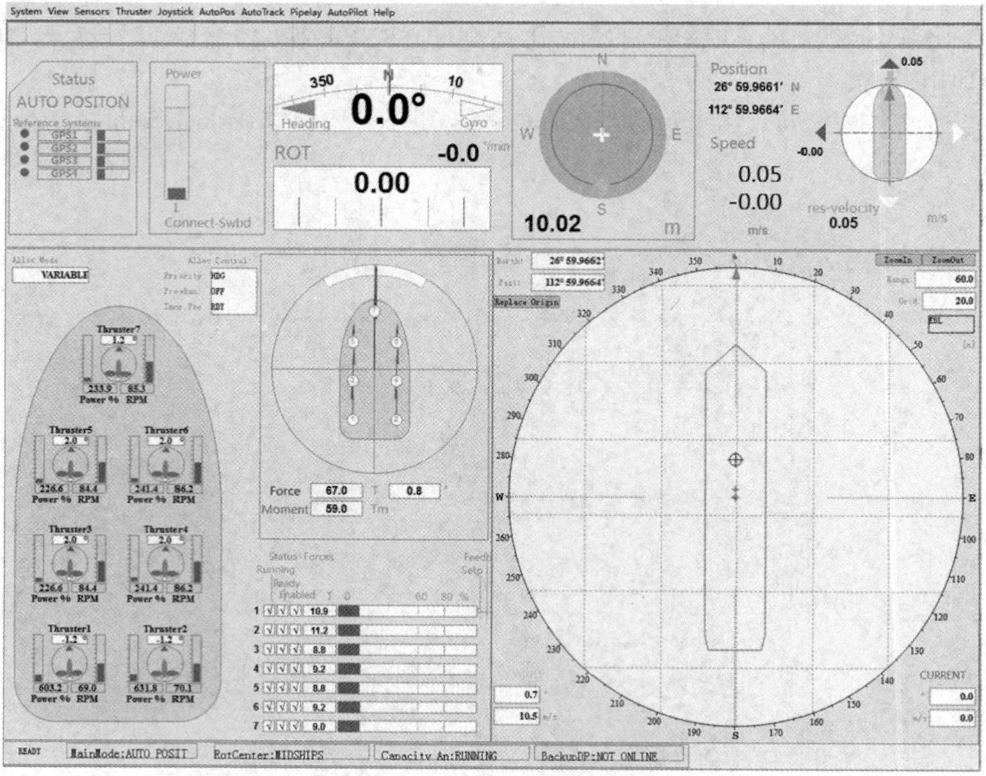

图 10－13　定位任务开始时上位机界面

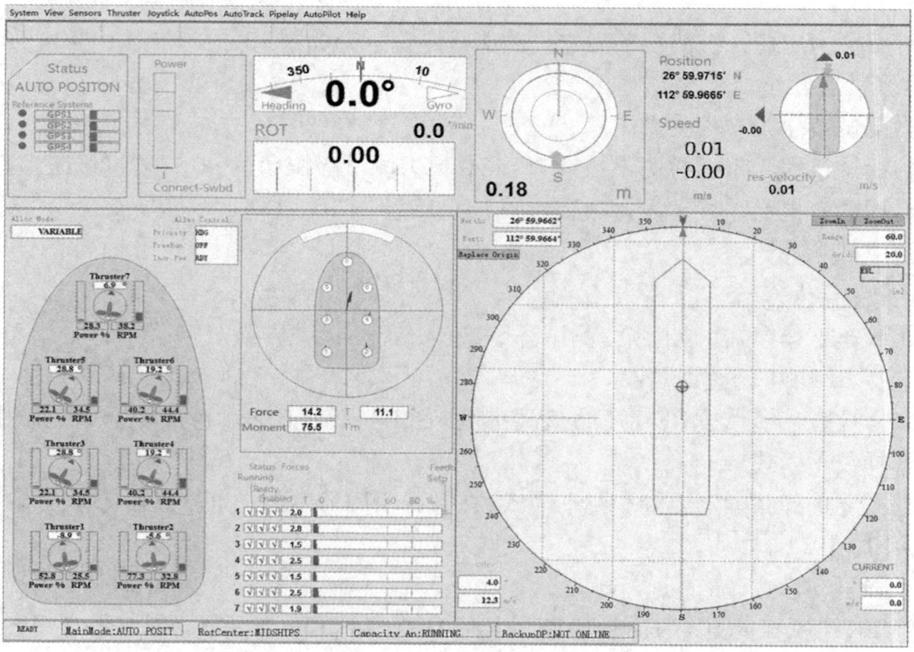

图 10－14　定位任务结束时上位机界面

图 10－15　绞车 10 t 张力测试

图 10－16　绞车 20 t 张力测试

图 10－17　绞车 30 t 张力测试

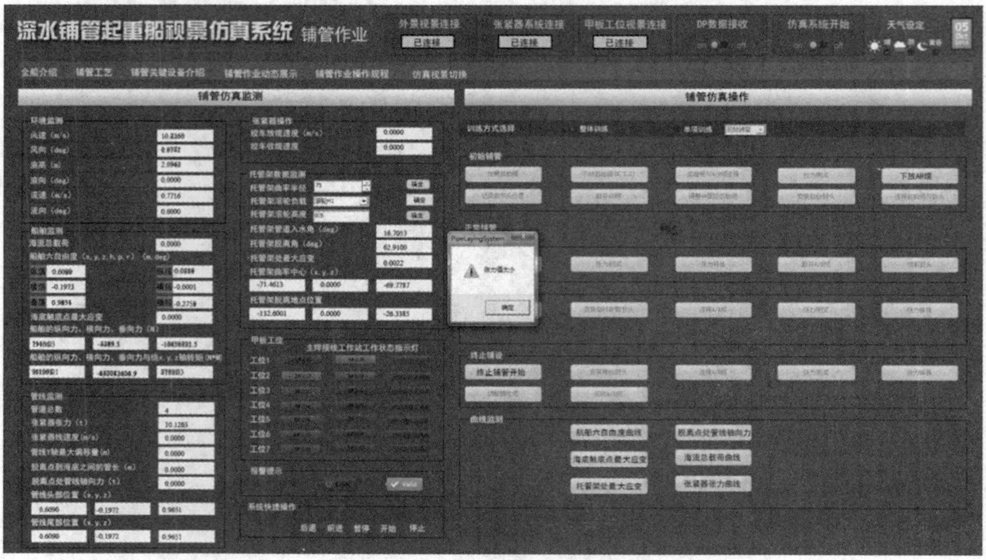

图 10－18　绞车张力过大提示

(a)　(b)　(c)

图 10－19　下放 AR 缆张紧器操作

(a)远程/本地操作选择;(b)选择绞车工作模式;(c)自动张力模式选择

(2)DP 操作 1

DP 开始向前移船。

①在接到教练员发送的 DP 操纵员移船指令后。打开上位机 AutoPos 菜单下的 Position 按钮,进入定点设定 Position Setting 对话框,如图 10－20 所示,按照教练员的要求移动船舶。例如,教练员要求船舶向前移船 100 m,其界面显示如图 10－21 所示。在 Position Setting 对话框中输入 100,然后点击 North 按钮,上位机上显示定位点向前移动 100 m,其实现定位后上机界面如图 10－22 所示。

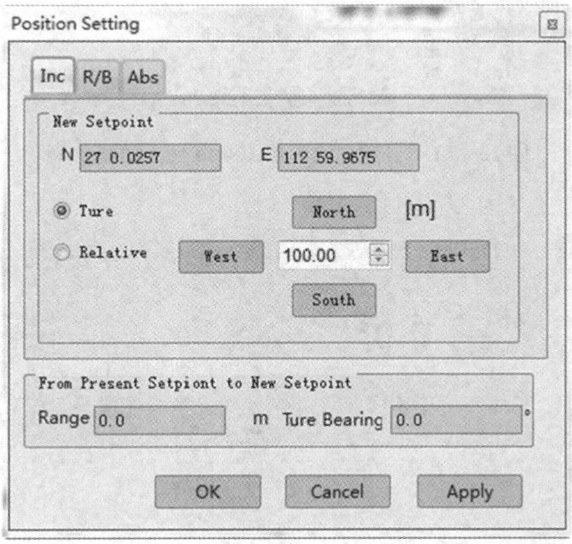

图 10－20　定位点设定 Position Setting 对话框

②动力定位系统在定位过程中,实时向教练员系统回报当前距离目标定位点的距离。在最终实现定位后,向教练员报告已经实现动力定位过程。

③等待教练员系统发布新的移船定位指令,然后返回第一步执行。

在下放 A/R 缆中,为缩短仿真时间,方便后续铺管工艺进行,可以一定程度上通过张紧器加大下放缆索速度。下放 A/R 过程如图 10－23 所示。

在缆索接头接触海床时,教练员点击缆索设定区右拉箭头,弹出对话框,如图 10－24 所示;设定目标点范围,判断缆索接头是否在目标范围内,其目标点范围显示如图 10－25 所示。

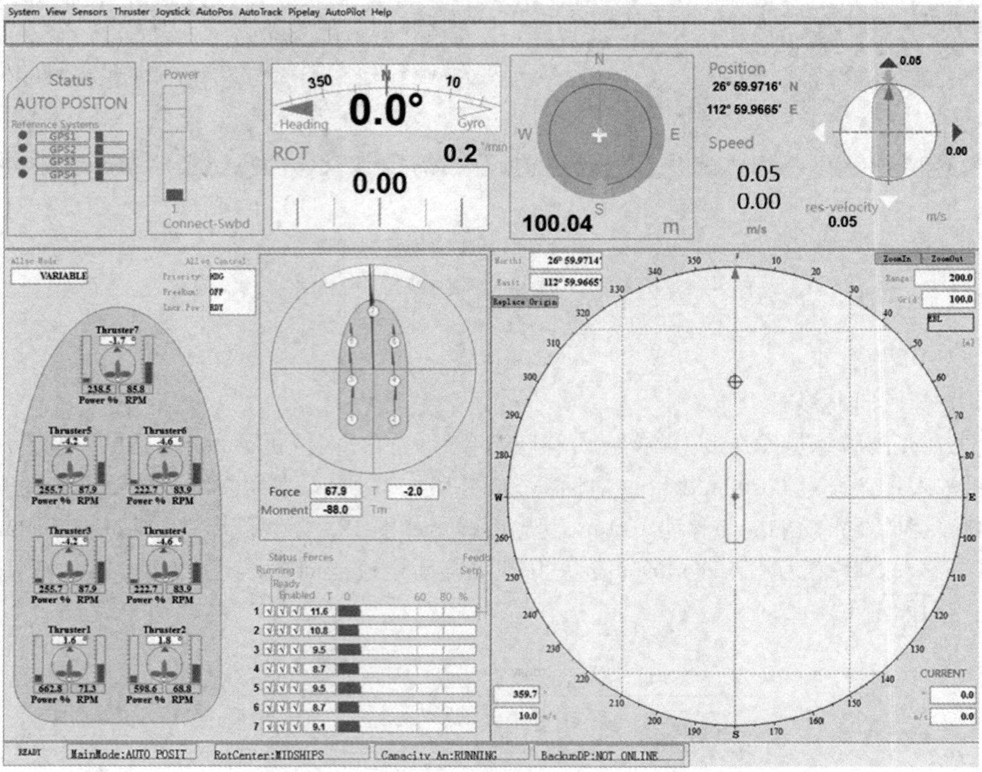

图 10－21　设定向前移船 100 m 后上位机界面

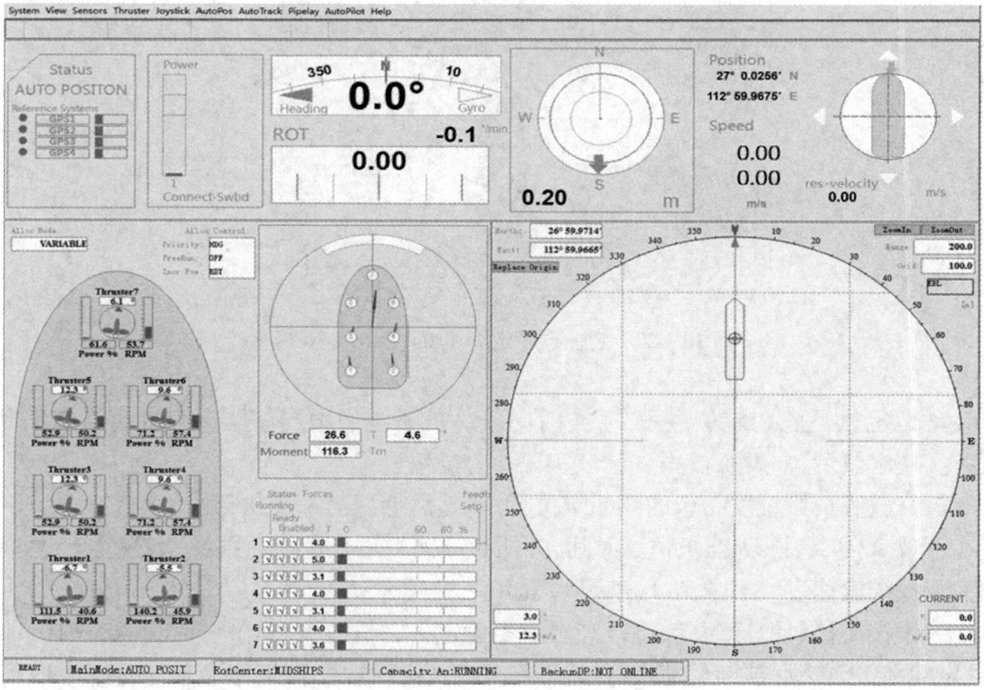

图 10－22　实现定位后上位机界面

(a)

(b)

图 10－23　下放 A/R 过程

(a) A/R 缆与起始缆接头；(b) A/R 下放至海底

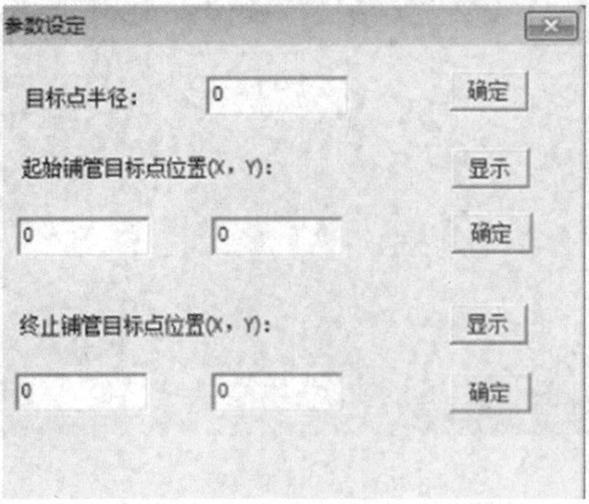

图 10－24　目标点范围设定对话框

(3) DP 操作 2

DP 开始向后移船回收缆索接头；

在缆索接头到达目标点时，点击“断开 A/R 缆”，如图 10－26 所示，调整并固定起始缆。

5. 安装起始封头并连接初始缆

管线已经在甲板工艺中预制 36 m 并通过张紧器，安装起始封头。安装起始封头视景图如图 10－27 所示，具体操作选择如图 10－28 所示。

图 10－25 目标点范围显示

图 10－26 断开 A/R 缆

(1)张紧器操作 1

张紧器进行夹管操作。

①选择 REMOTE 远程操作(图 10－28)

在张紧器控制台上,按 REMOTE 远程控制键表示对张紧器进行远程操作。

②选择张紧器模式[图 10－28(b)]

根据需要选择张紧器或绞车驱动模式,在选择 DRIVE ON 之前,必须选择 TENSION 张紧器模式。

③调节张紧器

在夹管之前,张紧器必须调整到正确的高度,调整开/关如图10-28(c)所示。在张紧器控制台上,只能进行自动调节。自动调节步骤如下所述。

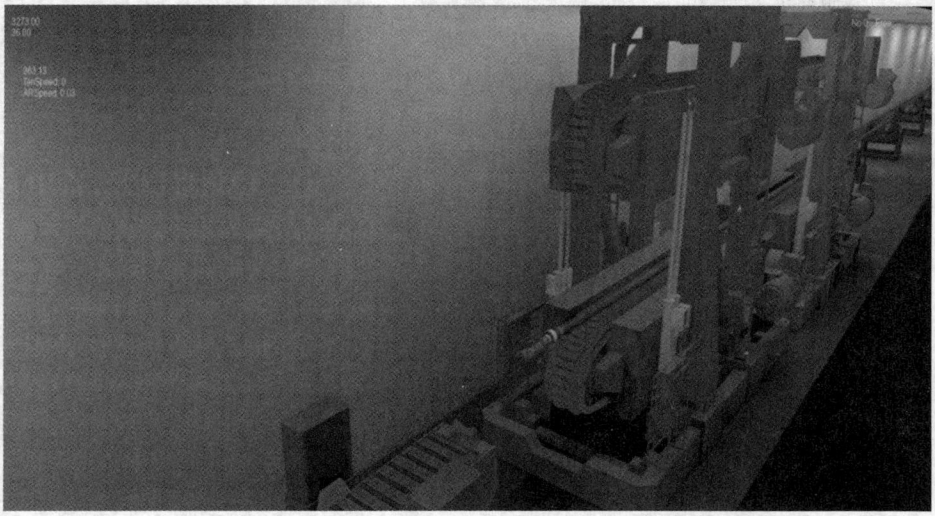

图10-27　安装起始封头视景图

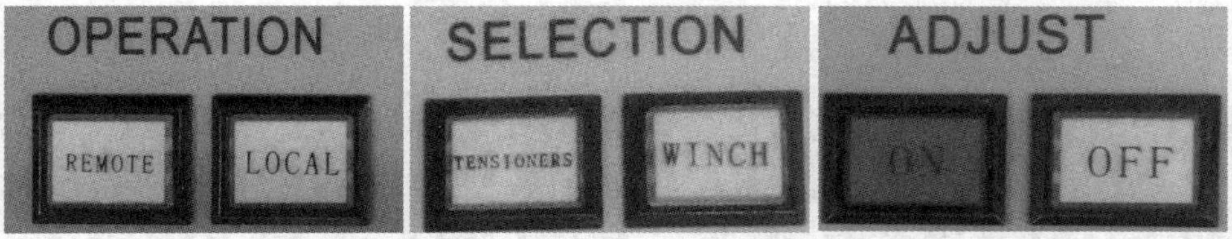

(a)　(b)　(c)

图10-28　安装起始封头并连接初始缆的操作选择

(a)远程/本地操作选择;(b)选择张紧器;(c)调整开/关

a. 在触摸屏中,选择ADJUST调节界面。调整页面如图10-29所示。

b. 按压ADJUST ON按钮,张紧器履带将自动调整至学习位置。

④夹管

在管道移动之前,管道必须被夹紧。张紧器触摸屏闪管操作设置如下所述。

a. 在触摸屏上选择CLAMPS页面,夹管页面如图10-30所示。

b. 用上下箭头按钮调节夹管设定值。

c. 按压夹紧按钮(CLOSE)。

d. 若需要打开张紧器上下履带,则按压OPEN按钮,夹紧CLOSE/打开OPEN按钮如图10-31所示。

(2)张紧器操作2

张紧器控制台面板夹管操作。张紧器手动下放管道,张紧器夹紧管道如图10-32所示。

a. 选择REMOTE远程操作

在张紧器控制台上,按REMOTE远程控制键表示对张紧器进行远程操作(远程/本地操作选择如图10-33所示)。

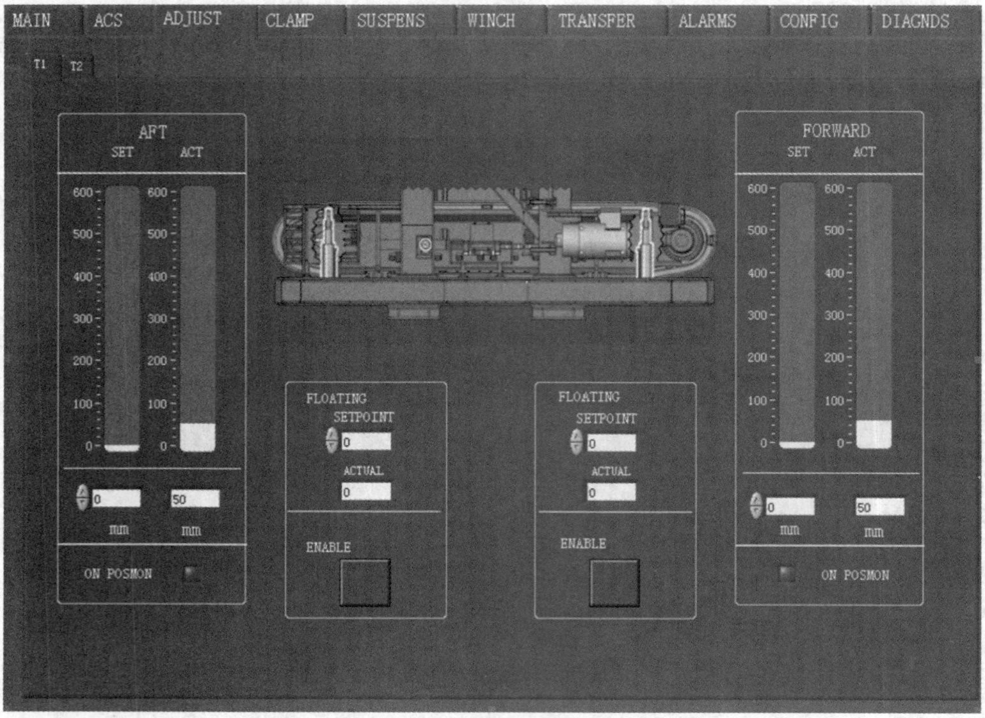

图 10－29 调整页面

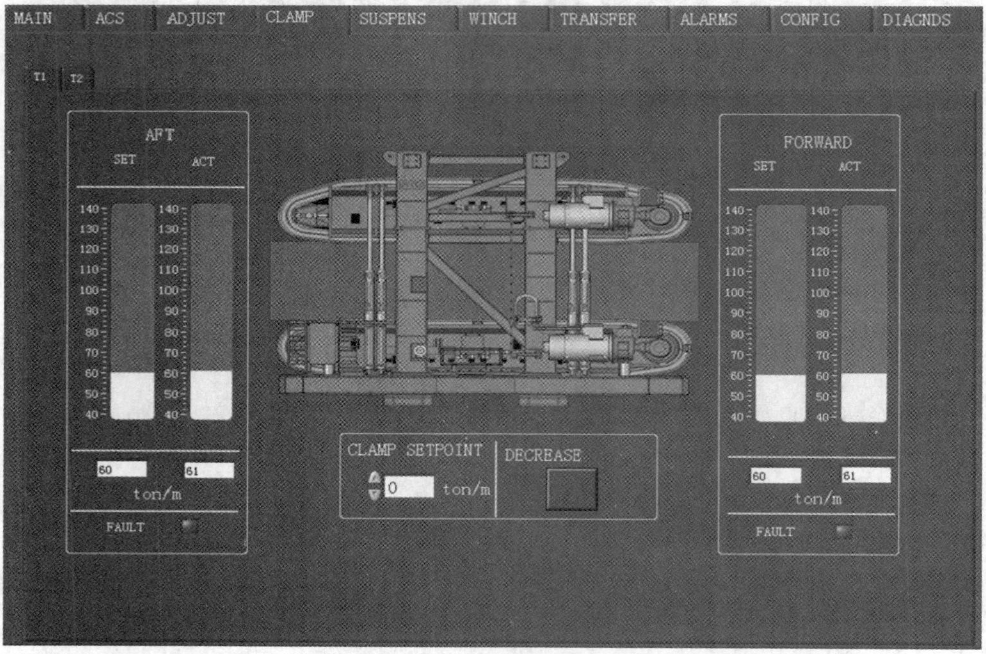

图 10－30 夹管页面

图 10 – 31　夹紧 CLOSE/打开 OPEN 按钮

图 10 – 32　张紧器夹紧管道

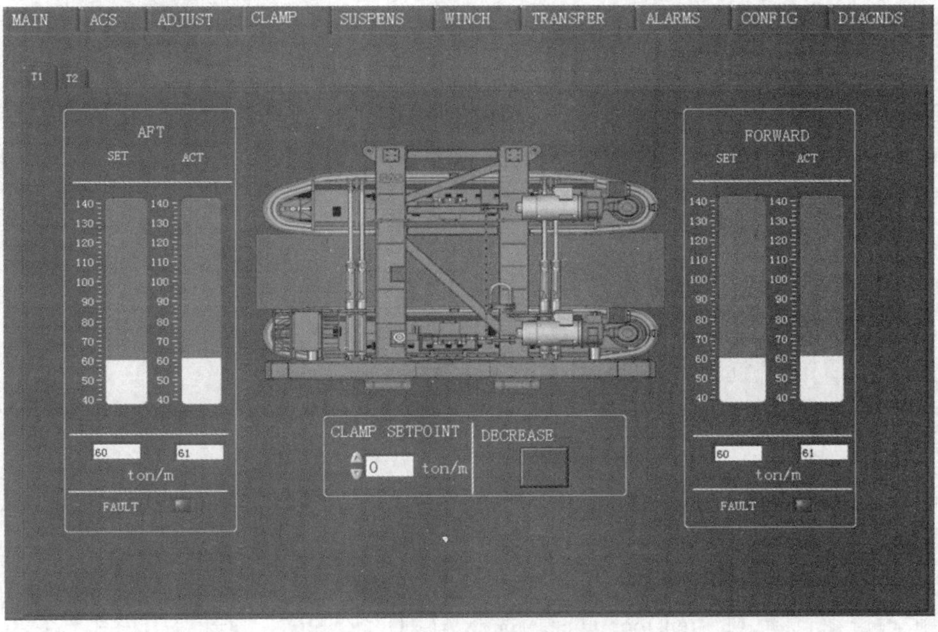

图 10 – 33　远程/本地操作选择

b. 选择张紧器模式

根据需要选择张紧器或绞车驱动模式，如图 10－34(a)所示，在选择 DRIVE ON 之前，必须选择 TENSION 张紧器模式。

c. 选择手动模式

在触摸屏上选择 ACS-tensionr 页面。选择 MANUAL(手动模式)，如图 10－34(b)所示。

d. 张紧器驱动

按压 DRIVE ON 开启驱动，此时工作按钮灯亮(当张力大于 200 t 时，需要开启 TENSION 2 驱动)，驱动开关启/停如图 10－34(c)所示。

(a) (b) (c)

图 10－34 张紧器控制台面板操作

(a)张紧器选择开关；(b)手动模式选择开关；(c)驱动开关启/停

e. 操纵杆操作

a)移动操纵杆到放管或收管位置。在操纵杆一离开中心位置刹车就自动释放，履带开始转动，张紧器控制台上的速度控制杆如图 10－35 所示。

b)适当调节履带转动速度。推操纵杆远离中心位置会加快移动速度。

c)当放开操纵杆时，操纵杆自动回到原来的中心位置，此时履带运动停止。

d)当不需要任何移动时，按 DRIVE OFF(驱动停止)取消张紧器驱动，手动模式下张紧器控制台操作面板显示图，如图 10－36 所示。

手动控制张紧器下放管道至固定起始缆处(图 10－37)，点击“连接起始缆与封头”，如图 10－38 所示。

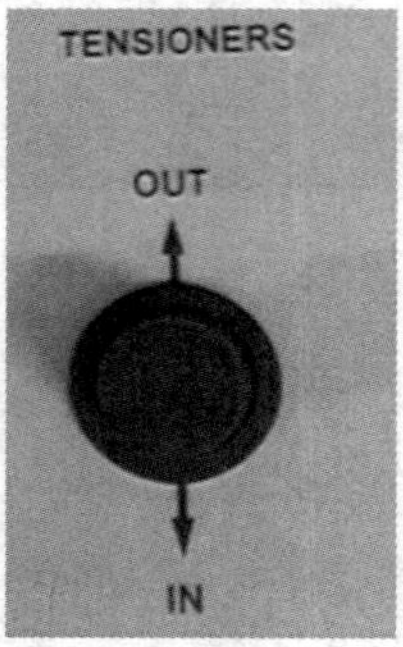

图 10－35 张紧器控制台上的速度控制杆

(3)张紧器操作 3

张紧器恒张力模式。

6. 初始管道下放

(1)张紧器操作：张紧器恒张力模式

①选择 REMOTE 远程操作[图 10－39(a)]

在张紧器控制台上，按 REMOTE 远程控制键表示对张紧器进行远程操作。

②选择张紧器模式[图 10－39(b)]

根据需要选择张紧器或绞车驱动模式，在选择 DRIVE ON 之前，必须选择 TENSION 张紧器模式。

③选择自动模式[图 10－39(c)]

在触摸屏上选择 ACS-tensionr 页面。选择 AUTO TENSION(自动张力模式)。

④设定工作张力值

在张紧器控制台设置到现在的张紧器的张力。在 ACS-tensioner 页面中的刻度显示条及数字可以看到。如果需要的话,使用刻度盘重新调节张力设定值,张力/扭力设置点刻度盘如图 10-40 所示。

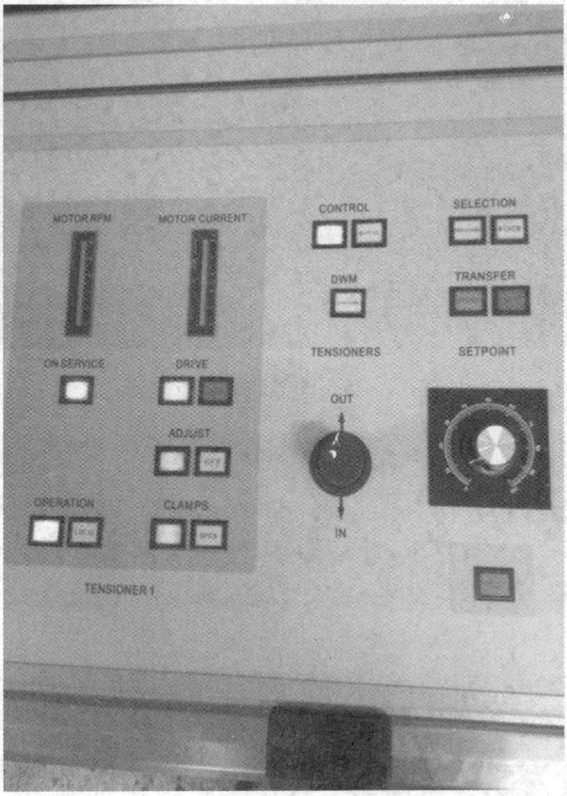

图 10-36　手动模式下控制面板显示图

图 10-37　手动控制下放管道

图 10－38 起始缆与封头连接

(a) (b) (c)

图 10－39 初始管道下放控制面板操作

(a)远程/本地操作选择;(b)选择张紧器;(c)自动模式选择

图 10－40 张力/扭力设置点刻度盘

在此模式中,需要设定一些自动控制参数,来控制张紧器的动作。系统响应实际张力与设置张力之间的差别,若差别变大,张紧器将收或放。

(2)甲板工位操作(表 10 - 8)

表 10 - 8　甲板工位操作

工位 1	管线对中操作
工位 2	基础焊接
工位 3	填充焊
工位 4	喷砂作业
工位 5	填充焊 & 盖面焊
工位 6	探伤检测
工位 7	管线接口涂覆材料

①DP 操作:DP 开始向前移船 24. 4 m(详细操作如图 10 - 41 至图 10 - 43 所示)。

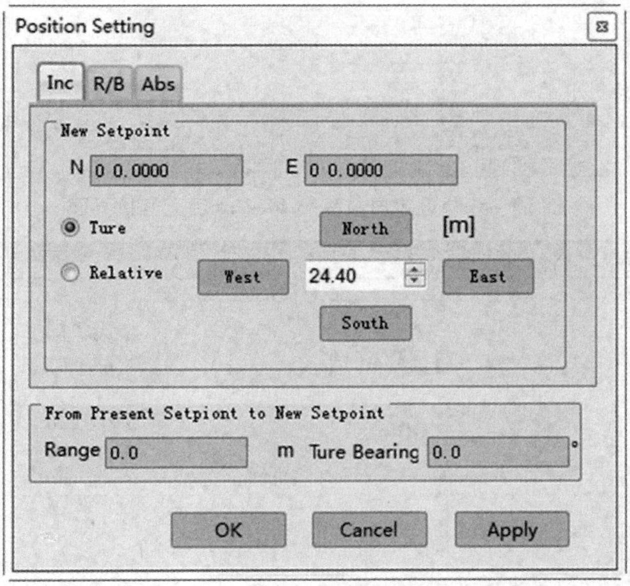

图 10 - 41　定位点设定 Position Setting 对话框

a. 在接到教练员发送的 DP 操纵员移船指令后。打开上位机 AutoPos 菜单下的 Position 按钮,进入定点设定 Position Setting 对话框,按照教练员的要求移动船舶。例如教练员要求船舶向前移船 100 m。在 Position Setting 对话框中输入 100,然后点击 North 按钮,上位机上显示定位点向前移动 100 m。

b. 动力定位系统在定位过程中,实时向教练员系统回报当前距离目标定位点的距离。在最终实现定位后,向教练员报告已经实现动力定位过程。

c. 等待教练员系统发布新的移船定位指令,然后返回第一步执行。

②DP 移船完毕后,教练员依次点击教练员界面操作区中工位右边"点击开始"按钮,如图 10 - 44 所示,具体工位对应操作如图 10 - 45 所示。

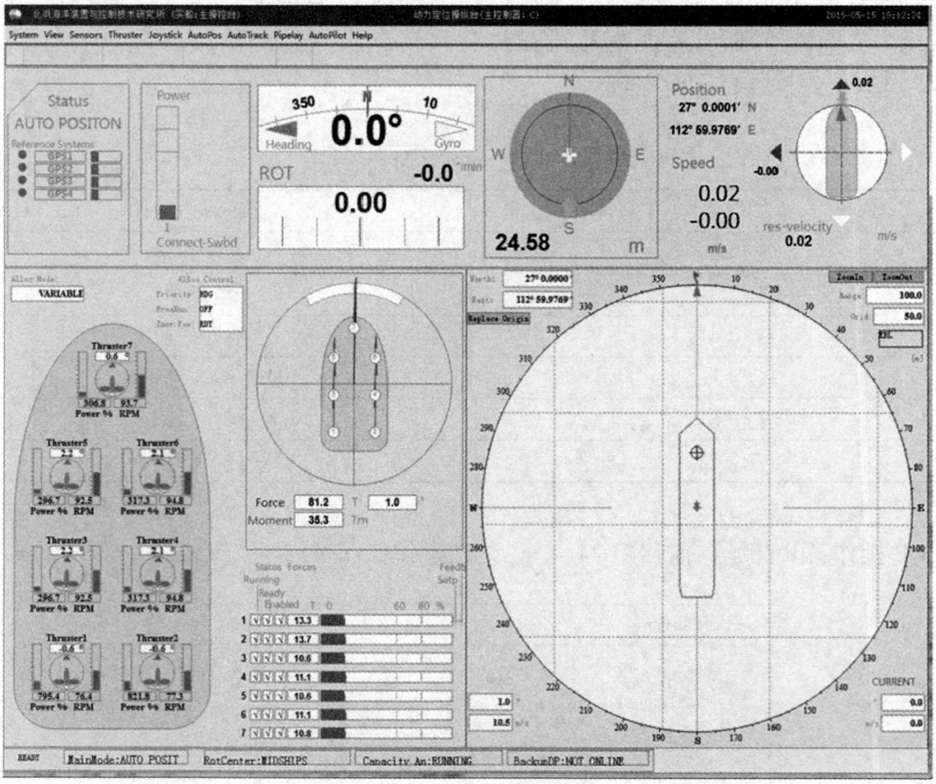

图 10－42　设定向前移船 24.4 m 后上位机界面

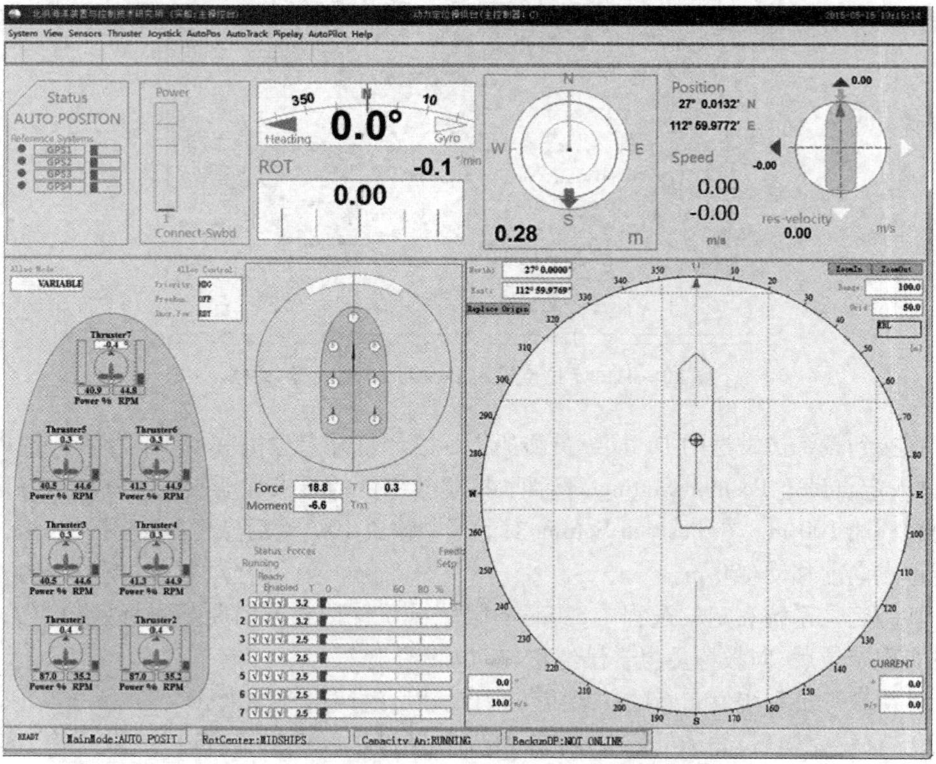

图 10－43　实现定位后上位机界面

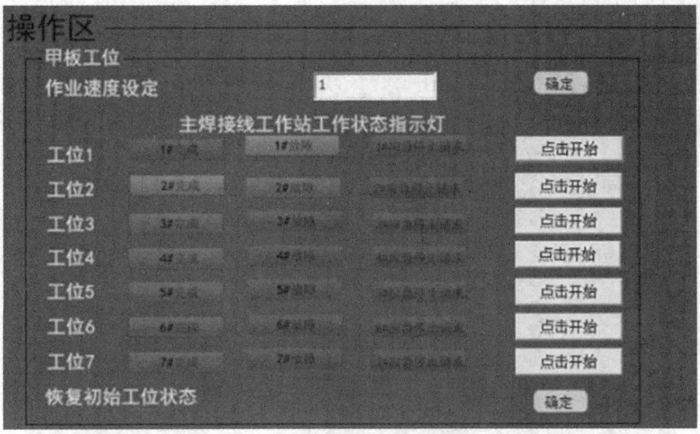

图 10－44　教练员甲板工位操作区

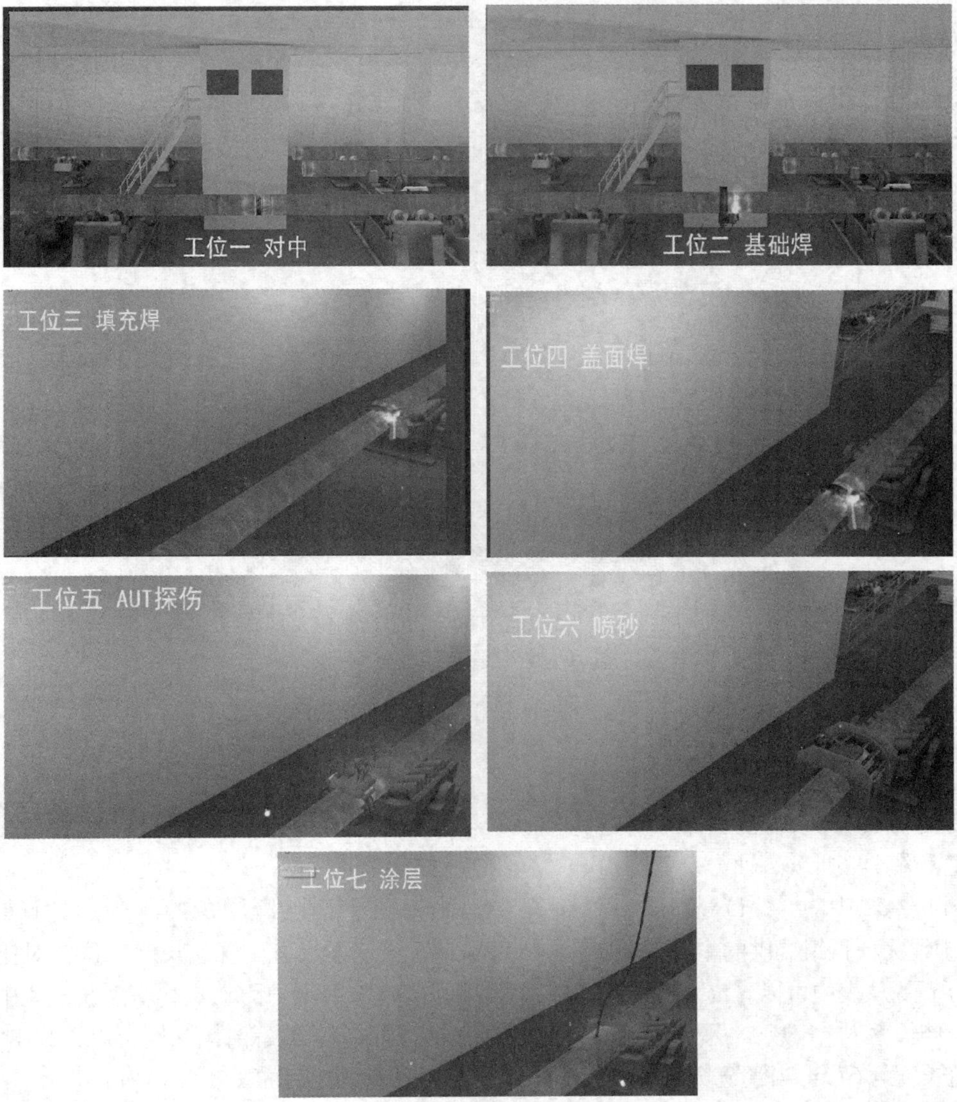

图 10－45　甲板七个工位

每个工位完成后，指挥员甲板工位区指示灯会相应的点亮，如图 10-46 所示。

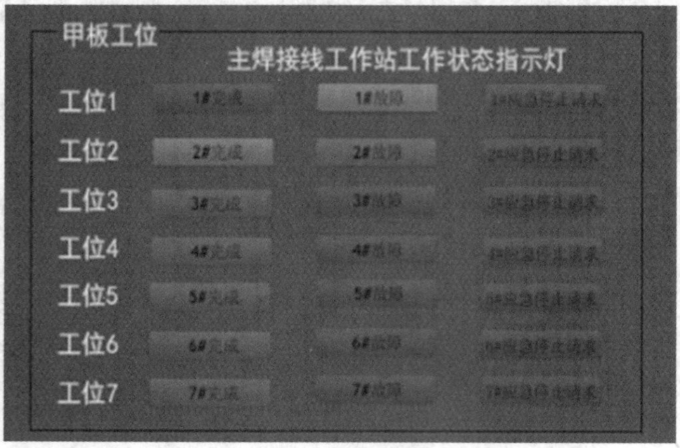

图 10-46　甲板工位完成主界面显示

③当管线甲板预制工位完成以后，DP 系统控制继续移船 24.4 m，然后进行下一个甲板管线预制的工艺，一直循环不停地进行管线预制和移船操作，直至管线至海底（详细操作如图 10-47～图 10-50 所示）。

图 10-47　管道下放过程

10.3.4　仿真结果分析

针对仿真算例，将仿真结果与理论数据对比，验证 1 000 m 水深海底管道起始铺设过程中管道和缆索的形态、轴力及弯矩分布，详细分析如下所述。

图 10-51 中(a)～(f)分别对应表 10-7 中 S1～S6 铺管作业过程，图中实线代表仿真得到的曲线，虚线为项目组提供的本次案例曲线，均为静态管道铺设形态。管道长度与位置对比如表 10-9 所示。从表中可以看出，管道轴线伸长率很小，可以忽略不计，因此，在仿真系统优化中取管道轴线伸长率 $R=1$，减少了数学模型的计算量。根据托管架参数及船体参数，可以计算出，零点前管道长度为 67 m，当管道长度为 200 m 时，管道接触到托管架后的长度为 133 m。

图 10－48　管道接触海床

图 10－49　管道过渡到正常铺设

图 10－50　管道进入正常铺设

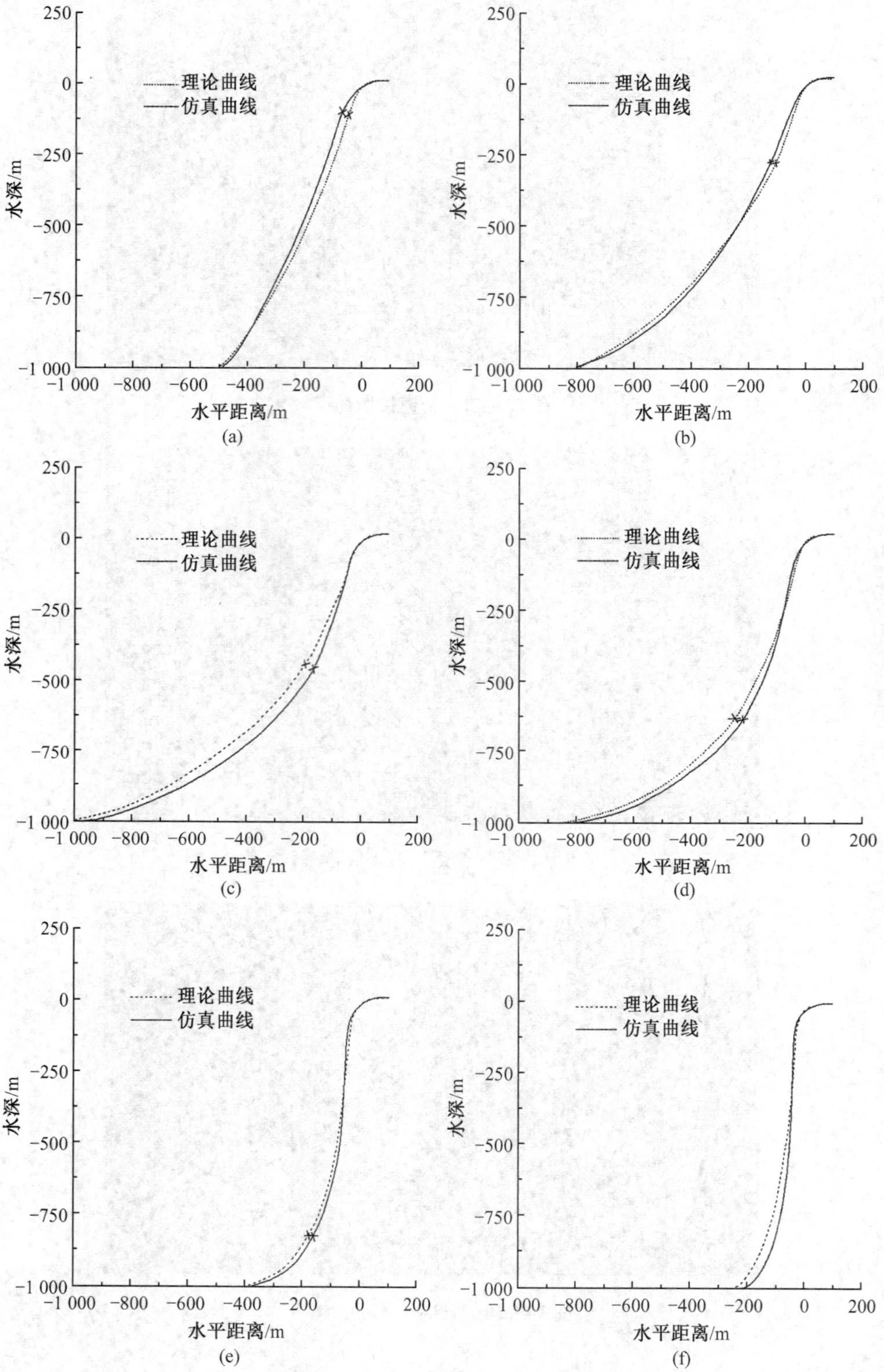

图 10－51　起始铺管形态

(a)初始铺管 S1 状态;(b)初始铺管 S2 状态;(c)初始铺管 S3 状态;
(d)初始铺管 S4 状态;(e)初始铺管 S5 状态;(f)初始铺管 S6 状态

1. 初始铺管形态分析

表 10 - 9 为铺管仿真过程中的主要数据的理论值与仿真值对比，包括管道长度、整体轴向伸长率与管道末端坐标。

表 10 - 9　初始铺管作业过程管道长度对比

	理论长度/m	计算长度/m	伸长率/%	末端理论坐标 (x,y)	末端计算坐标 (x,y)
S1	200	200.031	0.015 5	(-35.1, -107.2)	(-58.3, -98.7)
S2	400	400.093	0.023 2	(-99.1, -284.0)	(-116.3, -280.8)
S3	600	600.221	0.036 8	(-188.6, -443.3)	(-159.0, -457.1)
S4	800	800.365	0.0456	(-242.0, -629.6)	(-220.5, -638.9)
S5	1 000	1 000.476	0.0476	(-165.2, -816.1)	(-151.0, -819.1)
S6	1 200	1 200.741	0.0617	(-249.5, -1 000)	(-211.5, -1 000)

由图 10 - 52 中可知，仿真求解得到的曲线与理论曲线并不完全重合，但形态及变化趋势基本一致。仿真曲线与理论曲线误差大小采用 MATLAB 中的 corrcoef 函数确定，corrcoef 函数是求解曲线相关度的常用算法，计算程序为

[R,P] = corrcoef(X,Y)　//R 为返回值,X,Y 为数组

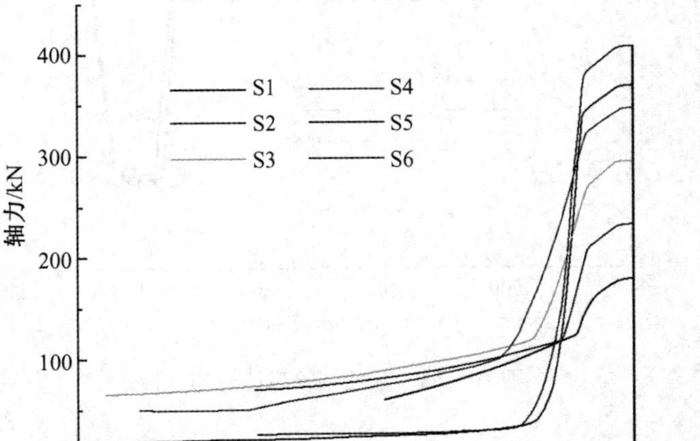

图 10 - 52　起始铺管轴力分布

返回值 R 反映的是两组数据的相关系数，R 越接近于 1，表示两组数据相关度越高。P 反映两组数据置信度，如果 $P>0.05$，表明这两组数据没有相关性，是非随机事件。针对铺管作业曲线，取相同弧长下对应的两组数据 (x,y)、(x_1,y_1)，分别对 x 坐标和 y 坐标的相关度进行计算。计算结果如表 10 - 10 所示。由置信度系数 $P \ll 0.05$ 可知两组数据置信度很高，由相关系数 $R>0.99$ 可知，两曲线误差较小。误差存在的原因在于船体实际工位物理参数与仿真建模参数存在误差、仿真系统管道分析中考虑了管道在轴线方向的伸长、海流

等环境载荷计算存在偏差。

表 10-10　铺管作业曲线相关系数

	S1	S2	S3	S4	S5	S6
$R(x,x_1)$	0.997 2	0.999 2	0.999 3	0.999 1	0.998 3	0.992 9
$R(y,y_1)$	0.999 8	0.998	0.999 8	0.999 6	0.998 2	0.999 9
P	0.000 1	0.000 1	0.000 1	0.000 1	0.000 1	0.000 1

结果表明,管道大挠度方程理论及 DQ 数值计算方法合理。随着铺管作业的进行,管道长度逐渐增加,管道下端高度逐渐降低。从 S1 ~ S3 可知,管道和缆索形态逐渐变平缓,缆索触底点的位置逐步远离铺管船,而在 S3 ~ S6 中,缆索触底点重新向铺管船靠近,铺管形态又变得陡峭。

2. 初始铺管内力分析

在起始铺管 S1 ~ S6 中,管道上端的张力从 180.0 kN 逐渐增加到 400.0 kN,铺管作业过程中,管道内力一直是施工过程中关注的重点。管道与缆索中的轴力分布如图 10-52 所示,弯矩分布如图 10-53 所示。

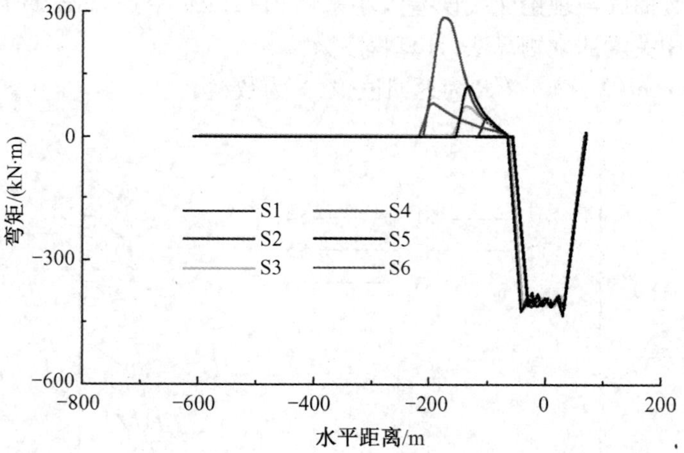

图 10-53　起始铺管弯矩分布

由图 10-52 和图 10-53 可以看出,S1 ~ S6 过程中,缆索最大轴力逐渐变小,轴力变化趋势逐渐变缓,S1 时最陡,S6 时最缓;缆索内没有弯矩,这是由于假设缆索的抗弯刚度为零。S1 时,管道与托管架接触较短,轴力变化较为平缓;弯矩变化较大,弯矩为负表明此时未出现反弯段。S2 ~ S6 过程中,管道与托管架接触较长,轴力变化曲线分为两段,托管架上及脱离点后,管道在托管架上轴力变化较为平缓;这段过程中,管道内弯矩出现正值,管道出现反弯段,随着管道铺设长度的增加,反弯段内的弯矩逐渐变大,在正常铺管状 S6 时达到最大,约为 276.73 kN·m。托管架视景、甲板工艺视景、管道下放视景分别如图 10-54、图 10-55、图 10-56 所示。

图 10－54　托管架视景图

图 10－55　甲板工艺视景图

图 10－56　管道下放视景图

10.4　正常铺管作业仿真算例

10.4.1　海况参数

“海洋石油 201”船的施工地点为中国南海。本算例根据南海的海况和铺管船铺管作业时的实际海况为依据选定了铺管仿真海况条件，如表 10－11 所示。

表 10 - 11 海况条件

风速	风向	浪高	浪向	海流速度	海流方向	谱峰周期
2.5 m/s	22.5°	0.2 m	22.5°	0.31 m/s	22.5°	10 s

为了验证本书所提出的铺管作业仿真系统数学模型和数值求解方法的可靠性和稳定性，将船体运动采用“海洋石油 201”深水铺管起重船视景仿真系统的 DP 仿真系统所提供的数据（如图 10 - 57 和图 10 - 58 所示）。

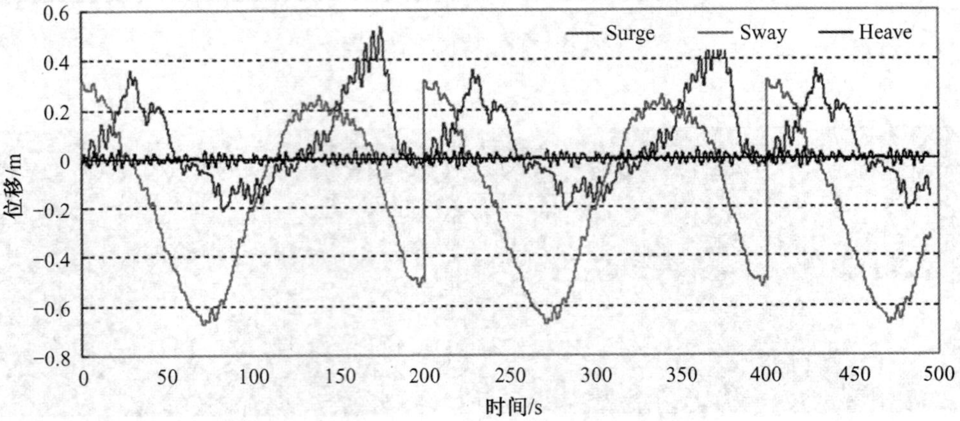

图 10 - 57 DP 仿真系统提供的船体位移数据

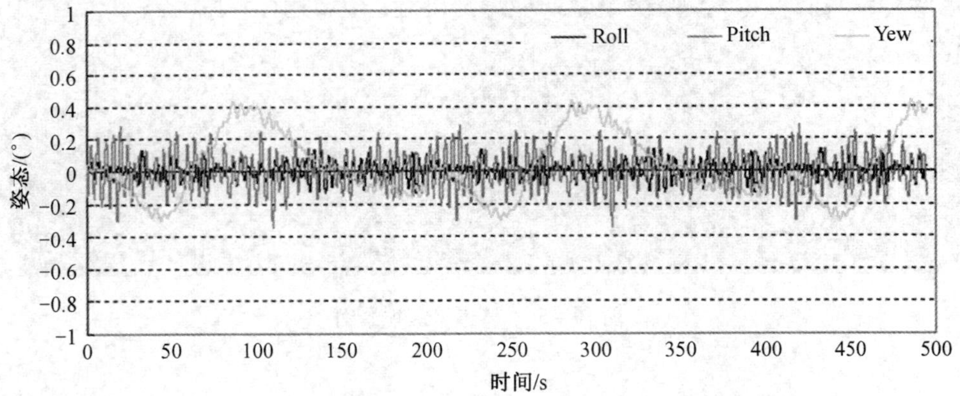

图 10 - 58 DP 仿真系统提供的船体姿态数据

10.4.2 海底管道及铺管作业控制参数

钢管的制造严格按照美国石油学会（API）的 API Spec 5L 规范。API Spec 5L 规范，是为石油和天然气工业提供用于输气、输油和输水的管子标准。该规范提供了各种钢级的无缝钢管和焊接钢管，包括其制造工艺和材料、化学和物理性能要求、试验方法和标准尺寸等。规范中包含的钢级有 A25，A，B，X42，X52，X56，X60，X65，X70 和 X80，以及上列 X42 和

X42 以上更高钢级的中间级。对各种钢级的钢管尺寸、质量和试验压力，列有详细的公制表和英制表[142-145]。

本铺管作业仿真分析所用管道材料为 API 5L X65，极限强度 S_{MYS}为 448 MPa，管道屈服强度 S_{MTS}为 530 MPa 的深水铺管用海底管道。具体管道参数如表 10-12 所示。对于管线许用最大应变的设定，根据 Enserch 公司规范："S 型铺管法托管架上的拱弯段管道许用应变为 0.5%，托管架交接区域的管道许用应变为 0.25%，其他部分管道许用应变为 0.16%，任何情况下残余应变都应该控制在 0.20% 之内"，并考虑深海铺管作业仿真系统的特点，管道最大组合应变设定为 0.4% 范围之内[146-147]。

表 10-12　管道参数

	参数	数值
钢管	材料	API 5L X65
	Pipe O. D. /mm	323
	Pipe W. T. /mm	38.1
	密度/(kg/m³)	7 850
	极限强度/MPa	448
	屈服强度/MPa	530
防腐涂层	厚度/mm	5.0
	密度/(kg/m³)	1 280
钢筋混凝土层	厚度/mm	0
	密度/(kg/m³)	3 040
线重度	水中/(N/m)	1 726
	空气中/(N/m)	2 464

铺管作业控制参数：托管架曲率半径为 73 m，托管架上轨道弧长为 85 m，船舶航速为 12 m/s，张紧器线速度为 12 m/s，航向角为 0°，船体吃水量为 7.5 m，根据管线参数和海况条件，设定张紧器张力。铺管作业仿真控制参数如表 10-13 所示。

表 10-13　铺管作业仿真控制参数

工况	作业水深 /m	张紧器张力 /t	DP 仿真系统传递的船体运动数据为基准数 /倍	托管架曲率半径 /m	海底触底点最大许用应变
1	500	94.4	1	73	0.4%
2	1 000	186.3	1	73	0.4%
3	1 500	280.7	1	73	0.4%
4	2 000	387.8	1	73	0.4%
5	2 000	387.8	3	73	0.4%
6	2 000	387.8	5	73	0.4%

为了检验数学模型在各个不同水深中的效果,确定4个不同水深工况;并为了确认铺管作业仿真系统的管线摆动动态数学模型的有效性,以图10－51和图10－58的数据为基准数1,确定1倍、3倍、5倍等3种船体运动工况;进行了6种工况下的仿真实验。实时仿真时船体运动范围如表10－14所示(铺设12 in时管线静态分析如图10－59所示)。

表10－14 实时仿真时船体运动范围

序号	横荡		纵荡		垂荡		横摇		纵摇		艏摇	
	max	min	max	min	max	min	max	min	max	min	max	min
1～4	0.532	－0.260	0.541	－0.676	0.044	－0.043	0.154	－0.145	0.291	－0.344	0.432	－0.384
5	1.597	－0.779	1.622	－2.028	0.132	－0.130	0.462	－0.434	0.873	－1.032	1.297	－1.152
6	2.662	－1.298	2.703	－3.381	0.219	－0.216	0.770	－0.723	1.454	－1.721	2.161	－1.920

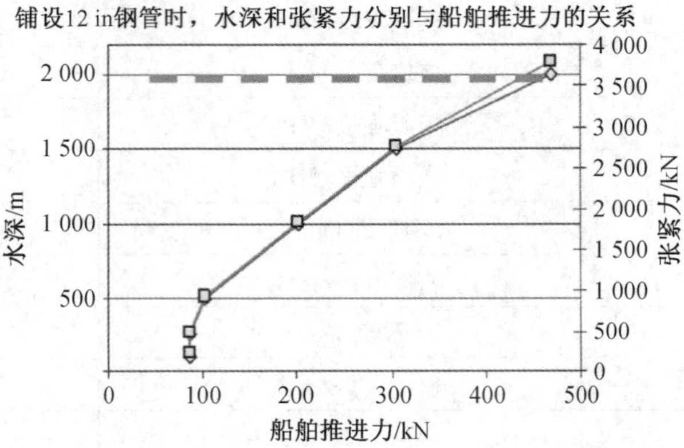

图10－59 铺设12 in管线静态分析

10.4.3 正常铺管仿真作业步骤

当仿真过程从初始铺管过渡到正常铺管时,在正常铺管区域的显示灯被点亮。灰色条变为绿色,则表明已进入正常铺管,否则表明未进入,如图10－60所示。

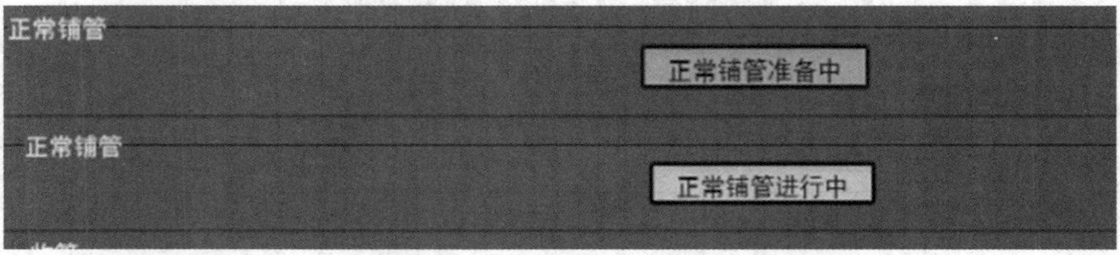

图10－60 正常铺管作业状态图

指挥员看到对应甲板工艺完成后要报告对应工艺完成,所有甲板工艺过程完成后,指挥报告DP操作员进行移船。对应甲板工位如表10－15所示,管道正常铺设视景如图10－61所示。

表 10 – 15　甲板工位

工位 1	管线对中操作
工位 2	基础焊接
工位 3	填充焊
工位 4	喷砂作业
工位 5	填充焊 & 盖面焊
工位 6	探伤检测
工位 7	管线接口涂覆材料

图 10 – 61　管道正常铺设视景

整个正常铺管过程即为正常顺利地进行作业，在该仿真操作中，正常铺管表现为各个工位人员注意各个工位的情况，当发生意外时，如图 10 – 62 所示，会有报警提示出现，相关的作业人员（指挥员、张紧器操作员、DP 操作员）及时汇报给指挥故障情况，指挥进行下一步操作的预估计。

图 10 – 62　报警提示

10.4.4　铺管作业仿真结果及分析

表 10 – 16 是不同作业水深条件下的仿真实验 1 ~ 4 的仿真测试结果。当 500 m 作业水深时，脱离角变小为 77.8°，其原因是为了满足海底触底点处的最大应变。本海况条件下，悬空段管线的偏移量 Y_{shift} 都不超过 3 m，托管架脱离点处的船测方向的偏移量为零，悬空段

管线长度变化量几乎没有，这说明其工况条件非常适合铺管。图 10 - 63 是不同水深下辊轮受压变化图。图中显示随着水深加深辊轮载荷幅度也变大。其辊轮载荷变幅，从末端辊轮开始逐渐变大。其原因是作业水深的加大影响船舶运动的振荡的幅度大小。从表 10 - 16 的铺管作业参数的数据分析可知，各变量随着水深加深，其变化幅度也变大，具体情况类似于图 10 - 63 的趋势变化。

表 10 - 16 在不同水深下的铺管作业仿真结果

属性	500 m		1 000 m		1 500 m		2 000 m	
	max	min	max	min	max	min	max	min
F_x/t	-22.78	-23.97	-20.05	-22.21	-28.80	-32.03	-42.01	-46.35
F_y/t	5.69	-5.01	7.96	-9.13	9.03	-7.21	6.58	-10.12
F_z/t	-107.72	-107.99	-195.86	-196.10	-292.71	-293.05	-393.42	-393.92
M_x/(kN·m)	3.37E+3	-2.97E+3	5.32E+3	-6.10E+3	6.06E+3	-4.84E+3	4.38E+3	-6.73E+3
M_y/(kN·m)	1.57E+5	1.57E+5	2.77E+5	2.76E+5	4.13E+5	4.11E+5	5.57E+5	5.54E+5
M_z/(kN·m)	6.64E+3	-7.54E+3	1.22E+4	-1.06E+4	9.64E+3	-1.21E+4	1.35E+4	-8.80E+3
SRL1/t	19.46	19.44	34.40	34.36	51.37	51.31	69.17	69.09
SRL2/t	17.28	17.27	30.90	30.90	46.16	46.16	62.10	62.10
SRL3/t	15.04	15.01	27.31	27.27	40.82	40.76	54.86	54.78
SRL4/t	11.32	11.27	20.89	20.83	31.24	31.15	41.94	41.82
SRL5/t	7.12	7.08	13.33	13.28	19.95	19.87	26.75	26.64
SRL6/t	9.47	9.37	18.32	18.19	27.44	27.24	36.72	36.45
SRL7/t	6.78	6.68	13.74	13.59	20.60	20.38	27.49	27.18
SRL8/t	4.99	4.86	10.94	10.75	16.43	16.16	21.83	21.44
SRL9/t	3.09	2.92	8.05	7.81	12.16	11.80	16.00	15.51
SRL10/t	1.04	0.89	4.15	3.94	6.32	6.00	8.17	7.74
X_L/m	267.21	267.16	328.16	328.13	488.59	488.56	699.30	699.27
Y_L/m	0.00	0.00	0.00	0.00	0.00	0.00	0.00	0.00
Z_L/m	445.96	445.87	938.32	938.24	1 438.03	1 437.95	1 938.64	1 938.55
θ_L/(°)	77.80	77.80	83.88	83.88	84.10	84.10	83.63	83.63
L/m	552.68	552.58	1 044.40	1 044.30	1 594.30	1 594.21	2 167.30	2 167.20
T_0/m	21.05	21.04	19.74	19.74	29.02	29.02	42.65	42.65
Y_{shift}/m	2.74	0.02	2.78	0.04	2.64	0.07	2.23	0.10
E_b/%	0.14	0.14	0.15	0.15	0.10	0.10	0.07	0.07

在 2 000 m 铺管作业水深、3 种不同船体运动实验条件下进行了仿真实验 4 ~ 6，其实验结果如图 10 - 64 以及表 10 - 17 所示。从图 10 - 64 中可知，随着船体运动的激烈，辊轮受压也变大，同时，越靠托管架末端，其变化越大。这和图 10 - 63 的趋势变化基本相同。不同的是船体运动的激烈程度比水深变化对辊轮的受载变幅影响更深。同样的原理，从表 10 - 17 中，分析出船体运动比水深变化更深远的影响管线运动状态。

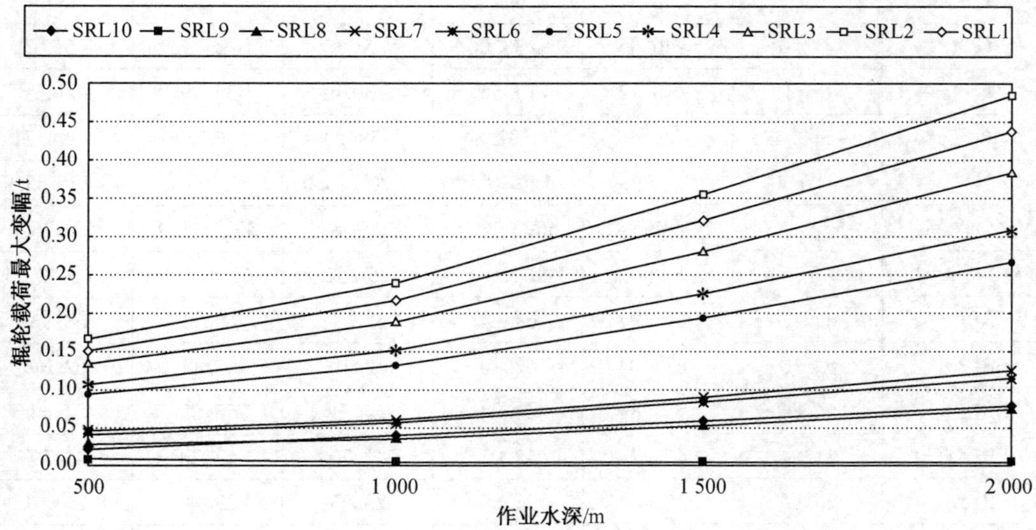

图 10－63　不同水深下的辊轮受压变化图

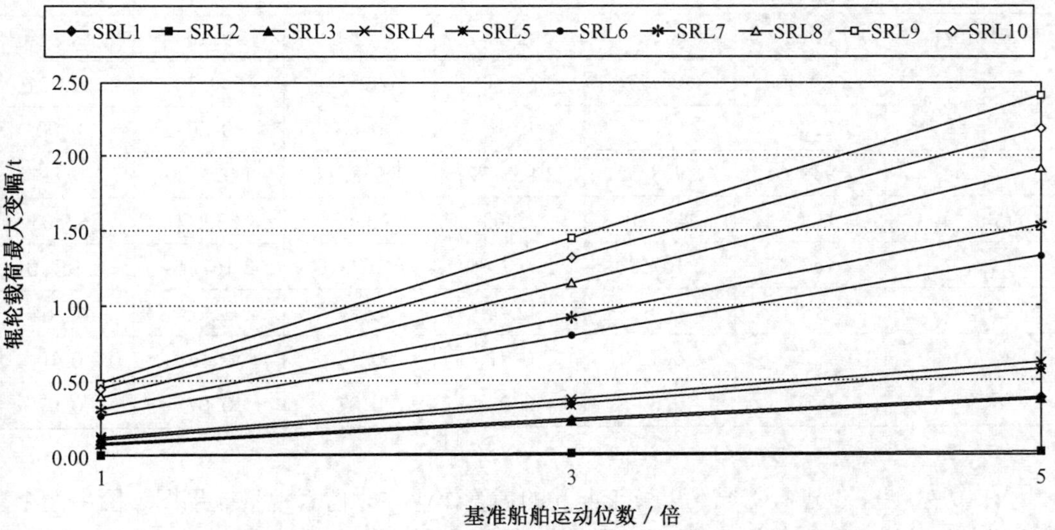

图 10－64　不同船舶运动倍数下的辊轮载荷变幅随时间变化

表 10-17 在不同船体激励下的铺管作业仿真结果

属性	4		5		6	
	max	min	max	min	max	min
F_x/t	-42.01	-46.35	-38.06	-51.07	-34.11	-55.79
F_y/t	6.58	-10.12	19.55	-30.49	32.49	-50.78
F_z/t	-393.42	-393.92	-392.84	-394.34	-392.20	-394.71
M_x/(kN·m)	4 376.0	-6 726.5	12 999.9	-20 276.0	21 603.0	-33 765.9
M_y/(kN·m)	556 689.0	554 465.0	559 052.0	552 398.0	561 335.0	550 276.0
M_z/(kN·m)	13 521.9	-8 796.8	40 759.6	-26 132.8	67 877.3	-43 427.1
SRL1/t	69.17	69.09	69.24	69.01	69.31	68.93
SRL2/t	62.10	62.10	62.10	62.10	62.11	62.09
SRL3/t	54.86	54.78	54.94	54.71	55.02	54.64
SRL4/t	41.94	41.82	42.07	41.70	42.20	41.59
SRL5/t	26.75	26.64	26.88	26.53	27.00	26.42
SRL6/t	36.72	36.45	37.00	36.20	37.28	35.95
SRL7/t	27.49	27.18	27.82	26.90	28.14	26.60
SRL8/t	21.83	21.44	22.24	21.09	22.63	20.73
SRL9/t	16.00	15.51	16.51	15.06	17.02	14.60
SRL10/t	8.17	7.74	8.64	7.33	9.10	6.91
X_L/m	699.30	699.27	699.33	699.24	699.36	699.21
Y_L/m	0.00	0.00	0.00	0.00	0.00	0.00
Z_L/m	1 938.64	1 938.55	1 938.72	1 938.47	1 938.80	1 938.38
θ_L/(°)	83.63	83.63	83.63	83.63	83.63	83.63
L/m	2 167.30	2 167.20	2 167.39	2 167.10	2 167.48	2 167.01
T_0/t	42.65	42.65	42.65	42.64	42.65	42.64
Y_{shift}/m	2.23	0.10	6.71	0.10	11.20	0.10
E_b/%	0.07	0.07	0.07	0.07	0.07	0.07

图 10-65 是工况 4、工况 5 以及工况 6 的铺管作业实时仿真视景效果图。图中两个黑点之间的距离为 50 m。当 DP 仿真系统正常运行到工况 4 时,管线没有明显的摆动,随着 DP 系统输出的船体运动幅度的变化,悬空段管线摆动也显得更加明显。从视景图的悬空段管线摆动形态中可看到,管线的摆动靠近托管架附近最激烈,而海底触底点附近几乎没有管线的摆动现象。在表 10-16 和表 10-17 中,管线最大偏移量 Y_{shift} 的变化幅度主要受船体运动的影响。通过仿真实验 1~6,可推断管线的摆动主要受到船体运动的影响。铺管作业对船体的作用力如图 10-66 所示,铺管作业对船体的作用力矩如图 10-67 所示。

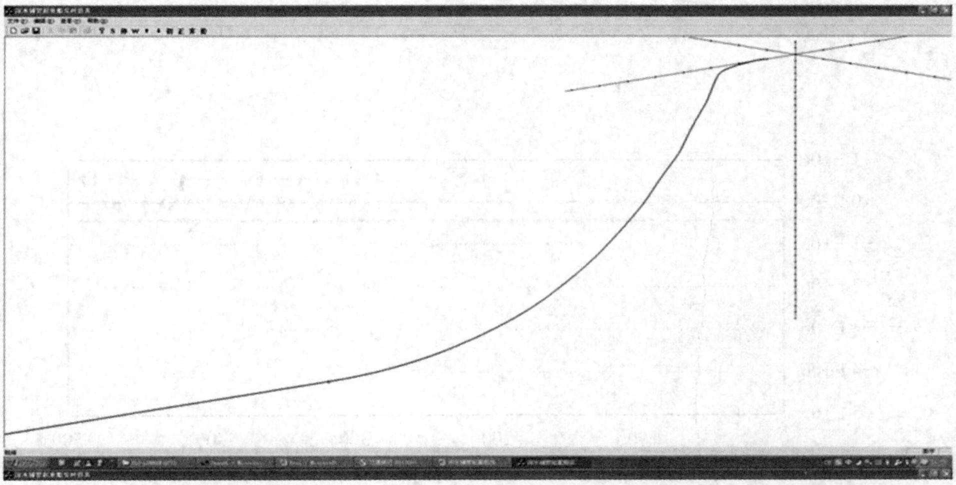

(a)

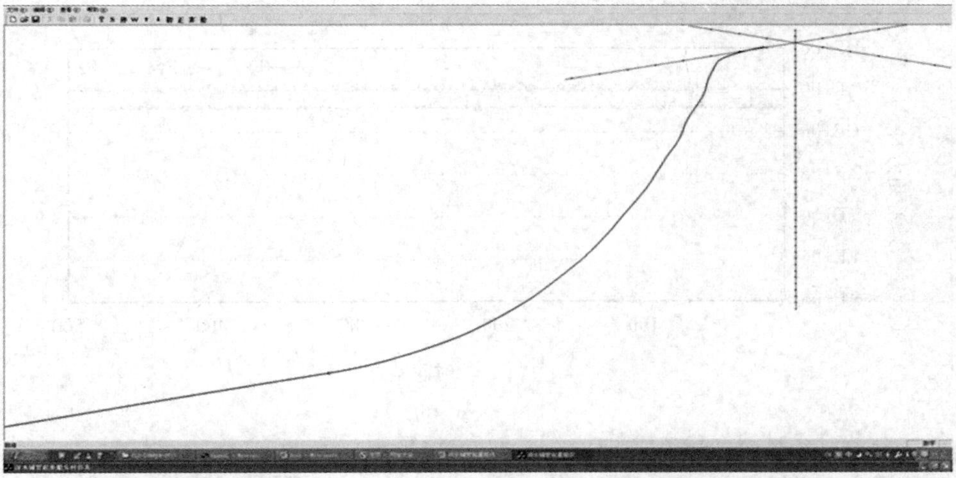

(b)

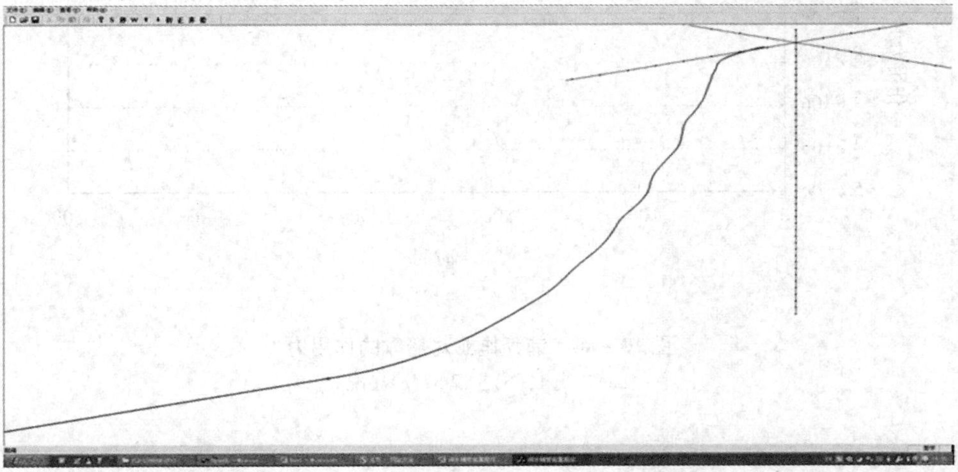

(c)

图 10－65　铺管作业实时仿真视景效果图

(a)工况 4;(b)工况 5;(c)工况 6

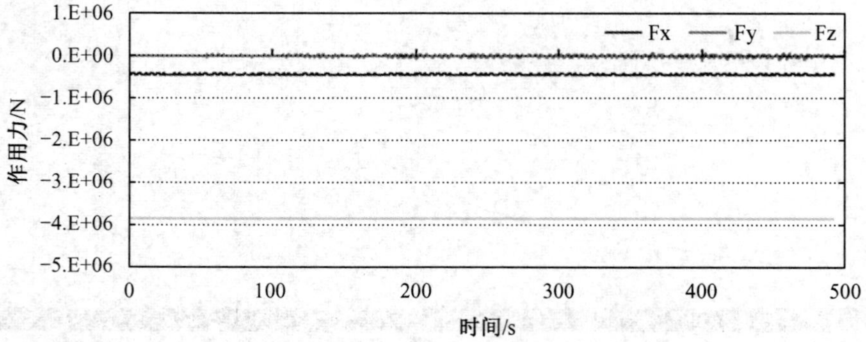

(a)

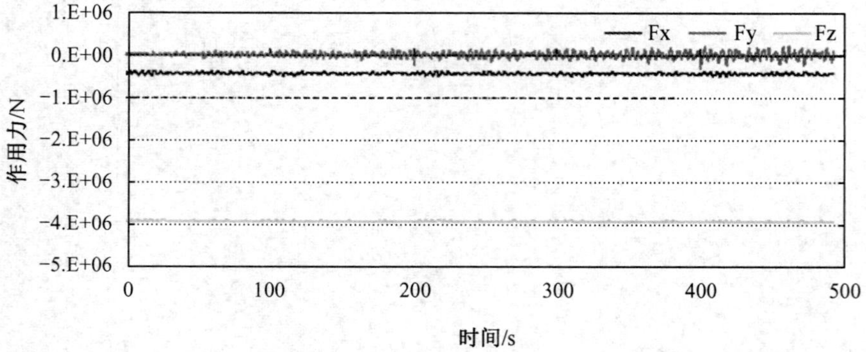

(b)

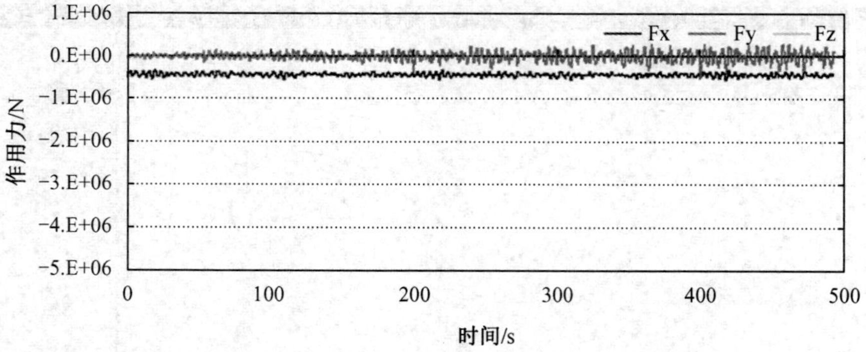

(c)

图 10-66 铺管作业对船体的作用力

(a)工况 4;(b)工况 5;(c)工况 6

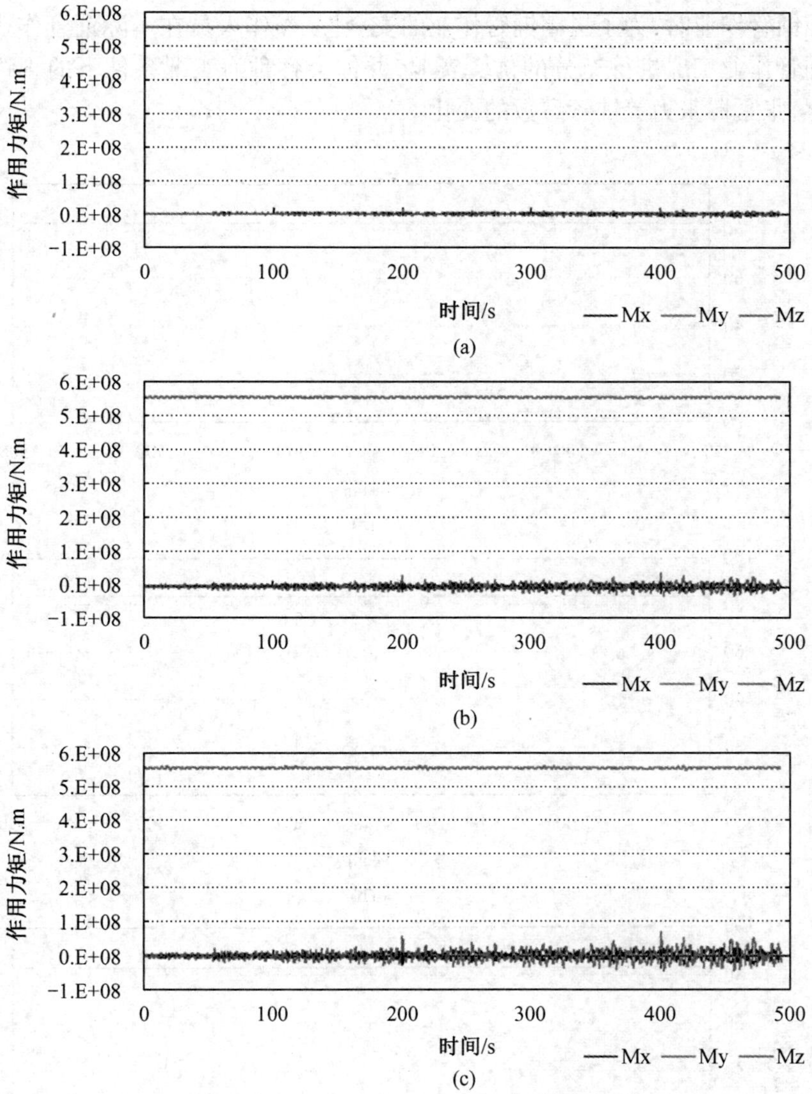

图 10－67　铺管作业对船体的作用力矩

(a)工况 4;(b)工况 5;(c)工况 6

图 10－68 所示为托管架脱离点处,管线脱离角随时间的变化图,图中显示,船体运动的激烈程度,几乎不影响管线脱离角的变化。其原因是船体运动的变幅和管线长度在数量级上不是一个级别。

图 10－69 所示为管道水平张力随时间变化曲线图。图中显示,虽然随着船体运动的激烈,其水平张力的变幅也变大,但变幅范围很小,这说明船体运动对水平张力影响不大,在进行仿真实验时,通过仿真演练,确定水平张力的变幅,以便设定张紧器张力浮动范围。

图 10－70 所示为悬空段管线长度随时间的变化曲线图。显然船体运动的激烈程度对管线长度影响不明显。

通过仿真实验证实,铺管作业仿真系统具有计算速度快、计算稳定性好、收敛性好、可控性强、可及时提供铺管作业相关参数数据以及逼真的管线摆动形态等特点,适合于预测实际铺管作业工程参数的变化以及视景仿真系统。

在实际铺管作业时,为了提高铺管作业的安全性,操作人员在实际铺管作业之前,必须先按实际铺管作业工况进行充分的仿真实验,并体会各种海工况条件下的管线摆动形态、脱离角变化、张紧器张力等铺管参数的变化。

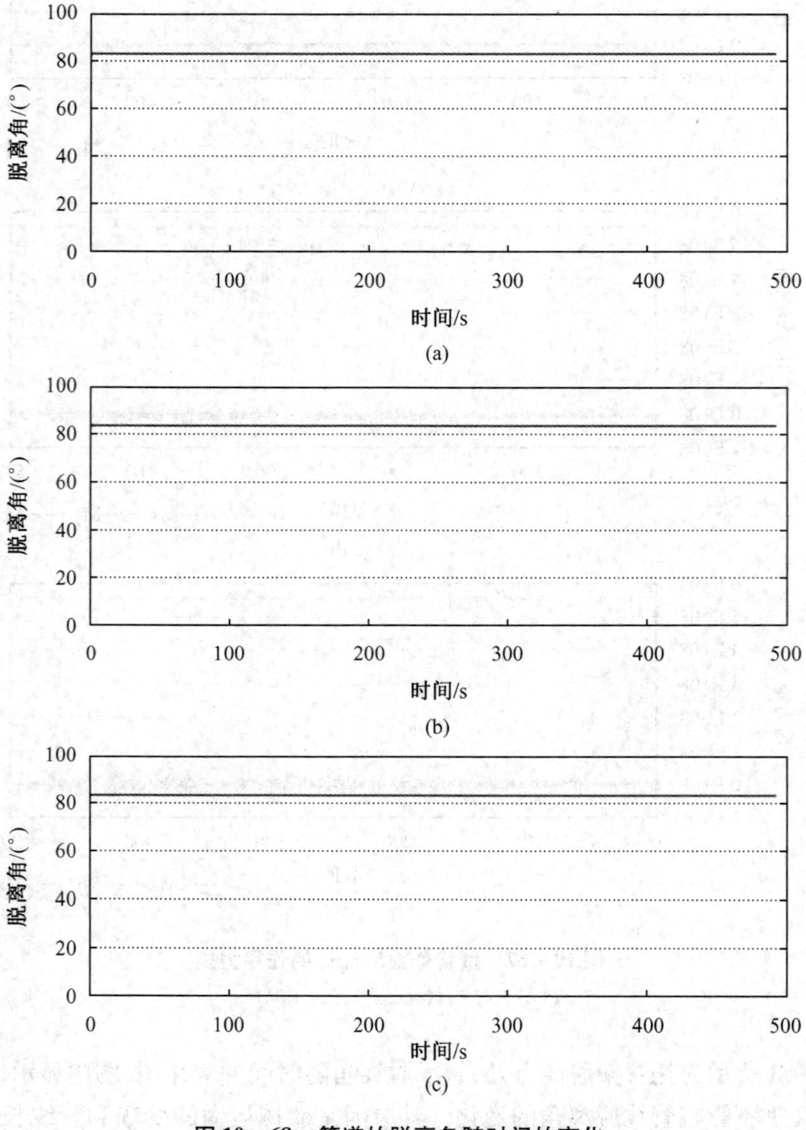

图 10-68 管道的脱离角随时间的变化

(a)工况 4;(b)工况 5;(c)工况 6

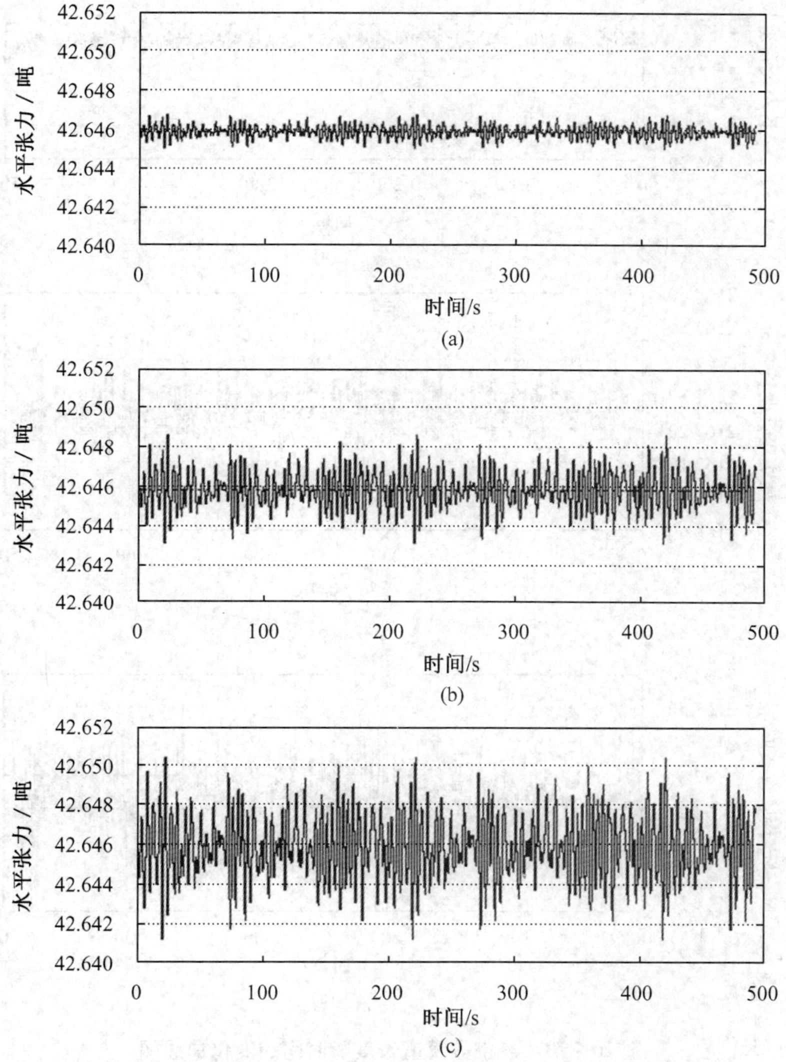

图 10－69　管道水平张力随时间的变化曲线图

(a)工况 4;(b)工况 5;(c)工况 6

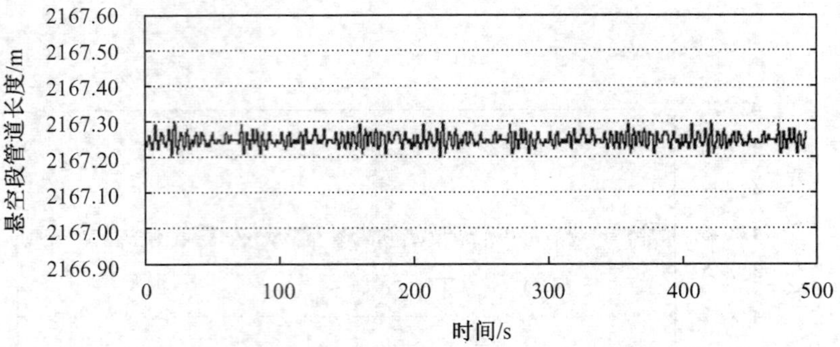

(a)

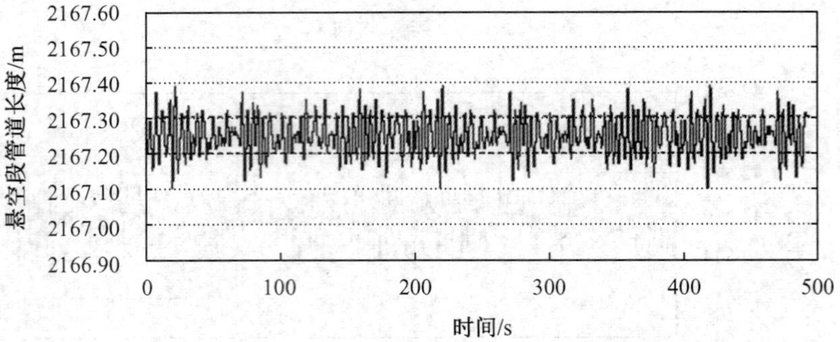

(b)

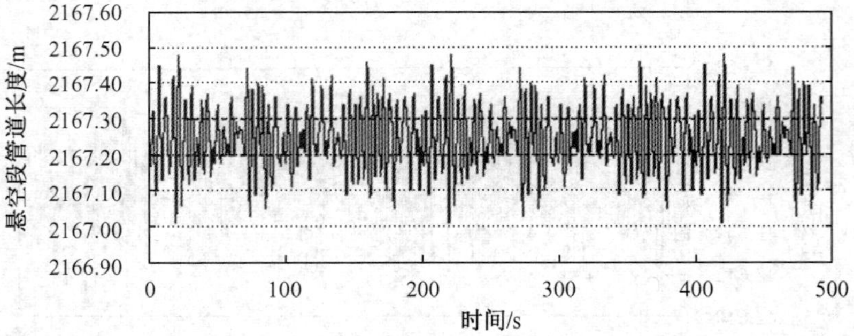

(c)

图 10－70　悬空段管道长度随时间的变化曲线图

(a)工况 4;(b)工况 5;(c)工况 6

10.5　张紧器子系统测试

10.5.1　仿真平台功能测试

深水 S 型铺管仿真系统是由几个分系统共同完成铺管作业的,各个分系统之间实时通讯,传递的信息量较为庞大。为确保仿真主系统工作的完整性、稳定性及流畅性,确保铺管仿真作业正常进行,对仿真系统作业各个分系统的作业过程进行测试是十分必要的。铺管仿真系统现场作业如图 10－71 所示。

图 10－71　铺管仿真系统现场作业图

仿真现场三人分别为右后方教练员、左后方指挥员与张紧器操作员，正前方为视景投影显示，通过切换机可以任意切换想要观看的视景画面给其他学员观看。系统启动后，教练员设定此次仿真的训练科目及相关仿真参数，指挥员根据指挥员系统视景显示指挥 DP 移船与张紧器收、放管道完成相应的训练科目。

仿真系统运行前，首先通过研华数据采集卡设备管理器测试两块板卡 PCI－1711 和 PCI－1751 是否正常工作：当开启/关闭张紧器控制台控制面板的按钮时，图 10－72 中相应通道的指示灯在红/绿（即高/低电平）之间转换；当改变控制台上操纵杆和刻度盘的角位移，图 10－73 中相应通道的电压值也会随之改变。测试结果表明，PCI－1751 和 PCI－1711 各个端口状态正常。

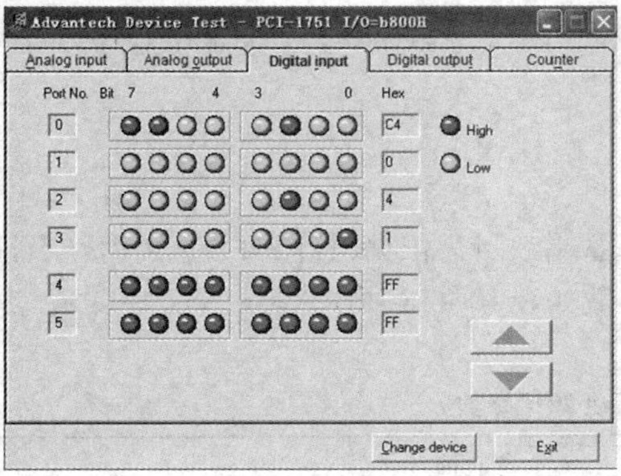

图 10－72　PCI－1751 测试界面图

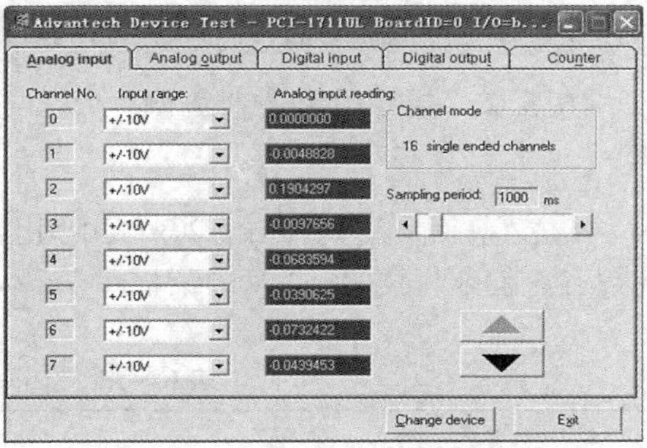

图 10－73　PCI－1711 测试界面

通过张紧器控制台控制按钮连接铺管仿真主系统，张紧器仿真平台开始工作，设定部分管道物理参数、自动控制参数等，等待进入铺管作业。仿真中部分场景展现如图 10－74 所示，张紧器出口处管线如图 10－74（a）所示，其中甲板工位监控场景位于张紧器控制台上方,由张紧器操作员负责监控,如图 10-74(b)所示。

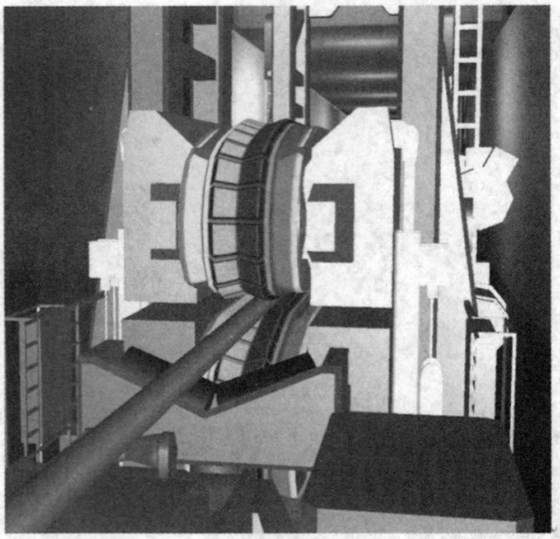

(a)

(b)

图 10-74 仿真系统部分场景展示

(a) 张紧器出口处管线;(b) 甲板工位监控场景

经过多次张紧器仿真系统的测试以及和整体铺管仿真系统联合调试,现场仿真作业运行稳定,视景显示画面流畅,整个作业过程中未出现系统卡死等不良现象,验证了仿真平台整体方案的可行性。下面将针对具体铺管算例验证仿真平台数学模型建立的准确性。

10.5.2 铺管仿真作业算例

1. 海况参数

本仿真算例是以"海洋石油 201"在中国南海番禺项目为依据,具体的数据由海洋石油工程装备有限公司提供。"海洋石油 201"船体参数如表 10-18 所示。

表 10-18 "海洋石油 201"参数

参数	参数值
主体尺寸	204.65 m×39.2 m×14.0 m
航速	12 kn
动力定位	DP-2/3(铺管/起重)
铺管方式	S 型铺管(可改装为 J 型铺管)

表 10－18(续)

参数	参数值
铺管速度	5 km/d
储管能力	9 000 t
铺管水深	15～3 000 m
铺管外径	6～60 in
主吊能力	4 000 t/3 500 t(固定尾吊/旋转吊)
人员配置	380 人

为了验证半物理仿真平台设计的正确性、张紧器数学模型计算的稳定性及快速性,仿真作业主系统的海况参数输入由第三方 DP 仿真系统所提供。铺管作业海况参数如表 10－19 所示。

表 10－19　铺管作业海况参数

参数	海况 1	海况 2	海况 3
风速/(m/s)	2.5	8	12
风向/(°)	22.5	22.5	22.5
浪高/m	2.5	3	6
浪向/(°)	22.5	22.5	22.5
海流速度/(m/s)	0.31	0.8	2.0
海流方向/(°)	22.5	22.5	22.5
谱峰周期/s	8	8	8

2. 管道及缆绳物理参数

管道及缆绳物理参数如表 10－20 所示。

表 10－20　管道及缆绳物理参数

管道直径/mm	管道壁厚/mm	缆绳长度/m	缆绳外径/m
323.9	15.9	1 000	0.108

3. 张紧器张紧能力基本信息

1 台张紧器放出管线时的张紧能力为 200 kN;

1 台张紧器回收管线时的张紧能力为 200 kN;

1 台张紧器放出管线时的放管速度为 0～40 m/min;

1 台张紧器回收管线时的放管速度为 0～20 m/min;

2 台张紧器回收管线时的张紧能力为 400 kN;

2 台张紧器放出管线时的张紧能力为 400 kN;

2 台张紧器放出管线时的放管速度为 0～40 m/min;

2 台张紧器回收管线时的放管速度为 0 ~ 20 m/min。

4. 仿真作业控制参数

铺管准备工作中首先需要对托管架角度进行调整，调整完成后再根据预先计算进行辊轮高度调整。托管架曲率半径为 73 m，托管架角度调整如表 10 - 21 所示。

表 10 - 21　托管架角度调整

名称	首段	中间段	尾端
角度/(°)	25.1	42.7	49.8

在恒张力自动模式中，高低静带、增益、动态偏移 4 个参数用于控制张紧器的动作，从而控制管线的动作。恒张力系统响应动态张力与目标张力之间的差别。若差别变大，张紧器将会进行加速或减速放管。在铺管作业过程中，通过调节增益、动态补偿可以达到优化铺管仿真作业的目的。

自动控制参数起始值设定如表 10 - 22。

表 10 - 22　自动控制参数起始值设定

名称	高/低(f/g)静带	增益(G)	动态偏移(C_n)
初始值	$\frac{f}{g}=0$	50%	75%

10.5.3　仿真平台试验分析

为了逼真地模拟“海洋石油 201”铺管船及其作业环境，整个铺管仿真系统对仿真实时性要求较高。对于视景模块，根据最佳显示频率，视景仿真系统需要定时达到 30 f/s。铺管主系统每隔 30 ms 向视景发送一次数据，因此这就要求本仿真平台能够在 30 ms 内完成一次数据采集、处理和计算。

仿真平台在运行过程中，采用 LabVIEW 中时间计数器 VI 来检测数据程序运行的时间，时间计数器以毫秒为单位返回时间计数器的当前值。仿真平台 30 ms 运行一次程序，保持和铺管主系统一致，即 30 ms 采样一次，若仿真平台操作运行 30 min，数据量会非常庞大，且采样精度不高，因此采用平均值的方法进行采样，将 6 s 内的运算 200 次取一次平均值，作为采样数据输出，由此测量得到的 30 min 内数学模型系统运算时间如图 10 - 75 所示。由图 10 - 75 可以看出，仿真平台在运行过程中，数学采集、处理及计算运算时间在 16 ~ 18 ms 范围内波动，满足仿真需求。

海底管道初始铺设完成后，就进入正常铺设阶段，正常铺设是海底管道铺设施工期间最主要的作业状态，也是铺管仿真作业分析的主要内容，在此期间，张紧器在恒张力自动控制模式下工作，为管道上端提供约束和必要的张力。在铺管仿真作业中，影响海底管线形态的主要因素为风载荷、海流、海浪载荷，而实际铺管作业中，这些因素也是确认是否适合铺管作业的主要参考条件。

本节以正常铺管为例，针对水深 500 m 铺管作业进行不同海况下张紧器仿真作业结果

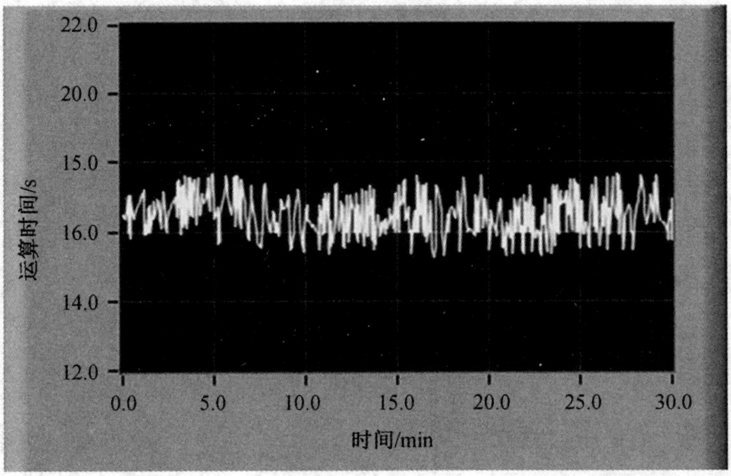

图10-75 数据运算时间

分析及验证。

首先开启张紧器仿真平台，运行张紧器软件系统。触摸屏显示器显示张紧器仿真系统主页面；然后按压“TENSION”控制按钮，连接仿真平台与铺管主系统，开始铺管仿真作业。在管线进入正常铺管前，张紧器需要进行张力测试、手动控制调速、张力转换、自动张力控制四个阶段。

1. 张力测试

首先启动绞车工作模式，在人机交互界面中开启“张力测试”控制按钮，进入张力力测试环节。张力测试确定了缆索长度及管道的初始形态。在此环节张力是一个阶段性缓慢增大的过程，选择“张力测试”环节，通过张紧器控制台的刻度盘来逐渐增大张力，张力测试极限值为40 t。

经过测试，可以观测到绞车缆绳随着张力值的逐渐增大而绷紧的动态过程，且视景显示画面流畅。张力测试下缆索形态如图10-76所示。

2. 手动控制

在初始铺管至正常铺管的过渡时期，通过操纵手柄手动控制来进行管线（钢缆）的收与放。

首先启动张紧器/绞车工作模式，然后按压张紧器/绞车DRIVE ON开关，移动相应的操纵手柄进行手动调速，推操纵杆离开中心位置越远速度越快，同时，在视景画面中我们可以看到张紧器/绞车收放管线或缆绳速度的变化。

以绞车为例，其手动模式功能测试如图10-77所示，此时，收放缆绳的速度完全由操纵手柄控制。

3. 张力转换

在初始铺管作业收/弃管作业过程中，都需要张紧器张力和绞车互相配合作业，因此，需要进行张紧器和绞车之间的张力相互转换。当负荷从张紧器转换至绞车时，负荷和张紧器上履带的驱动转换给绞车。然后张紧器上下履带将被自动打开。当张紧器松开时，下履带将转换到随动模式，并且跟随管线动作，现在完全是由绞车控制。

当载荷从绞车转换至张紧器时，首先下部履带随动模式将关闭，张紧器置于空轮模式。

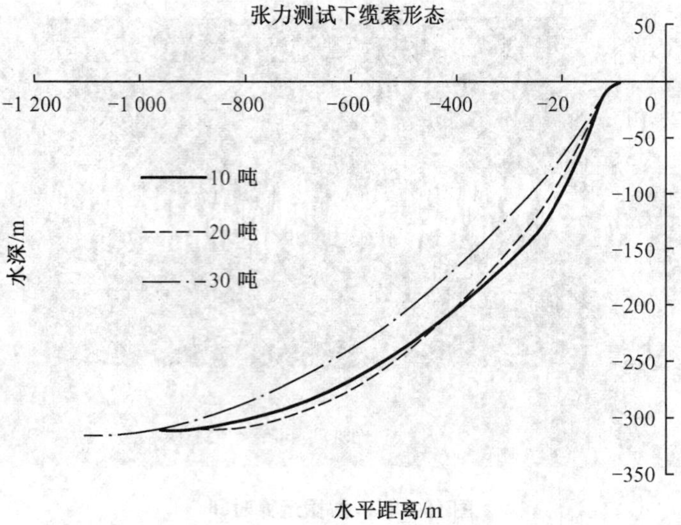

图 10-76 张力测试下缆索形态

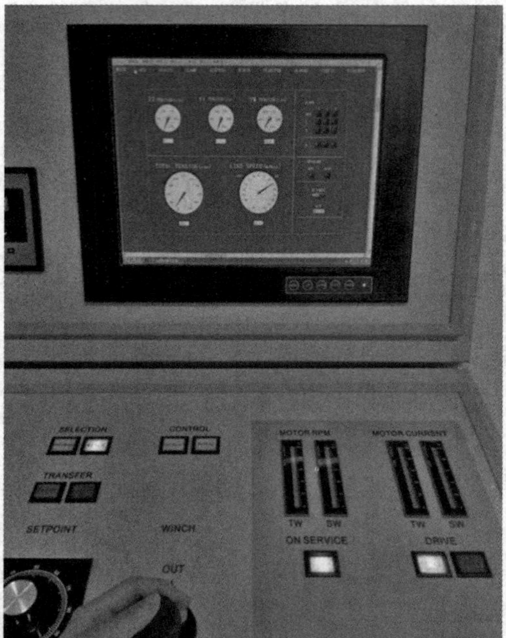

图 10-77 绞车手动模式功能测试

张紧器将会夹住管线。现在共同的驱动从绞车转换至张紧器,绞车的载荷将转换给张紧器。现在管线完全由张紧器控制。

首先按压控制台 TRANSFER 下的 START 按钮,启动张力传递。图 10-78 为进行弃管作业时,张力从张紧器转移至绞车的过程,主页面图 10-78(a)实时显示张紧器和绞车的张力值,图 10-78(b)以百分数的形式显示以弃管张力从张紧器转移至绞车为例,进行张力转换过程的测试。经测试可以看到张紧器的张力向绞车动态转换的过程,其中图 10 - 78(b)由张力指示柱形条显示张力传递过程的整个进度所示。

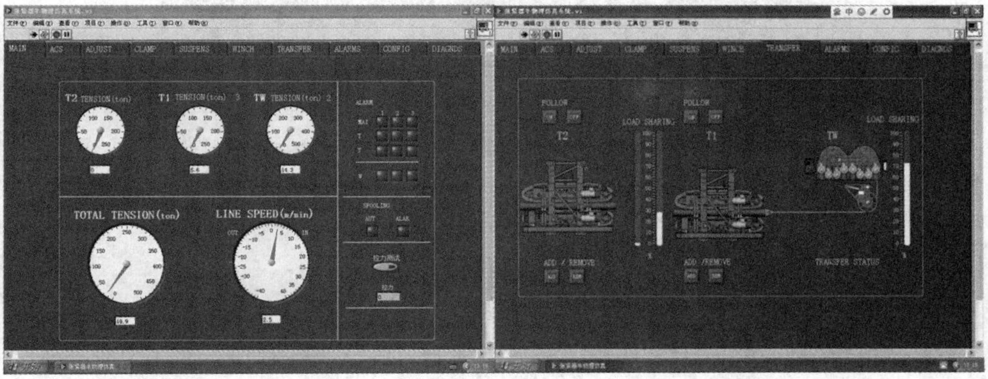

(a)　(b)

图 10 - 78　张力转换过程动态显示

(a)张力转换主页面显示;(b)张力转换进度条显示

4. 自动控制模式

为了验证仿真平台设计的准确性,铺管作业仿真系统海况输入采用第三方 DP 仿真系统所提供的数据。

仿真作业具体步骤如下。

步骤 1:在人机交互界面中设定自动张力控制参数(高低静带均设置为 0.5 t),张紧器及管道物理参数。

步骤 2:按压控制台“CLAMPS”夹管按钮,在人机交互界面中观察上下履带间距,当管线被夹紧停止夹管。

步骤 3:开启张紧器自动控制模式,利用刻度盘输入目标张力 21.3 t。

步骤 4:DP 稳定移船,航速为 0.3m/s,航向角 0°。

步骤 5:对不同海况下管线动态响应情况进行采样。

步骤 6:仿真结束,仿真平台停止。

不同海况下的试验结果分别如图 10 - 79 所示。

从图 10 - 79(a)中可以看出,在海况 1 条件下管线波动较小,随着海情的增加,管线实际张力波动幅值和频率逐渐增加,图 10 - 79(a)和图 10 - 79(b)管线实际张力基本在预设张力附近波动,总体波动平稳。当张力控制在高低静带范围内时,管线线速度也在很小的范围内变动,张力过大或过小时,通过控制管线线速度来调节张力以达到控制管线张力在恒定范围内的目的。由此可见,仿真平台张紧器动态稳定性好、响应速度快。

由图 10 - 79(c)可知,在海况 3 下,管线实际张力较频繁地超出高低静带范围,管线的波动较大,此时有两种可能:静带范围设置较低,此时应该增加高低静带值;海况参数不满足铺管作业条件。

通过铺管仿真主系统测得在海况 3 条件下铺管作业响应曲线,因此表明海况参数 3 不满足铺管作业条件,此时培训人员应适时采取临时弃管等应急预案。

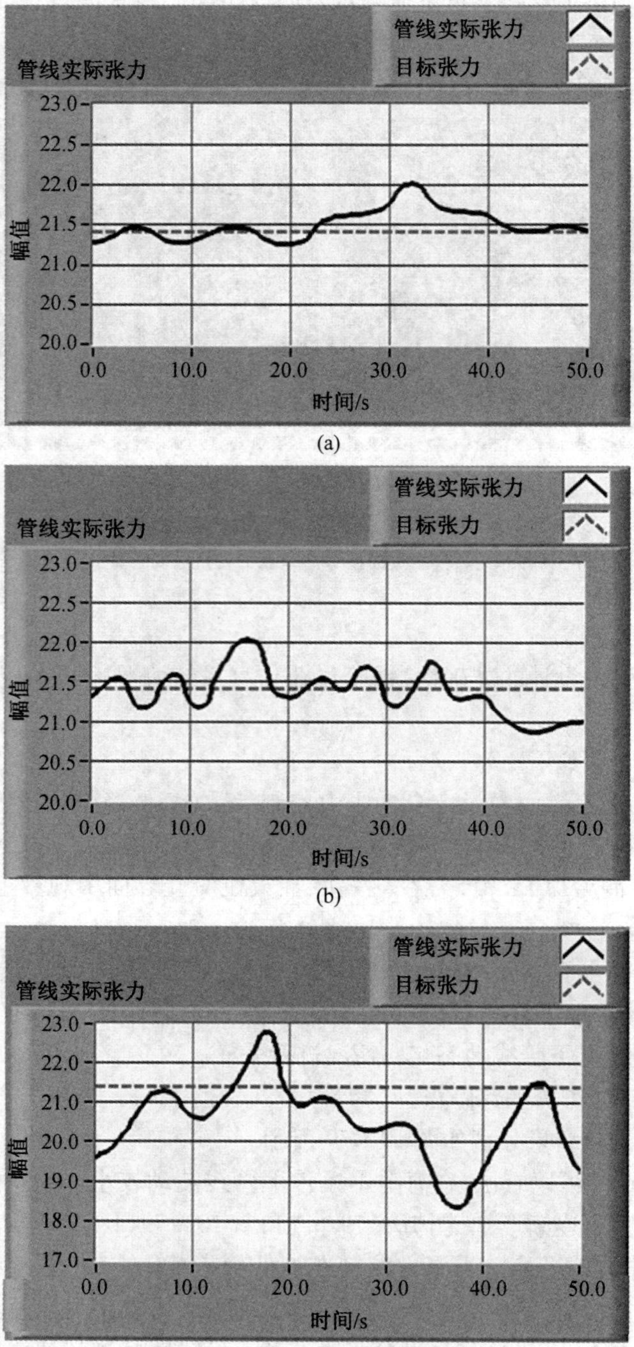

(c)

图 10－79　不同海况下的试验结果

(a)海况 1 下管线动态响应;(b)海况 2 下管线动态响应;
(c)海况 3 下管线动态响应

参考文献

[1] 陈雯,窦义粟. 世界海洋工程产业发展现状分析[J]. 中国水运,2007 (8):199-200.

[2] 苏斌,冯连勇,王思聪,等. 世界海洋石油工业现状和发展趋势[J]. 中国石油企业,2006(1):138-141.

[3] 熊韶辉. 论中国实现石油安全的贸易战略和策略[D]. 北京:对外经济贸易大学,2007.

[4] 张波,陈晨. 我国南海石油天然气资源特点及开发利用对策[J]. 特种油气藏,2004,06:5-8,108.

[5] 佚名. 国土资源部关于发布实施《全国矿产资源规划(2008—2015 年)》的通知[J]. 国土资源通讯,2009,01:4-17.

[6] 佚名. 船舶工业"十二五"发展规划[J]. 船舶标准化工程师,2012,03:16-23.

[7] 何昭. 世界海上石油开发及其运输[J]. 中学地理教学参考,2006,07:16.

[8] 佚名. 工信部规划"十二五"时期我国船舶工业发展的主要目标[J]. 船舶工程,2012,01:73.

[9] 王定亚,朱安达. 海洋石油装备现状分析与国产化发展方向[J]. 石油机械,2014,03:33-37.

[10] 张宏,李志刚. 深水管道铺管设备技术现状与国产化设想[J]. 石油机械,2008,36(9):202-207.

[11] 张凤成. 中国海洋油气产业发展战略研究[J]. 海洋开发与管理,2007,24(2):99-102.

[12] 陈佳南. 5 万吨半潜船"祥瑞口"号交付[N]. 中国船舶报,2011-07-27(002).

[13] 佚名. 广船国际 50000DWT 半潜船"祥瑞口"号交付[J]. 船舶设计通讯,2011,S1:43.

[14] 由然. 深海旗舰:"海洋石油 981"[J]. 中国石油企业,2012,10:50-51.

[15] 姜寓. "海洋石油 981"事件回顾[J]. 红河学院学报,2015,06:9-12.

[16] 史三东. 走近"海洋石油 981"深水钻井平台[J]. 国防科技工业,2012,06:52-54.

[17] 辽旺. 告诉你一个真实的"海洋石油 981"[J]. 齐鲁周刊,2014,33:22-23.

[18] 杨培举. 亚洲首艘 3000 米深水铺管起重船"海洋石油 201"顺利出坞[J]. 中国船检,2010,06:40.

[19] 由然. 海洋石油:打造利器闯深海[J]. 中国石油企业,2011,11:48-50.

[20] 阮红军. 深水铺管起重船 DP-2/DP-3 系统设计概述[J]. 船舶设计通讯,2009,S1:47-52.

[21] 李宏. 自升式海洋石油钻井平台监控关键技术研究[D]. 大庆:东北石油大学,2011.

[22] 薛大德. 自升式塔吊在高层建筑中的使用与发展问题的探讨[J]. 建筑机械化,1986,06:2-7.

[23] 山田弘道,佐多基之,崔圣模. 自升式塔式起重机的安全作业[J]. 起重运输机械,1988,12:45-48.

[24] 王玉洁. 自升式平台制造技术顶层研究[D]. 哈尔滨:哈尔滨工程大学,2010.

[25] 李海英. 4000t 全回转起重船"华天龙"号投入海洋工程服务[J]. 广东造船,2007,

03:13.

[26] 杜爱萍,罗国盛. “华天龙”顺利建成投产[N]. 中国交通报,2007-07-05(B08).

[27] 兰敏超. 浙江造船有限公司建造的“天一号”起重船在杭州交付[J]. 江苏船舶,2006,02:16.

[28] 高政仁. “奋进”号——21 世纪航天测绘新突破[J]. 测绘技术装备,2000,02:8.

[29] 苏冬,陈慰斌,帅叔龙. 中国最大起重船“四航奋进”号交付使用[J]. 广东交通,2004,02:16.

[30] PLUNKETT R. Static bending stress in catenaries and drill string[J]. ASME, Journal of Engineering for Industry,1967,89(01):31-36.

[31] IBRAHIM KONUK. Higher order approximations in stress analysis of submarine pipelines [J]. Transactions of the ASME,1980,102:190-196.

[32] 黄玉盈,朱达善. 海洋管线铺设时的静力分析[J]. 海洋工程,1986,01:32-46.

[33] GUARRACINO F, MALLARDO V. A refined analysis of submerged pipelines in seabed laying[J]. Applied Ocean Research,1999,21:281-293.

[34] STUMP D M, VANDER HEIJDENGHM. Matched asymptotic expansions for bent and twisted rods: applications for cable and pipeline laying [J]. Journal of Engineering Mathematics ,2000,21:13-31.

[35] CrollJGA. Bending boundary layers in tensioned cables and rods [J]. Applied Ocean Research, 2000,22:241-253.

[36] Dixon D A, Rudedge D R. Stiffened catenary calculations in pipeline laying problem[J]. ASME Journal of Engineering for Industry, 1968,02: 153-160.

[37] DareingDW, NeatheryRF. Marine pipeline analysis based on newton' smethod with an arctic application[J]. Journal of Engineering for Industry,1970 ,02:827-833.

[38] 甄国强,胡宗武. 铺设过程中海底管道的静态分析[J]. 水动力学研究与进展(A 辑),1993,03:302-307.

[39] 王海期,马崙. 海底管道铺设过程的静动力分析[J]. 海洋工程,1986,03:23-40.

[40] 郭艳林,梁政. 海底管道铺设施工设计分析[J]. 石油学报,1999,04:7-8,91-95.

[41] SCHMIDT WF. Submarine pipeline analysis with all elastic foundation by the finite element method[J]. Transactions of the ASME,1977,22:480-484.

[42] KALLIONTZIS AC. Non-Iinear finite element simulations of highly curved submarine ppelines [J]. Communications in Numerical Methods in Engineering, 1998, 14: 1067-1088.

[43] MARTINSEN M. A finite element model for pipeline installation analysis [R]. Thesis Performed at Stavanger University College for JP Kenny A/S,1998.

[44] BAI YONG, BAI QIANG. Subsea pipelines and risets [M]. Houston: Elsevier Sci. Ltd,2005.

[45] KALLIONTZIS C, ANDRIANIS E, SPYROPOULOS K, et al. Finite element stress analysis of unilaterally supported submarine pipelines[J]. Computers & Structures, 1996, 61(61):1207-1226.

[46] PALMER AC, HUTCHINSON G, ELLS J W. Configuration of submarine pipelines during

laying operations[J]. Transactions of the ASME,1974,102:1112-1118.

[47] BROWN RJ, ANDREWPALMER. Developing innovative deep water pipeline construction techniques with physical models[J]. Transactions of the ASME,2007,129:56-60.

[48] 宋甲宗,戴英杰. 海洋管道铺设时的二维静力分析[J]. 大连理工大学学报,1999,01:95-98.

[49] 戴英杰,宋甲宗,郭东明. 多点支撑托管架支撑下的海洋管道铺设中的静力分析[J]. 海洋工程,1999,02:2-10.

[50] Zhu D S, Cheung Y K. Optimization of buoyancy of all articulated stinger on submerged pipelines laid with a barge[J]. Ocean Engineering,1997,04: 301-311.

[51] MAIER G, CORRADIL, MAZZOLI A, et al. Optimization of stinger geometry for deepsea pipelaying[J]. Transactions of the ASME,1982,104:294-301.

[52] MASSIMO CALLEGARI, FERDINANDO CANNELLA, FILIPPO MARIA TITTI, et. a1. Concurrent designof an active automatedsystemfor the control ofstinger/PIPE reaction forcesof amerine pipelaying system[M]. Italy:HMS,2000.

[53] HEEDO DYUN. Loading history effects fordeep-water S-lay of pipelines[J]. Transactions of the ASME,2004,126:156-163.

[54] 黄维平,曹静,张恩勇. 国外深水铺管方法与铺管船研究现状及发展趋势[J]. 海洋工程,2011,01:135-142.

[55] HERMAN AGUINAS, CHRISTINE A HENLE, JAMES C BEATY JR. Vittual Technology: A New Tool for Persoonel Selection[J]. International Journal of Selection and Assement, 2008,9(1):2.

[56] GIULIANA MATTIAZZO, STEFANO MAURO, PAOLO SERENA GUINZIO. A tensioner simulator for use in a pipelaying design tool[J]. Mechatronics, 2009,19:1280-1285.

[57] 吴迪,黄文骞. 虚拟现实技术的发展过程及研究现状[J]. 海洋测绘,2002,06:15-17.

[58] 李志文,韩晓玲. 虚拟现实技术研究现状及未来发展[J]. 信息技术与信息化,2005,03:94-96.

[59] HAMILTON J. Virtual reality technology can ampility the human mind[J]. Bussince Week, McGraw-Hill Publications,2004,08:96-105.

[60] KUMADA MIKI. Customers enter virtual reality to design own world[J]. The Japan Times, 2004,14(32):17-21.

[61] TODDM D, VOHRA S T, LEBAN F. Dynamical measurements of ship crane load pendulation [C]//Oceans97 MTS/ IEEE Conference Proceedings. Halifax, Canada: IEEE, 1997: 1230-1236.

[62] IGNACIO GARCIA-FERNANDEZ, JOSE DMARTIN-GUERRERO. Crane collision modelling using a neural network approach[J]. Expert Systems with Applications , 2004, 27:341-348.

[63] TOWAREK Z. The dynamic stability of a crane standing on soil during the rotation of the boom[J]. International Journal of Mechanical Sciences, 1998, 40(6):557-574.

[64] KAZUHIKO TERASHIMA, SHEN YING, KENICHI YANO. Modeling and optimal control of a rotary crane using the straighttransfer transformation method[J]. Control Engineering

Practice,2007,15:1179-1192.

[65] JIUNG-YAO HUANGA,CHUNG-YUN,GAUINT. Modelling and designing a low-cost high-fidelitymobile crane simulator[J]. Int. Human-Computer Studies,2003,58:151-176.

[66] MASOUD Z N,NAYFEH A H. Cargo pendulation reduction of ship-mounted cranes[J]. Nonlinear Dynamics,2004,35:299-311.

[67] MASOUDZN, NAYFEHAH. Cargo pendulation reduction of ship-mounted cranes[J]. Nonlinear Dynamics 2004,35: 299-311.

[68] AGATA ZWIERZCHOWSKA. The optimum choice of trenchless pipelaying technologies [J]. Tunnelling and Underground Space Technology 21 ,2006,05:696-699.

[69] KALLIONTZIS C. Numerical simulation of submarine pipelines in dynamic contact with a moving seabed[J]. Earthquake Engineering & Structural Dynamics, 1998, 27(5):465 - 486.

[70] 竺艳蓉.海洋工程波浪力学[M].天津:天津大学出版社,1991.

[71] 文圣常,余宙文.海浪理论与计算原理[M].北京:科学出版社,1985.

[72] 杨明华.海洋油气管道工程[M].天津:天津大学出版社,1994.

[73] 李远林.近海结构水动力学[M].广州:华南理工大学出版社,1999.

[74] 曾凡涛. 基于海频谱的实时波浪模拟[J]. 计算机仿真,2007,10:195-199.

[75] CHAKRABARTIS. Handbook of offshore engineering[M]. Amsterdam:Elsevier,2005.

[76] 唐友刚.海洋工程结构动力学[M].天津:天津大学出版社,2008.

[77] 张峥.某型救生船的流体动力性能和动力定位能力评估[J].船舶,2007(3):19-23.

[78] 中国人民解放军总装备部. GJB 4000—2000 舰船通用规范 0 组[S].北京:总装备部军标出版发行部,2000.

[79] CLAUSS G F, WEEDE H, RIEKERT T. Offshore pipe laying operations—Interaction of vessel motions and pipeline dynamic stresses[J]. Applied Ocean Research, 1992, 14(3): 175-190.

[80] 皮萨连科 ΓC,亚科夫列夫 AΠ,马特维耶夫 BB.材料力学手册[M].范钦珊,朱祖成,译.北京:中国建筑工业出版社,1981.

[81] 顾海军. 深水铺管起重船总体设计[J]. 船舶设计通讯, 2009(s1):13-15.

[82] 任会礼,王学林,胡于进,等. 起重船吊物系统动力响应仿真分析[J]. 系统仿真学报,2007,12:2665-2668.

[83] 张进丰,祁江涛. DPV7500C 深水铺管起重船耐波性理论预报[R].上海:上海船舶研究设计院, 2009 .

[84] 顾永宁, 胡志强, 谢彬, 等. 大型起重船波浪诱导吊索附加动力荷载研究[J]. 中国海上油气, 2005,03: 197-202.

[85] 王立权,许元革,何宁,等. 吊头激励下的柔索摆系统建模与仿真[J]. 上海交通大学学报, 2012, 09:100-105.

[86] 王海林,徐珊,宋论兵,等. 偏微分方程数值解法的研究[J]. 赤峰学院学报(自然科学版),2012,18:1-2.

[87] 孙志忠. 偏微分方程数值解法[M]. 北京: 科学出版社, 2005.

[88] 卡姆克 E. 常微分方程手册[M]. 张鸿林,译.北京:科学出版社,1977.

[89] 班帅. 海上起重船作业视景仿真系统设计研究[D]. 哈尔滨:哈尔滨工程大学, 2012.
[90] 宋志明,康凤举,阎晋屯,等. 海洋环境视景仿真方法研究[J]. 计算机仿真,2004,06:131-134.
[91] SOCRENSEN A J, SAGATUN SI, FOSSEN T I. Design of a dynamic positioning system using model-based control[J]. Control Engineering Practice,1996,4(3):359-368.
[92] 芮光六. 起重船吊物系统的摆动分析及其控制研究[D]. 天津:天津大学,2004.
[93] 张志明,徐丹铮,张超,等. 大型起重船船型开发的若干技术问题初探[J]. 船舶,2005,01:10-15.
[94] 王学亮. 大型起重船在海浪中的运动响应研究[D]. 天津:天津大学,2004.
[95] 刘伟. 起重船吊物动力响应及主动控制研究[D]. 大连:大连理工大学,2013.
[96] 夏六兵. 2500t 工程起重船起重控制系统的研究[D]. 镇江:江苏科技大学,2014.
[97] 袁枞. 起重船吊物模糊控制研究[D]. 大连:大连理工大学,2014.
[98] 李跃,沈庆,陈徐均. 波浪环境中作业起重船悬吊载荷的摆振分析[J]. 建筑机械,2003,08:55-57,61.
[99] SOREN RHAUCH, BAI YONG. Bending moment capacity of pipes[J]. Journal of OffshoreMechanics and Arctic Engineering,2000,122:243-252.
[100] BROWN R, ANDREW PALMER. Developing innovative deep water pipeline constructiontechniques with physical models[J]. Transactions of the ASME,2007,129:56-60.
[101] BAIYONG, BAI QIANG. Subsea pipelines and risers[M]. Houston: Elsevier Sci. Ltd,2005.
[102] TUBB R. Pipelay work and Marine operations for Statoil's Kristin field[J]. Pipeline & Gas Journal, 2003(2):49-50.
[103] PER A, Damsleth, BAI YONG, et al. Deepwater Pipeline Installation with Plastic Strain [J]. Newfoundland:OMAE,1999,5024-5046.
[104] KALLIONTZIS AC. Non-linear finite element simulations of highly curved submarinepipelines[J]. Communications in Numerical Methods in Engineering, 1998,14:1067-1088.
[105] KASHANI M, YONG R. Installation load consideration in ultra deepwater pipeline sizing [J]. Journal of Transportation Engineering,2005,632-639.
[106] WILLIAM MOHR. Strain-Based Design of Pipelines[R]. U. S. Department of Transportation, Research and Spec ial Programs report,2003.
[107] 姚宝恒,任平,李志刚,等. 基于 Galerkin 截断法的大深度管道铺设动力学行为分析[J]. 振动与冲击,2008,10:43-45,190-191.
[108] 徐长发. 科技应用中的微分变分模型[M]. 武汉:华中科技大学出版社, 2004.
[109] 顾海军. 深水铺管起重船"海洋石油 201"S1-SC3001-101-01JS 各种装载工况稳性计算书[R]. 上海船舶研究设计院, 2006.
[110] 周巍伟,张恩勇,曹静. 深水海底管道 S 型铺设影响因素分析[J]. 中国海上油气,2016,02:145-150.
[111] 王林. 深海托管架概念设计要素研究[D]. 大连:大连理工大学,2008.

[112] 顾永宁. 海底管线铺管作业状态分析[J]. 海洋工程,1988,6(2):11-23.

[113] NEUPERT J, MAHL T, SAWODNY O, et al. A nonlinear control strategy for boom cranes in radial direction[C]. Proceedings of the 2007 American Control Conference. New York: IEEE, 2007.

[114] JU F, CHOO Y S, CUI F S. Dynamic response of tower crane induced by the pendulum motion of the payload[J]. International Journal of Solids and Structures,2006,43 (2): 376-389.

[115] 焦常科. 含非线性粘滞阻尼器结构的动力分析[D]. 南京:南京理工大学,2006.

[116] 章磊,杨朔,岳良武,等. 输气管道工程设计规范修订建议[J]. 天然气与石油,2011, 03:4-6,83.

[117] 摩根 M J. 近海船舶的动力定位[M]. 北京:国防工业出版社,1984.

[118] 赵志高,杨建民. 动力定位系统发展状况及研究方法[J]. 海洋工程,2002,01:91-98.

[119] 王先福,杨建民,王磊. 海上浮动力定位外力计算[J],海洋工程,2005,03:45-49.

[120] 边信黔,付明玉,王元慧. 船舶动力定位[M]. 北京:科学出版社,2011.

[121] 郭文刚,宋善德. 基于 HLA 的分布式通信网络仿真技术[J]. 计算机仿真,2004,08: 91-92.

[122] 王须刚. 基于 HLA 的分布式多平台信息交互及视景仿真系统设计[D]. 上海:上海交通大学,2009.

[123] SHEN X, HAGE R, GEORGANAS N. Agent-Aided Collaborative Virtual Environments Over HLA/RTI [C]. //IEEE International Workshop on Distributed Interactive Simulation and Real-Time Applications. Proceedings,1999:128-128.

[124] DAILY M, HOWARD M, JERALD J, et al. Distributed design review in virtual environments[C]. //International Conference on Collaborative Virtual Environments. ACM, 2000:57-63.

[125] 周彦,戴剑伟. HLA 仿真程序设计[M]. 北京:电子工业出版社,2002.

[126] 冯润明. 基于高层体系结构(HLA)的系统建模与仿真研究[D]. 长沙:国防科学技术大学,2002.

[127] 郝建国. 高层体系结构(HLA)中的多联邦互连技术研究与实现[D]. 长沙:国防科学技术大学,2003.

[128] 窦志武. 基于高层体系结构(HLA)分布交互仿真的应用方法研究[D]. 大连:大连理工大学,2006.

[129] 迟刚,王树宗. HLA 仿真技术综述[J]. 计算机仿真,2004,07:1-3,184-185.

[130] 李弘毅. HLA 技术在分布交互仿真系统中的应用研究[D]. 南京:东南大学,2006.

[131] 李磊磊. 基于 Quest3D 虚拟装配技术的研究[D]. 兰州:兰州理工大学,2011.

[132] 傅军团,曹宗胜,何小海,等. 基于 Quest3D 的航天发射三维实时显示技术研究与实现[J]. 装备指挥技术学院学报,2008,04:55-58.

[133] 陈晓青. 基于 Quest3D 的上海师范大学沉浸式虚拟学习系统的设计与实现[D]. 上海:上海师范大学,2012.

[134] 刘蓓蓓,赵晓春,张永帅,等. Quest3D 技术在园林景观设计中的应用与实现[J]. 安徽农业科学,2010,13:7134-7136.

[135] 彭芳乐,宋尚,王印鹏. 基于 Quest3D 平台的地下综合体虚拟现实技术[J]. 地下空间与工程学报,2014,S1:1506-1513.
[136] 吕宗阳. 海底管道制造设备设计[D]. 大连:大连理工大学,2015.
[137] 李记科,马秋荣,赵新伟. 海底管道材料——钢管的制造监理[J]. 设备监理,2014,06:20-23.
[138] 胡春红,朱绍宇,赵娜,等. 海底管道管材的类型及选用原则[J]. 石油和化工设备,2015,04:31-34.
[139] 周俊. 深水海底管道 S 型铺管形态及施工工艺研究[D]. 杭州:浙江大学,2008.
[140] 魏跃桥,邱海荣,刘炫,等. 深水铺管起重船铺管工艺研究[J]. 中国水运(下半月),2011,05:93,96.
[141] 刘冲. 深水铺管作业视景仿真系统设计研究[D]. 哈尔滨:哈尔滨工程大学,2013.
[142] 彭在美. 石油天然气输送钢管是高新技术产品及其发展方向[J]. 管道技术与设备,2003,06:11-14.
[143] 王亦雄. 中国石油石化天然气管道用钢管技术条件的对比分析[J]. 石油天然气学报,2013,08:159-160.
[144] 江宇蓉,杨帆. 天然气压缩机高压气钢管安全性能分析[J]. 油气田地面工程,2013,09:48-49.
[145] 马小燕. 深水 S 型铺管作业中管线受力计算研究[D]. 哈尔滨:哈尔滨工程大学,2012.
[146] 帕利,巴依佐夫,沃罗涅佐夫. 船舶结构力学手册[M]. 徐秉汉,徐铭麒,译. 北京:国防工业出版社, 2002.
[147] GOOIJER E, BEENEN M. Pipelay analysis calculation report[R]. GUSTOMSC,2006.